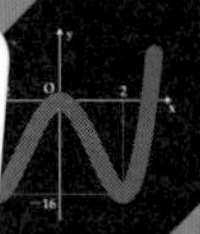

「微」「積」で鍛える
数学的思考

分けて集める
本当の意味がわかる

杉山博宣＝著

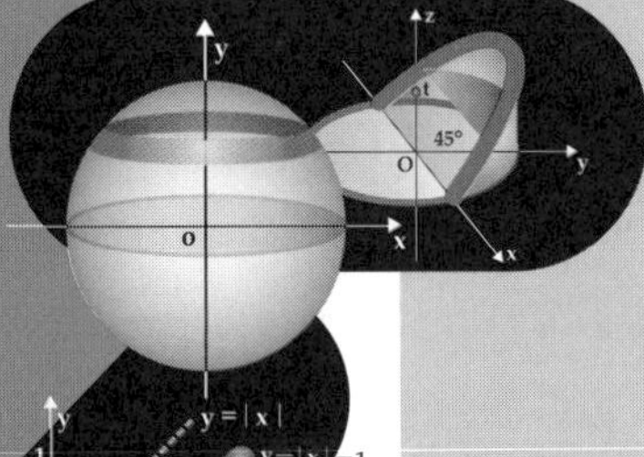

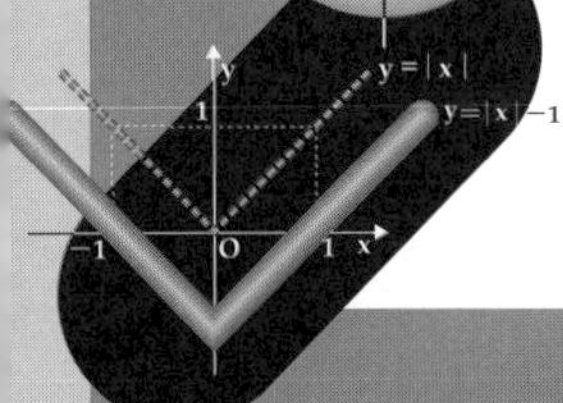

技術評論社

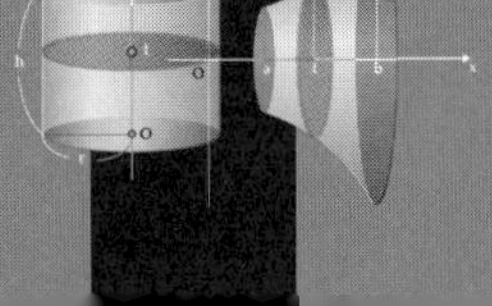

まえがき

初めまして、岐阜県立高校数学教師の杉山博宣と申します。

拙著『思考力を鍛える場合の数と確率』をお読みいただいた皆さん、お久しぶりです。

技術評論社様から、拙著『思考力を鍛える場合の数と確率』の見本を2020年12月24日木曜日の夕方に頂き、その日のうちに両親と弟に手渡しました。その翌朝、スマートフォンを見ると、弟が、翌日仕事があったにもかかわらず、何時間もかけて読み、感想を送ってくれていました。

私と弟は年子で、お互い負けず嫌いだったため、何かにつけて競い合っていました。勝つために、私は対戦相手である弟から多くを盗んで(学んで)きました。日常的に弟(後進)から学んだ経験により、「誰からでも、何からでも、どんなことからでも学ぶことができる」という考えが私に根付きました。尊敬する両親と妹に加え、「年下」の最強のライバル(かつ最高の仲間)である弟に恵まれ、謙虚さを忘れずに成長することができ、感謝しています。

その弟がすぐに読んで感想を送ってくれたことが本当に嬉しかったので、その一部分を公開します(もちろん、公開の許可はとっていますが、絵文字等はカットしています)。

＊　＊　＊

本ありがとう。

読ませてもらったよ。

凄い本やね。

思考法についてたくさん勉強になったよ。

すごく面白いし、

こんなことを日々考えて本まで書いたなんて凄すぎる。

ハッとするところはいっぱいあったけど、

階段の話のところは、フィボナッチ数列になってるんやね。

(by 数学素人の○○)

個人的に黄金比とか好きだから(笑)、フィボナッチ数列的に思考力を鍛えて伸ばしていくのがいいのかなって思ったよ。

(by 教育素人の○○)

これは沢山ある感想のうちの一つ。

大部分の数学の問題の章は自分には難しすぎたし数学的知識が0だから思考することさえできないけど、根本的な考え方とか方向性に関してはすごく勉強になることが多かったよ。

(中略)

最高のクリスマスプレゼントになったよ。

(以下省略)

＊　＊　＊

こちらこそ、「この感想という最高のクリスマスプレゼントをありがとう」と感謝の気持ちでいっぱいでした。本人は数学素人、教育素人と言っていますが、私が拙著を通して伝えたかったことをしっかりと受け取ってくれたと思いました。私は「数学を学ぶことで数学だけを学ぶ」のではなく、「数学を学ぶことで数学以上（以上ですから、もちろん数学を含みますが、それに加えて、より汎用性のある思考）を学ぶ」ことが伝えたかったのです。さらに「フィボナッチ数列的に思考力を鍛えて伸ばしていく」という新しいアイデアももらい、私の「数学的思考論」を動的に変化させる新たなるきっかけにもなりました。

拙著をお読みいただいた方は、弟の感想をお読みいただき、どのように思われましたか？

同じ本を読んでも、個々人で異なった学びがあります。学びは登山のようなものです。登山は、山を制覇することにこだわっても、景色を楽しんでも構いません。学びでは、コース、ペース、さらにはスタート地点ですら自由に選択して構いませんので、楽しく学んでください！

私の妹には、まさしく自分なりに読んでもらえたようで、次のような感想をもらいました。

＊　＊　＊

途中辺りの難しいところは未知の世界すぎたけど、はじめの導入部分とかすごい読みやすかったし、ちょっとギャグ入っている所は声出して読んだよ！頭悪くても数学へのハードルが下がるような？…勇気もらえる感じがしたよ！

＊　＊　＊

私が大好きなバスケットボールにおいて、40分の試合で1人の選手がボールを持つのは平均して何分ですか？

試合時間が40分、5人×2チームの10人がコートに立ちますので、40÷10＝4（分）しかボールには触りません。それでは、40分間使い続けるものはありませんか？

脚（フットワーク）ですね！退屈ではありますが、走り込みや身体作り等の「基礎」が重要です。それでは皆さん、脚以上に試合中使い続けるものは何ですか？

実際には心筋等もあるかと思いますが、本書の意図を考えますと、「脳」ですね。ハーフタイム中、タイムアウト中等に、脚は休んでいても、脳は働いています！

バスケットボールのプレー中に限らず、数学の問題を解いているとき、さらには夢を見ているときにすら脳は働いています。その脳の能力である『思考力』を鍛えれば、人生の「基礎」ができあがると思います！

本書では、高校の「微分法と積分法」という、高校数学の花形分野を題材とします（基本的には高校文系数学の範囲内ですが、思考力を鍛える機会を最大化するため、高校理系数学の内容も一部扱います）。ただ問題を解けるというレベルではなく、その発想を深く理解することで、その名の通り、18ページで説明します「微積思考」を中心とした『数学的思考』を自然と鍛えることができる分野です。

本書は、中学生以上の数学好きな一般の方を対象としています。本書は思考力を鍛えることをコンセプトに書かれており、数学的に厳密であること以上に、思考の自然な流れを優先しています。ご自分で考えることが重要ですので、段落間の「1行分のスペースは思考の合図」ですので，その度に思考を巡らせ、何週間、何ヶ月もかけて読み終えるつもりで臨んでいただけたら幸いです。

「微分法と積分法」を高校時代に学んだこと、現在教師として教えていることが、私自身の『数学的思考』に大きな前進をもたらしました。そこで本書の表紙のカバーは、私たち兄弟の母校であり、私の教師としての初任校でもある高校のスクールカラー（だと私が思っている色）にちなんで、「えんじ」が使われています。

それでは、『数学的思考』における「至高の領域」を目指し、「微分積分学の旅」に出発しましょう！

目　次

まえがき ― 2

第1章 数学的思考論

1-1 数学的思考を鍛える読書 ― 10
1-2 微積思考≒分解＋統合 ― 13
1-3 読解力∩表現力＝変換力 ― 24
1-4 本書の構成 ― 34

第2章 微分法の基礎の基礎

2-1 等式 ― 38
2-2 関数とそのグラフ ― 41
2-3 不等式 ― 82
2-4 不等式の表す領域 ― 89
2-5 第２章の振り返り ― 97

第3章 微分法の基礎・基本

3-1 平均変化率と微分係数 ― 98
3-2 導関数 ― 104
3-3 接線の方程式 ― 111
3-4 第３章の振り返り ― 114

第4章 微分法の発展

4-1 2次関数の増減とグラフ ―― 115
4-2 2次関数のxの係数b ―― 118
4-3 3次関数の増減とグラフ ―― 121
4-4 第4章の振り返り ―― 136

第5章 微分法の応用

5-1 方程式への応用 ―― 137
5-2 不等式への応用 ―― 149
5-3 相加平均と相乗平均の大小関係 ―― 156
5-4 第2章から第5章までの振り返り ―― 171

第6章 積分法の基礎

6-1 円の周の長さ ―― 172
6-2 不定積分 ―― 176
6-3 第6章の振り返り ―― 187

第7章 積分法の基本

7-1 定積分と面積 ―― 188
7-2 区分求積法 ―― 227
7-3 定積分と面積の応用 ―― 232
7-4 円の面積 ―― 239
7-5 第7章の振り返り ―― 254

第8章 積分法の発展

8-1 定積分と体積 —— 255
8-2 円柱の体積 —— 257
8-3 回転体の体積 —— 274
8-4 円錐の体積 —— 278
8-5 第８章の振り返り —— 280

第9章 積分法の応用

9-1 球の体積と表面積 —— 281
9-2 定積分と微分法 —— 293
9-3 斜軸回転体の体積 —— 298
9-4 第６章から第９章までの振り返り —— 316

第10章 微分法と積分法のさらなる応用

10-1 数式の力 —— 318
10-2 古典力学と微分積分学 —— 322
10-3 第10章の振り返り —— 333

本書の振り返りとまとめ —— 336
あとがき —— 340
参考文献 —— 342
数学的思考用語 —— 343
重要事項・重要公式 —— 344
索　　引 —— 349

第1章 数学的思考論

1-1 数学的思考を鍛える読書

読者の皆さんは、大変恵まれています！

私が何年間もかけて、多くの先生方や、生徒のノート、質問、答案（特に誤答！）から学び、そして自分自身で考えた末辿り着いた考えに、皆さんは本書を通して簡単に触れられるからです！「私の費やした年月を返せ」と言いたいところです。

私は、本を読むことは、著者と「直接会って話すのと同じくらいの価値」があると思っていました。

もちろん、直接会って話すことには特別な意味があります。しかし、本として世に出るまでには、インターネット上の情報と異なり、多くの人が校正等で読み直し、より良いものに仕上げられています。そして、「考えていることを文字にすることが、著者自身の考えがより深まる機会」になっています。多くの人のチェックをくぐり抜け、書くことによって深まった思考に容易に触れられる読書は、大変貴重な経験です。そのため、今は、著書を読むということは、読者の皆さんの姿勢次第では、『著者と直接会って話す以上の価値』があると思っています。

書くことの価値について、1冊の本を執筆する中で、私は次のように考えを改めました。

東大生のノートはきれい、と言われたりしますが、私は「京大生(一般化し過ぎました…。少なくとも私)はノートとらないけど！」と思っていました。書くよりも、そんな時間があれば頭の中で何度も反復した方が良いと思っていました。しかし、拙著「思考力を鍛える場合の数と確率」を書く中で、考えを文字として記す(パソコンで入力する)ことの価値を認識しました。全てのアイデアは執筆する前から頭の中に完成していると思っていましたが、執筆していくうちに考えがアップデートされていきました。手は脳の道具ではなく、脳と手の間で双方向に情報をやり取りしていると考えるようになりました。恵まれた環境にある読者の皆さんですが、特に数学においては、**筆記用具を手に読む**ことで、そのメリットを最大化してください。

このように、私は皆さんのことを恵まれていると思っていますが、それと同時に心配でもあります。

それは、皆さんが他者(私)の考えに容易に触れることにより、一読しただけで、数学的思考が鍛えられた気になってしまわないか、という点です。

皆さんは、数学的思考や数学力を鍛える点において、「自分で考えることにこだわり、質問をしない人」と「分からないときに、すぐに質問する人」のどちらが優れていると思いますか？

どちらも一長一短ですよね…。ということで、皆さんにはこれらのハイブリッドを目指していただけたらと思います。

思考力を鍛えるには、コツがあります！それは何でしょうか？

コツはコツコツやることです

…、というのも真実ではありますが、本物のコツ、守らなければならないルールがあります！

レベルアップのための3Fです！自分で考えることにFocusしながら、質問すること（相手がいない場合は自分自身との対話）により的確なFeedbackを得て、それを基にしてFixすることで、数学的思考や数学力を効果的に鍛えることができます。

上達するには「3F」に加え、基礎・基本を意識しなければいけません。本書では、「基礎」と「基本」、さらには「発展」と「応用」を下のイラストのように区別します。

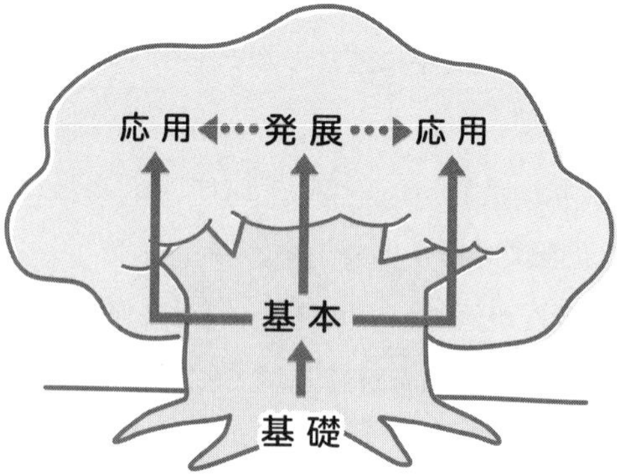

ところで、皆さんはご自分の名前を、同姓同名の方を除けば世界で一番多く書いておられますが、世界で一番上手く書けますか？

そんな方は、ほぼおられないと思います。ただ繰り返すことでは、上達する幅は限られてくるということですね！

やはり何事も、コツコツやるだけでは十分ではなく、上達したければ、「3F」、土台となる「基礎」、正しい方向へ導く「基本」を身につけなければなりません。

　ということで、読者の皆さんにお願いです。自分自身で考えて辿り着いたものしか、本当の自分の力にはなりません！本書をスラスラと読み進め、内容を鵜呑みにするのではなく、私の考えを参考にしながらも**批判的思考**を心がけてください。**考えているその瞬間に思考力は鍛えられます！**そのうえで、

自分の脳と手を使って双方向に学ぶ

ことを意識し、守破離の順に、自分流の「数学的思考」と「数学」を創ってください。

　皆さんが本書を読み終えられた後、どのような感想を持たれるかは私には分かりません。それがどのようなものかに関わらず、皆さんが「数学的思考」と「数学」について考える『きっかけ』に、本書がなることを願っています。

1-2 微積思考≒分解＋統合

　数学的思考の前に、まず、

思考力＝知識を活用してより良く生きる力

と定義します。本書を通して鍛えた思考力が、

試考力 → 先入観に囚われず、自由に考える力

試行力 → 結果を恐れず、行動する力

思構力 → 構想を練り、アイデアを実現する力

志向力 → 志（夢、目標）に向かう力

といった形で、より良く生きる力となることでしょう！

ところで、皆さん、数学はお好きですか？

本書を手に取っておられるということは、数学が好きな方が多いと思います！

それでは、皆さんはなぜ数学が好き（または嫌い）ですか？

思考という熟語は、考（という漢字）の前に思（という漢字）があります。このように、思考には『思う』と『考える』の2つの側面があります。

皆さんは、先程の「好きですか」の回答の際には『思い』、「なぜ好きですか」の回答の際には『考え』ておられたと思います。すなわち、

思う＝直感的思考

考える＝論理的思考

です。すなわち、『思う』は、好きか嫌いか以上には踏み込みませんが、『考える』の段階では、○○だから好き、と○○を「問題が解けると嬉しいからかな？」、「自由に発想ができ、解法が1つに限らないからかな？」といくつかの候補に**分解**したのではないでしょうか？そして、それらを**統合**して、確かに私は○○、△△、□□の理由で数学が好きだ！と結論付けたことと思います。

「思」と「考」があるように、「思」には考えて説明できないこともありますので、下図のようなイメージになるかと思います。

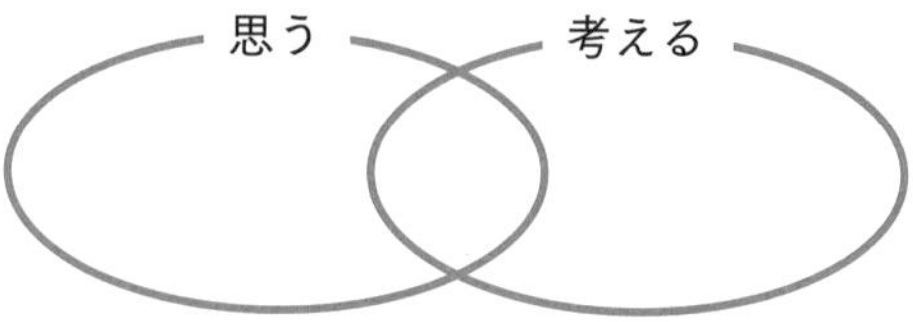

論理的に「考える」こと、これを数学的思考と定義します。そのため、「数学的思考」を鍛えるとは、これらの「分解」と「統合」を鍛えることです。そして、「数学的思考」を言語化することが、直感的な「思う」力も鍛えることにも繋がります！

ところで、光は、粒子ですか？波動ですか？

光は、粒子（例：光電効果）でもあり、波動（例：回折や干渉）でもあります。これを「光の二重性」と言います。同じように、

分解と統合という数学的思考の二重性

があります。これらの思考の両面を、子どもの頃遊んだであろう、

のように、

と組み合わせることが数学的思考のポイントです。未知を既知に「分解」して、それを「統合」することによって、その未知を理解することができます。

このような組み合わせを可能にするのが、複眼的思考です！「複眼的思考」、すなわち、「複数の眼があるかのような思考」により、「分解」と「統合」の2ステップを軽やかに組み合わせて、問題解決することを目指しましょう！

「複眼的思考」の視点の置き方は、次のように分解できます。

微積思考　**複数の距離、視角から見る思考**

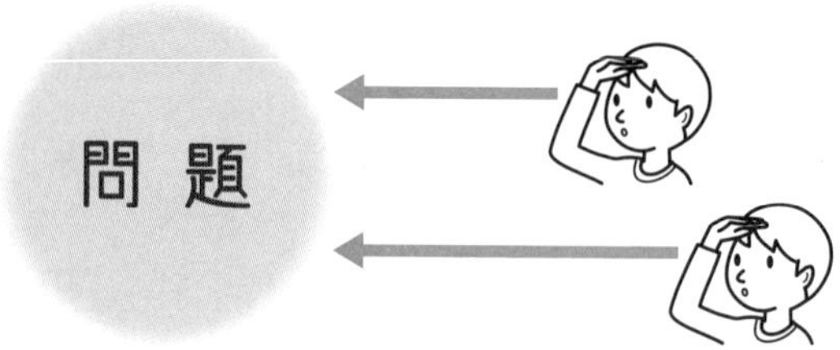

多角思考　**複数の異なる角度から見る思考**

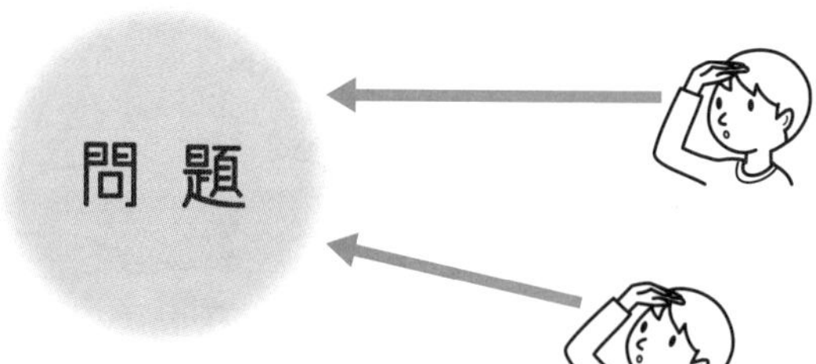

双方向思考　自分から、問題からの双方向から見る思考

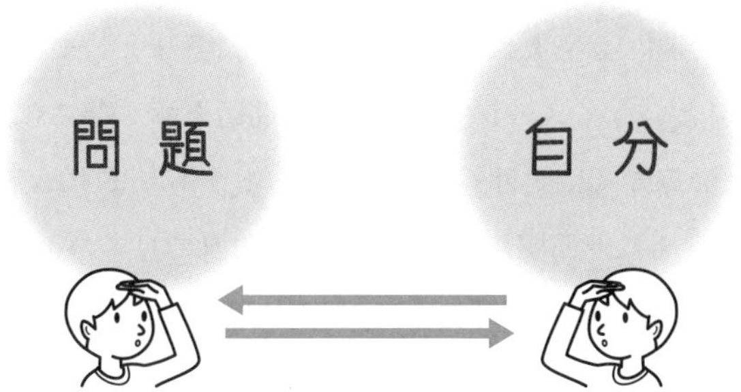

時間軸思考　過去、現在、未来と異なる時間から見る思考

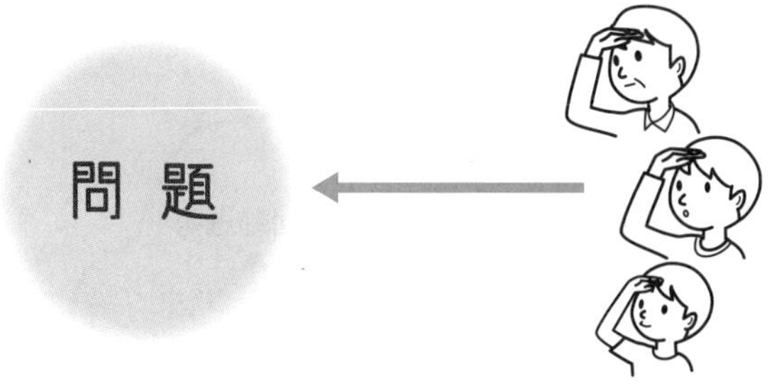

思考が行き詰った時、視点と向きと時間を4次元で自在に移動させることが、問題発見、問題解決のポイントです。複眼的思考ではなく、「時空思考」と名付けようかとも思いました。しかし、色々なところから見ること以上に、「複数の眼から見る」ことが思考では重要と考え「複眼的思考」とした経緯があります。「複眼的」な視点を意識するだけでも、行き詰ったときの問題への打ち手が増えると思います。

順番が前後しましたが、「数学的思考」を鍛えるための基礎となるのが**批判的思考**です。「批判的」という言葉は、粗探しをするようで少し印象が悪いかもしれません…。しかし、意味としましては、「本質的思考」というイメージです。数学の問題を解く際にも、「批判的思考」は計算ミスに気付く、等のメリットがあります。実生活の中でも、与えられた問題だけでなく、自分自身で思考のチャンスを捉える好奇心を大切にし、「健全に」批判的思考をしてください。

数学的思考

1. 数学的思考＝分解＋統合
2. 数学的思考の基本である「複眼的思考」の分解

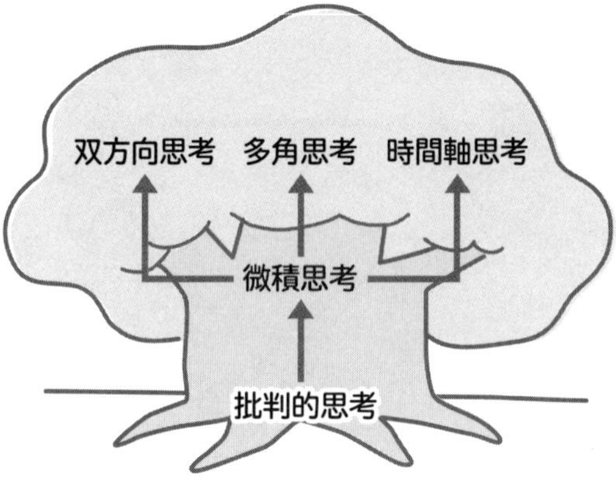

3. 数学的思考の言語化された Feedback と Fix

ところで、2次方程式$2x^2-3x+1=0$を解くことができますか？
もちろん、2次方程式の解の公式により、

$$x=\frac{-(-3)\pm\sqrt{(-3)^2-4\cdot2\cdot1}}{2\cdot2}=\frac{3\pm1}{4}=1、\frac{1}{2}$$

と解くことができます。しかし、高校1年生で学習する、通称「たすきがけ」と呼ばれる方法により、左辺を因数分解しまして、

$$(x-1)(2x-1)=0$$

$$x-1=0\ \text{または}\ 2x-1=0$$

$$x=1、\frac{1}{2}$$

としますと、√の計算をしなくて済みますので、より早く、正確に解くことができます。このように、「知っていること」は、労力や閃きを節約し、脳をより高いレベルの思考に集中させることができます！そして、どのように数式を見るか（どの位の距離から見るか？、どの角度から見るか？、…）に関しては、ある程度の「知識」がなければ適切に決定することはできません。

思考力を「知識を活用してより良く生きる力」と定義しましたので、「知識」は活用されてこそ真価を発揮します。

知識の活用

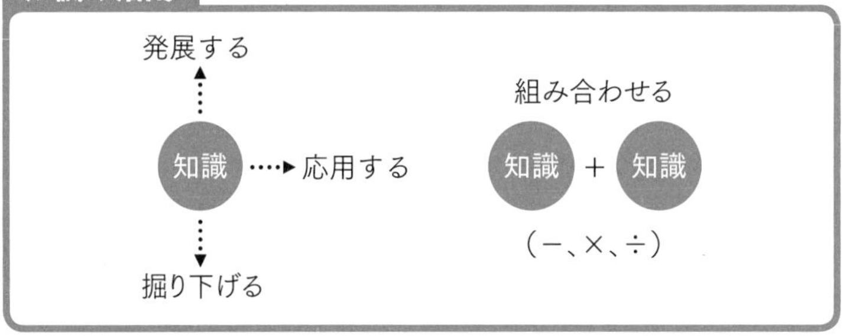

「アイデアの芽」や「アイデアの引き出し」となる知識を増やすことが、思考力の向上に役立ちます。しかし、知識が増えると、知識を当てはめて問題を解こうとしてしまうため、

知識の量と思考力は反比例

します。ですから、知識は量ではなく「質」を大切にして、少ない知識で問題解決できることが理想です！創造的なアイデアは「既存の知識の新しい組み合わせ」です。そのため、この「連想ゲーム」に適した、知識にまとまりや繋がりがある体系化された知識であることが重要です。

体系化された知識

持っている知識が新しい知識を生むサイクルをつくる動的なもの
（持っている知識を活用する、新しい知識を得る中で更新されていく）

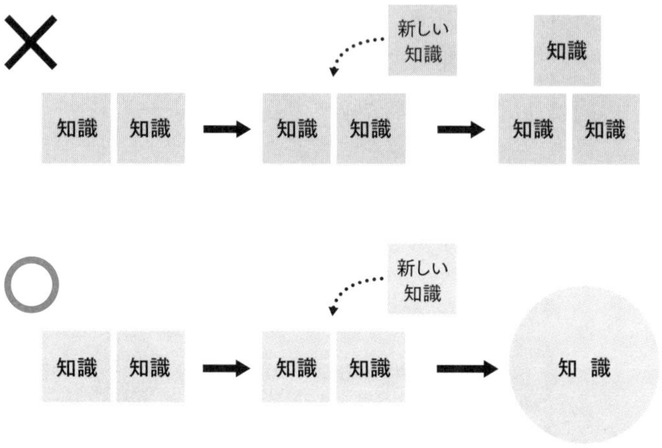

知識を得ること、さらには学ぶことは自分をつくり変えることです！そのため、知識は「動的」なものであり、刻々と更新していけば良いものです。皆さんの知識は誰一人として同じものを持っていないオリジナルであることに胸を張りましょう！

まえがきで触れましたフィボナッチ数列とは、

1、1、2、3、5、8、13、21、34、55、…

という数字の列です。1＋1＝2、1＋2＝3、…と前の2つの数の和が、次の数になります。確かに、

「思考力（新しいアイデア）」
＝「以前の知識」＋「以前の他の知識」

と考えることができ、似ていますね！

図1.1 知識と思考のサイクル

「1を聞いて10を知る」ということわざがあります。しかし、これからの時代には、AIを、

Artificial Intelligence（人工知能）

ではなく、

Assistive Intelligence（補助的知能）

として、人間がAIと「共創」していくためには**図1.2**のように、

1を知って、10とBを解決する

ことが重要だと思います。

図1.2

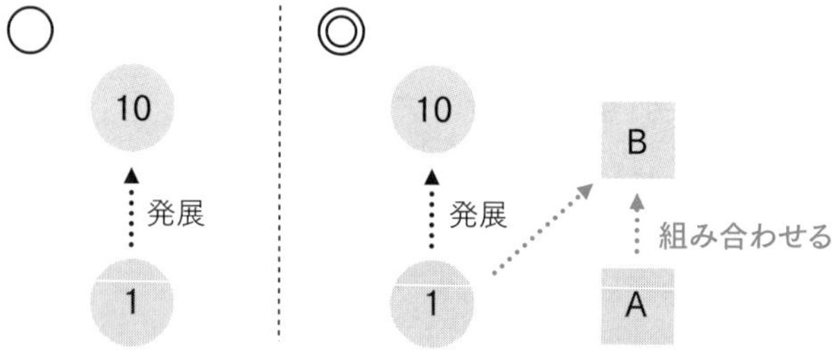

そのために、「数学的思考」（と直感的思考）により、**図1.1**の「体系化された知識」と「複眼的思考」のサイクルを回しましょう。

その「数学的思考」の基本は「分解」と「統合」、すなわち、部分と全体を自由自在に行き来する『微積思考』です！名前の由来でもある「微分法と積分法」は、『微積思考』を鍛えるための最高の題材です。

それに加えて、微分法と積分法の問題には、思考力を鍛えるために適した特徴があります！ある大学の教授から、「私の大学は、入試の記述問題として、数学は微積を絶対に出題します。受験生の答案の流れが大体同じため、採点の負担が小さいからです。」と聞いたことがあります。この、解答がある程度限られてくるという特徴

を、「思考力と逆行している！」とお考えの方もおられるかと思います。しかし、本書ではそれを利点と捉え、

構想を練ることを重視し、

「分解」と「統合」をバランスよく扱い、

「微」と「積」の複眼的視点での数学的思考を鍛える

ことを意識しようと思います（拙著『思考力を鍛える場合の数と確率』では、分問に分解することで、どちらかというと「分解」に軸足を置いていました）。問題文から、どのように解答の方針に至るのかを一緒に思考する中で、皆さんの思考力を鍛えていただけたらと思います。実際の試験では下書き用紙で行う思考を中心に据えることで、思考力を鍛えることに繋がります！

もちろん、皆さんご自身で、問題を粘り強く考えていただくことが、思考力を鍛えるための最善の手です！しかし、この「構想」を通して、

問題が難しいという方

ヒントとして、手を動かすきっかけとする

ご自分で解けた方

なぜその解法に至るか、という点を言語化する

ことは大変有意義だと思います。しかし、鵜呑みにするのではなく、健全な「批判的思考」をしながらお付き合いください。

1-3 読解力∩表現力＝変換力

本書では、教科書のように理解を積み上げると同時に、「動的」に知識を深める機会として、東京大学と京都大学の入試問題を意識的に織り交ぜています。入試問題の特徴が、数学以上に表れている「英語」を例に、両大学の入試問題がいかに数学的思考を鍛えるために適しているかを説明します。一般入試出題意図等が公開された初年度である、2019年度入試の大問構成、問題数はそれぞれ次の通りです。両大学ともに、制限時間は120分です。

東京大学

1. 読解問題（8問）　2. 英作文（2問）
3. リスニング（試験開始45分後に約30分　15問）
4. 文法・語法、英文解釈（8問）　5. 読解総合（11問）

京都大学

1. 読解総合（7問）　2. 読解総合、英作文（4問）
3. 英作文（1問）

このように、東京大学は「総合力（幅広い知識と思考力）」と計画立案・実行能力（リスニング前後の45分をいかに使うか）と情報処理能力を、京都大学は「深い知識と思考力」と考え抜く力を問う出題になっています。とはいえ、英語に限らず両大学ともに、ただ暗記量があるだけでは解けない良問ぞろいです！そのため、教科書の内容と並行して両大学の入試問題を考えることで、「体系化された知識」と「複眼的思考」を身につけることが可能です！

ところで、読解力とは何でしょうか？

長い文章、難解な文章を「読んで理解する力」も、字のごとく読解力です。従来の国語のテストで問われてきた力です。しかし、私は「読み解く力」と考え、その核心は『変換』ができることだと思います。

ここで、2019年度の京都大学の英語の大問3（和文英訳）とその出題意図を引用します。

大問3

次の文章を英訳しなさい。

「マイノリティ」という言葉を聞くと、全体のなかの少数者をまず思い浮かべるかもしれない。しかし、マイノリティという概念を数だけの問題に還元するのは間違いのもとである。人種あるいは宗教のような属性によって定義づけられる集団は、歴史的、文化的な条件によって社会的弱者になっている場合、マイノリティと呼ばれる。こうした意味で、数としては少なくない集団でもマイノリティとなる。例えば、組織の管理職のほとんどが男性である社会では、女性はマイノリティと考えられる。

出題意図

日本語で書かれた文章の英訳問題である。英語の語彙および文法全般に関する基礎的な力とともに、日本語特有の表現の意味を英語で適切に表すために自身の知識を発展的に応用する力を確認するものである（下線は著者による）。

私が強調したい部分に下線を引きました。英語の入試問題だからといって、英語力のみを要求しているわけではないですね！英語力に加え、要求されている思考力を2つ言語化してみます。

双方向思考

「自身の知識」と「問題文」の双方向から歩み寄りながら、適切な英文を探る

微積思考

1文1文における英訳が、全体として適切かどうかを判断する

そして、このように英訳する前のポイントは、難解な日本語を、

①意味が変わり過ぎない

と同時に

②自分の英語の知識（語彙や文法）の枠に収まる

ようにする**変換力**（翻訳力、編集力、要約力を含んだ、より広範な能力）です。ある文を読解できている状態とは、分かりやすい言葉に「変換」できる状態です。「変換力」が向上すれば、

Ⓐ会話等で得た情報を理解しやすいものに「変換」できる

→ 読解力（インプット）向上

Ⓑ持っている情報を、他者、未来の自分が理解しやすいものに「変換」できる　→ 表現力（アウトプット）向上

⬇

Ⓐ知識の質の向上

Ⓑプレゼンテーション能力の向上

そして、ⒶとⒷのトータルとして、「コミュニケーション能力」が向上すること間違いなしです。

「変換」するためには思考するわけですから、

変換力、読解力と表現力は思考力の一部

ですよね！これらの3つの力と思考力は、下のような包含関係になります。

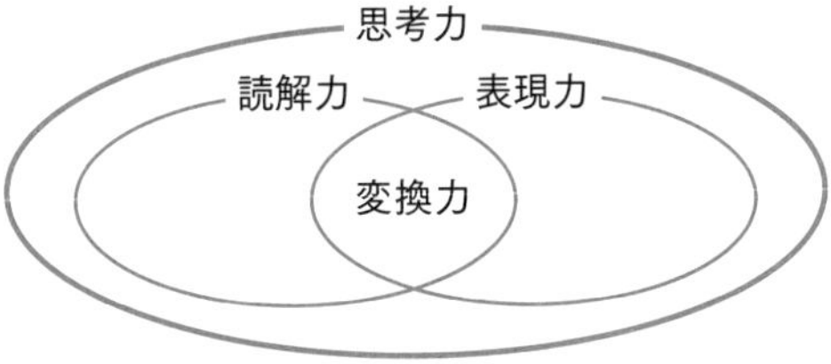

こちらを数学記号を用いて表現しますと、

読解力∩表現力＝変換力

となります。

この「変換力」としての読解力（と表現力）は、国語や読書によって鍛えられることはもちろんです。しかし、**読解力（と表現力）は数学によっても鍛えることができます**。このような「変換力」には、自分と他者の視点に立って考える力が重要です。そのため、変換力は多角思考力の一部、すなわち変換力は思考力の一部ですが、さらに分解を進めますと、

変換力 ⊂ 多角思考力

です。

この多角思考を鍛えるために適した題材は、微分法と積分法のように「グラフを扱う分野」です。なぜならば、「日本語（問題文）」を、「グラフ」に『変換』し、さらにそれを「数式」に『変換』することが重要となる問題が多くあるからです。特に、この和文英訳ならぬ、和文数訳、図表数訳等が「変換力」を鍛えることに繋がります。

図1.3

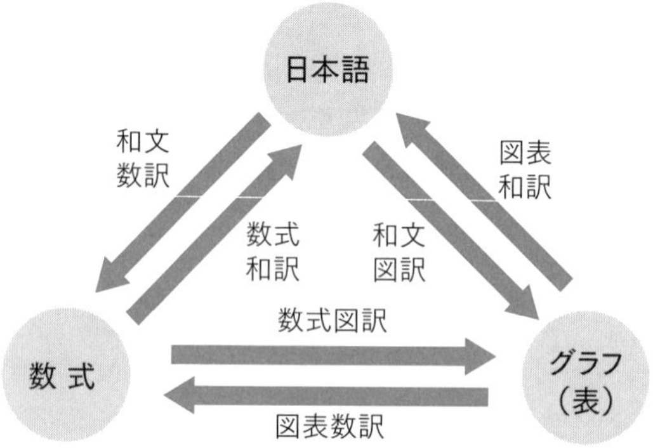

この日本語、グラフ、数式の間での『変換』において大切なことは、同値であることです！同値とは、

$p \Leftrightarrow q$（pとqが同値である）

… pならばqが真、qならばpも真

ということです！ただし、数学では、「必ず（常に、100%）」正しいときのみ真（正しい）と判断します。

それでは、$x-1=0$ と $x=1$ は同値でしょうか？

同値ですよね！なぜならば、

$x-1=0$　ならば　x は1を引いて0になる数ですから　$x=1$

$x=1$　ならば　$x-1$ において $x=1$ を代入しますと　$1-1=0$

よって、両方とも真ですから、同値ですね！

それでは、確認でもう1問です。$x=1$ と $x^2-x=0$ は同値ですか？

今回は同値ではありませんね…。

確かに、

$x=1$　ならば　$x^2-x=1^2-1=1-1=0$　となり、こちらは真です。

しかし、$x^2-x=0$　ならば

左辺に $x=0$ を代入しますと、　$0^2-0=0$

$x=1$ を代入しますと、　$1^2-1=0$

こちらは、$x=0$ でも成り立つため、必ずしも $x=1$ であるとは限りません…。このような例を**反例**と言い、偽である（正しくない）ことを証明するには、反例を「1つ」挙げれば良いです！それにより、「必ず（常に、100%）」正しいわけではない、と証明できますよね。

このように、2つの条件が同値であるかどうか、これを意識しながら「多角思考により変換」することが大変重要です！本書により、同値であるように和文数訳等をすることを身につけ、数学的思考と同時に、その一部である読解力と表現力も鍛えましょう！

それでは早速、1問解いて、数学で読解力を鍛えることを実感していただきたいと思います！そして、問題文に続いて、本書（内の一定以上の難易度の問題）で貫かれる「構想→解答」という流れで解説していますので活用してください。また、本書では、本書の範囲外の知識が必要となる問題では、**問題1.1**のように「ヒント」と書かれており、問題のすぐ下にヒントが書かれていますので、必要であれば参考にしてください（「注意」もあります）。

問題 1.1　**1972 京都大学文理共通**

実数または複素数のx、y、z、aについて、
$x+y+z=a$、$x^3+y^3+z^3=a^3$の2式が成立するとき、x、y、zのうち少なくとも1つはaに等しいことを示せ。　ヒント

ヒント　複素数は、本書の範囲外ですので、無視していただいても構いません。また、無視しても解答に差し支えありません。

構 想

“「x、y、zのうち少なくとも1つはaに等しいことを示す」とは、何を示せば良いのでしょうか？「x、y、zのうち少なくとも1つはaに等しい」を和文数訳してください！”

ちょっと、難しいでしょうか？1問、易しい問題を挟みます。一旦、「x、yのうち少なくとも一方は0に等しい」を和文数訳してください。

$xy=0$ですね！積が0であれば、その少なくとも一方は0です。

それでは、改めて、「x、y、zのうち少なくとも1つはaに等しい」を和文数訳してください。

$(x-a)(y-a)(z-a)=0$ですね！

もう少し先まで構想を練ってから、解答に進みます。

$$(x-a)(y-a)(z-a)$$
$$=\underline{xyz-a(xy+yz+zx)}+a^2(\underline{x+y+z})-a^3$$

$\underline{x+y+z=a}$でしたから、問題は下線部です。この問題を、$x+y+z=a$、$x^3+y^3+z^3=a^3$の2式が成立することを利用して解決して、$(x-a)(y-a)(z-a)=0$であることを示せば良いですね！

それでは、解答に進みましょう！

解答 1.1 $x+y+z=a$の両辺を3乗しますと、

$$(x+y+z)^3=a^3$$

これに$x^3+y^3+z^3=a^3$を代入して、aを消去しますと、

$$(x+y+z)^3=x^3+y^3+z^3 \quad \cdots\cdots ①$$

ここで、この左辺を展開しますと、

$$\begin{aligned}(x+y+z)^3&=(x+y+z)(x+y+z)^2\\&=(x+y+z)(x^2+y^2+z^2+2xy+2yz+2zx)\\&=(x^3+xy^2+z^2x+2x^2y+2xyz+2zx^2)\\&\quad+(x^2y+y^3+yz^2+2xy^2+2y^2z+2xyz)\\&\quad+(zx^2+y^2z+z^3+2xyz+2yz^2+2z^2x)\\&=x^3+y^3+z^3+3x^2y+3xy^2+3y^2z+3yz^2+3z^2x+3zx^2+6xyz\end{aligned}$$

これを①の左辺に代入しまして、右辺を移項して消える項を考慮しますと、

$$3x^2y+3xy^2+3y^2z+3yz^2+3z^2x+3zx^2+6xyz=0$$

両辺を3で割りますと、

$$x^2y+xy^2+y^2z+yz^2+z^2x+zx^2+2xyz=0 \qquad \cdots\cdots②$$

証明問題ですから、ここまでに準備した式を組み合わせると$(x-a)(y-a)(z-a)=0$となるはずだ、と推測します。それでは計算を進めてみます。

$(x-a)(y-a)(z-a)$

$=xyz-a(xy+yz+zx)+a^2(x+y+z)-a^3$

$x+y+z=a$により、

$=xyz-(x+y+z)(xy+yz+zx)+a^2\cdot a-a^3$

$=xyz-(x+y+z)(xy+yz+zx)$

$=xyz-(x^2y+xyz+zx^2+xy^2+y^2z+xyz+xyz+yz^2+z^2x)$

$=-x^2y-zx^2-xy^2-y^2z-yz^2-z^2x-2xyz$

マイナスで括り、順番を入れ替えますと、

$=-(x^2y+xy^2+y^2z+yz^2+z^2x+zx^2+2xyz)$

これは、②より

$=0$

よって、$(x-a)(y-a)(z-a)=0$となりましたので、x、y、zのうち少なくとも1つはaに等しい。

ゴールからの双方向思考(と3文字かつ3乗があっても間違えない計算力)と同時に、「数学の問題にも、和文数訳する読解力(多角思考により変換する力)」が要求されることが実感できる問題だったと思います！

読解力について語る際に、「教科書」が良く引き合いに出されます。この「教科書」は、初学者が読めば分かるように執筆されているのでしょうか？

初学者にとっては、多少分かりづらく書かれています。

あまりにも分かりやすいものにするとページ数が増えてしまいますし、教科書ガイドが売れなくなります。そして、読むだけで分かることにより、生徒が授業を聞かなくなることを恐れ、先生方からの採用が減ってしまうかもしれません。

というわけで、教科書は「指導者と学習することで真価を発揮する」、「復習用としては大変優れたものです」が、独学するにはハードルが高いものになります。そこで、本書では教科書の行間を徹底的に埋め、基礎の時点から東京大学と京都大学の入試問題を挟み、深く本質的な理解を促し、知識を体系化すること大切にします。

それでは、「微分法と積分学法」を通して『数学的思考』を鍛えるための最後の助走として、本書の全体像を説明します。

1-4 本書の構成

本節では、前節までをまとめ、第2章以降がどのように構成されているのかをご説明します。

微積(微分法と積分法)とは何でしょうか？

微分 → “「微」小部分に「分」けること”

積分 → “「分」けられた部分を「積」み上げること”

です。「微分は分解、積分は統合」に当たり、正に数学的思考と同じではないでしょうか！そして、微分法と積分法ですから、数学的思考を鍛える視点を持って学ぶことで、自然と微積思考を鍛えることができます。

また、微分法の標準以上の問題では、「日本語」と「数式」と「図(グラフ)」の3つを自由に行き来できることが重要です。そのため、複数の角度から問題を見る「多角思考」も同時に鍛えることができます。そして、この多角思考を鍛えることが、変換力に繋がり、さらに、読解力、表現力にも波及します。

ということで本書は、高等学校の数学Ⅱで学ぶ「微分法と積分法」を題材の中心に、「微積思考」と「多角思考」を軸にとして、次のように数学的思考全般を「自然」に鍛えることができるように構成されています。

微積思考

名前の通り、もちろん鍛えることができる
構想を練る（必要に応じて、細部の「微」と大局の「積」を考える）ことでも鍛えることができる

多角思考

日本語、数式、グラフ間の変換等により鍛えることができる

双方向思考

「微分」と「積分」は逆演算（179ページで扱います）ですから、微積をトータルで学ぶことで鍛えることができる

時間軸思考

構想を練ること（早送り）、振り返ること（巻き戻し）、極端な場合（極限）を考えることにより鍛えることができる

微分法と積分法を、「数学的思考を鍛えるための題材」であると意識して学ぶことで、これらの思考を「自然」に鍛えることができます！

これらの思考、すなわち、「数学的思考」を鍛えるために、各章の概要とそれらの狙いは次のようになります。

第2章から第5章の4章が、微分編になり、微積思考の「微」の面を鍛える章となります（第4章は、微積思考の「積」の面を鍛える章でもあります）。

第２章　微分法の基礎の基礎

第３章　微分法の基礎・基本

第４章　微分法の発展

第５章　微分法の応用

微分法と積分法は、高校数学の数学Ⅱ（公立高校ならば、高校2年生で学ぶ数学）で学びます。そのため、第2章では、そこまでに至る数学のうち、必要不可欠なもの、思考力を鍛えるために適しているものを取り上げ、思考力を鍛えていきます。

第3章から、本格的に微分法の内容を扱います。第3章では、第2章で体系化された知識を基にして、微分法に足を踏み入れます。第4章では、「微」小部分を見ることで得た知識を「積」み上げます。さらに、それを活用して、方程式や不等式に応用するのが、第5章となります。

続く、第6章から第9章の4章が、積分編になります。積分法ならではの考え方を身につけることで、自然と微積思考の「積」の面を鍛えることができます。

第６章　積分法の基礎

第７章　積分法の基本

第８章　積分法の発展

第９章　積分法の応用

第6章では、微分法を発展させ、積分法に繋げます。第6章の計算を利用し、第7章、第8章では、「微」小部分を「積」み上げ、微積思考を鍛えます。また、第6章から第8章では、積分法により、円の周の長さ、円の面積、円柱の体積、円錐の体積の公式も導出します。そして第9章では、球の表面積と体積の公式も導出し、さらに、その中で得たアイデアを応用した問題を扱います。

第10章　微分法と積分法のさらなる応用

微分法と積分法を、数学以外の科学である「物理」に応用します。数学以外に活用することを通して、実社会を批判的に思考し、あらゆる場で思考することに繋がる章になれば、と思います。

このような全10章で構成されている本書を通して、数学以上の学びを得ていただけたら幸いです。基礎・基本が、どのような思考により、発展・応用され、知識が体系化されていくかを大切にしてください。

機械は、使えば使うほど劣化していきます。それでは脳はどうでしょうか?

筋肉が48時間～72時間経過すれば超回復するように、脳も、使えば使うほど性能が上がります!

それでは、本書で微分法と積分法について一緒に学びながら、脳をいじめ抜いて、数学的思考を鍛えましょう!

第2章 微分法の基礎の基礎

2-1 等 式

等式とは、2つ以上の対象が等しいことを表す数式です。例として、

$$a^3+b^3=(a+b)(a^2-ab+b^2)$$

$$3x-9=0$$

が挙げられます。

この2つの等式には相違点があることにお気付きですか？

$a^3+b^3=(a+b)(a^2-ab+b^2)$ は $a=2$、$b=1$ のとき、

左辺が　$2^3+1^3=8+1=9$

右辺が　$(2+1)(2^2-2\cdot1+1^2)=3\cdot3=9$

となり成り立ちます。

$a=3$、$b=-1$ のとき、

左辺が　$3^3+(-1)^3=27-1=26$

右辺が　$\left\{3+(-1)\right\}\left\{3^2-3\cdot(-1)+(-1)^2\right\}=2\cdot13=26$

となり成り立ちます。

このように、$a^3+b^3=(a+b)(a^2-ab+b^2)$ は、a、b にどのような値を代入しても常に成り立つ等式ですので、このような等式を恒等式と言います。

一方、$3x-9=0$を解きますと、

　-9を移項しまして　　　$3x=9$

　両辺を3で割りまして　　$x=3$

このように求められた$x=3$は$3x-9=0$にとってどのような値でしょうか？

$3x-9$において、$x=3$としますと、$3\cdot3-9=9-9=0$となりますので、「$x=3$を代入しますと、$3x-9=0$が成り立ちます」。

続いて、$x=1$としてみますと、$3\cdot1-9=3-9=-6\neq0$となりますので、「$x=1$を代入しますと$3x-9=0$が成り立ちません」。

このように、その文字が特定の値をとるときだけ成り立つ等式を**方程式**と言います。

これからは、同じように等号の入った等式であっても、「今は恒等式」、「今は方程式」と区別しながら計算し、目の前の計算に飛びつかない習慣をつけましょう。それにより、計算する自分を客観的に見る「批判的思考」が鍛えられます。

難しい展開の公式ですが、例えば、

$$(a+b)^3=a^3+3a^2b+3ab^2+b^3$$

は恒等式ですか？方程式ですか？

一般に、式の変形によって導かれる等式は恒等式です。ですから、このような展開の公式、また、その逆演算である因数分解の公式は恒等式です。

高校数学では、これを次のように変形した恒等式☆もよく利用されます。

$$(a+b)^3=a^3+\underline{3a^2b+3ab^2}+b^3$$

下線部を移項し、左辺と右辺を入れ替えますと、

$$a^3+b^3=(a+b)^3\underline{-3a^2b-3ab^2}$$

下線部を因数分解しますと、

$$a^3+b^3=(a+b)^3\underline{-3ab(a+b)} \qquad \cdots\cdots☆$$

それでは、1問、因数分解の恒等式を証明してみましょう！

問題 2.1 次の等式を証明せよ。

$$a^3+b^3+c^3-3abc=(a+b+c)(a^2+b^2+c^2-ab-bc-ca)$$

解答 2.1 早速、先程紹介しました恒等式☆を利用します。

$$\underline{a^3+b^3}+c^3-3abc=\underline{(a+b)^3-3ab(a+b)}+c^3-3abc$$

目標の恒等式は分かっているわけですから、双方向思考をしましょう！この数式を、$a+b+c$の入った数式にしたいわけですから、どのように変形しましょうか？

$$\begin{aligned}\underline{a^3+b^3}+c^3-3abc&=\underline{(a+b)^3-3ab(a+b)}+c^3-3abc\\&=\underline{(a+b)^3}\underline{-3ab(a+b)}\underline{+c^3}\underline{-3abc}\\&=\underline{(a+b)^3+c^3}\underline{-3ab(a+b)-3abc}\end{aligned}$$

この二重下線部には$a^3+b^3=(a+b)(a^2-ab+b^2)$を利用して因数分解、波線部は共通因数でくくることで因数分解すれば、$a+b+c$の入った数式に変形できます！

$$=\left\{(a+b)+c\right\}\left\{(a+b)^2-(a+b)c+c^2\right\}-3ab\left\{(a+b)+c\right\}$$

$$=(a+b+c)\left\{(a^2+2ab+b^2)-ca-bc+c^2\right\}-3ab(a+b+c)$$

共通因数$a+b+c$でくくりますと、

$$=(a+b+c)(a^2+2ab+b^2-ca-bc+c^2-3ab)$$
$$=(a+b+c)(a^2+b^2+c^2-ab-bc-ca)$$

目的の恒等式が得られましたね！このように、因数分解等の計算においても、先読みを通して、「双方向思考」、「時間軸思考」、そして**複眼的計算力**を鍛えることができます！

2-2 関数とそのグラフ

それでは、$y=2x+3$という等式は、恒等式でしょうか？方程式でしょうか？

もちろん、方程式ですよね！例えば、$x=1$、$y=1$を代入するとこの等式は成り立ちませんが、$x=1$、$y=5$を代入すると成り立ちます。このように、この等式はx, yにどのような値を代入しても常に成り立つわけではありません。

よって、$x=0$のときは$y=3$、$x=1$のときは$y=5$、のようにxの値によってyの値が決まります。このように、2つの変数x、yがあって、xの値を定めると、それに対応してyの値がただ1つ定まるとき、yはxの**関数**である、と言います。関数は英語でfunctionですから、$y=f(x)$と表記することもあります。$y=f(x)$という関係を満たすような点(x, y)全体で作られる図形を、関数$y=f(x)$の**グラフ**と呼びます。

例えば、1次関数$y=x$は、座標平面上で、どのようなグラフですか？**図2.1**のように、xとyが等しい点全体で作られる図形になるわけですから、傾きが1、切片が0である、原点を通る直線（**図2.2**）になりますね！

図2.1

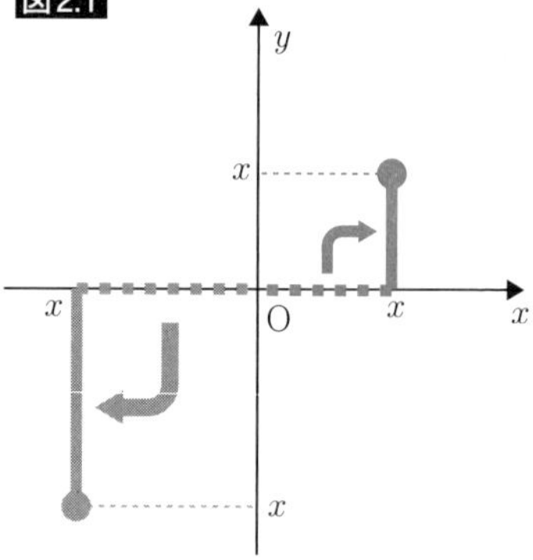

図2.2

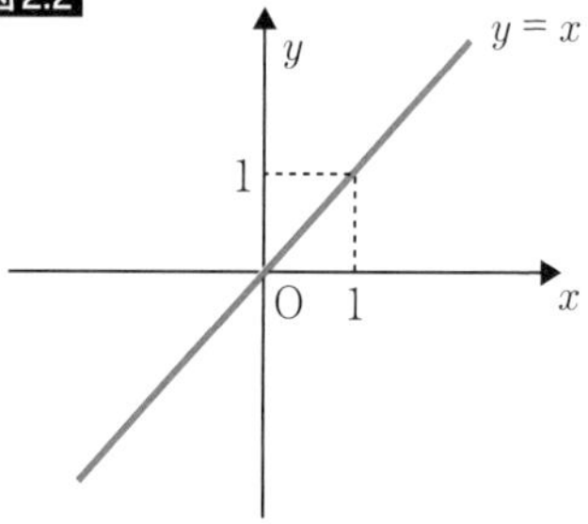

続いて、関数$y=x^2$のグラフを、先程の1次関数$y=x$のグラフと同じ座標平面上にかき加えてみましょう！

まず、$x=\pm 2$としてみますと、それぞれ$y=2^2=4$で「＋」、$y=(-2)^2=4$で「＋」であるように、正の数の2乗も、負の数の2乗も正の数になります。そのため、**図2.3**のように、xが負のとき、1次関数$y=x$のグラフと（特に）大きく離れてしまいます…。

2乗 ($y=x^2$) のグラフを考えているわけですから、2乗するというアイデア以外に、負の数を正の数にする魔法の記号がありませんか？

絶対値記号ですね！絶対値について復習しておきますと、

図2.3

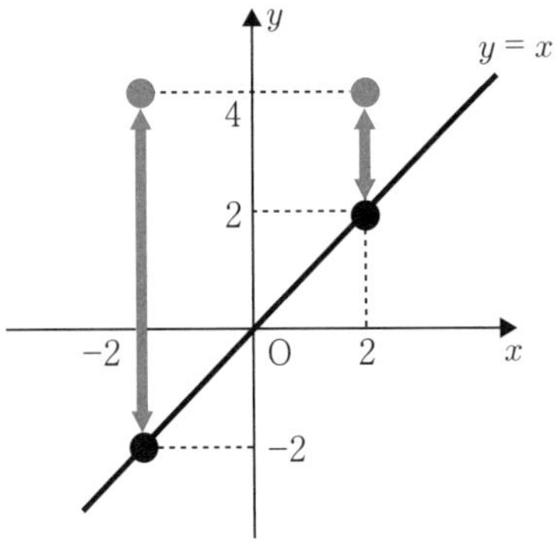

$$2\ \text{の絶対値は}\quad |2|=2$$

$$-2\text{の絶対値は}\quad |-2|=2$$

でしたね。一般に、aの絶対値$|a|$は次のように定義されます。

$|a|$=原点Oから点A(a)までの距離

図2.4

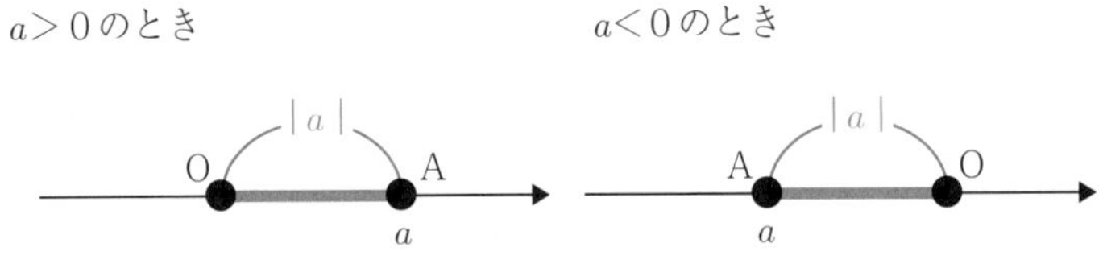

上のそれぞれの図の場合、$|a|$はaを用いてどのように表されますか？

直線上の2点間の距離ですから、

右側の点の座標－左側の点の座標

で求められますよね！ということで、

$a>0$のとき　$|a|=a-0=a$

$a<0$のとき　$|a|=0-a=-a$

となります。ちなみに$a=0$のときは、どちらに仲間入りさせると良いでしょうか？

どちらでも良いですよね！（両方でも良いです）

$|0|=0-0=0$

（$a>0$のとき$|a|=a-0=a$）

$|0|=0-0=-0$

（$a<0$のとき$|a|=0-a=-a$）

どちらでも良いのならば、どちらに仲間入りさせましょうか？「－」が出てくると嫌ですので、$a>0$に仲間入りさせましょう。それでは、絶対値についてのまとめです。

絶対値の性質

$$|a|=\begin{cases} a\ (a \geqq 0\text{のとき}) \\ -a\ (a<0\text{のとき}) \end{cases}$$

それでは関数$y=|x|$はどのようなグラフですか？

いくつか数値を代入してそれらをプロットすることでグラフをかいても良いですが、絶対値の意味を考えることでかいてみましょう！

$y=|x|$は、「yは、原点と、座標がxである点との距離と等しい」と数式和訳できます。ということは、ある正と負のそれぞれのxに対して、**図2.5**のようになります。

図2.5

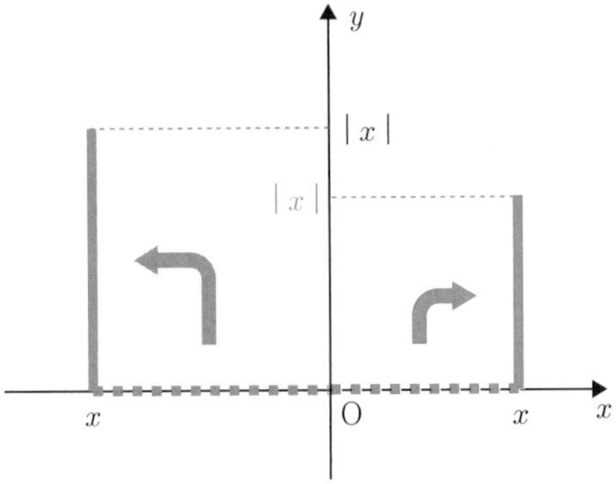

これをたくさん行いますと、関数$y=|x|$のグラフは、**図2.6**のようになりますね（1次関数$y=x$のグラフを点線で残しておきました）。

図2.6

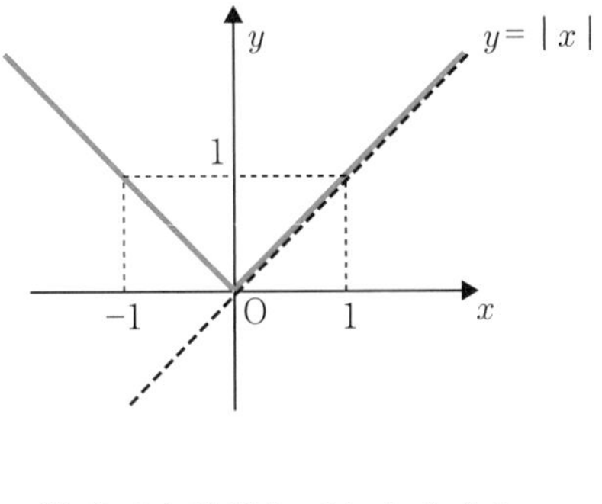

計算を用いて、数式でも確認しておきますと、$y=x$の右辺に絶対値記号をつけた関数$y=|x|$のグラフは、

$$|x| = \begin{cases} x\ (x \geqq 0\text{のとき}) \\ -x\ (x < 0\text{のとき}) \end{cases}$$

から、$x \geqq 0$のときは$y=x$と同じ、$x<0$のときは符号を変えて正にして$y=-x$となることが分かります。よって、関数$y=|x|$のグラフは、

y軸の右側（とy軸上）は$y=x$のまま

y軸の左側は$y=x$をx軸に関して折り返したもの

になります。

ところで、なぜ絶対値を考え始めたのでしたか？

1次関数$y=x$のグラフと同じ座標平面上に、2次関数$y=x^2$のグラフがかきたかったのですが、特にxが負の数のときの様子が掴みにくいからでしたね！このように、細部を追いながらも、全体と部分の微積思考をしながら、読み進めてください！

関数$y=|x|$のグラフを考えたことで、xの値が負のときのグラフもx軸より上側にありますので、2次関数$y=x^2$のグラフと比較しやすくなりましたね！

それでは、関数$y=|x|$のグラフと同じ座標平面上に、2次関数$y=x^2$のグラフをかき加えてください。

$$x \geqq 0\text{のとき}\quad x^2 = |x|^2$$

$$x < 0\text{のとき}\quad x^2 = (-x)^2 = |x|^2$$

ですから、常に$x^2=|x|^2$であることに注意しますと、今回は関数$y=|x|^2$のグラフをかけば良いので、2次関数$y=x^2$のグラフは

図2.7のようになります。

図2.7

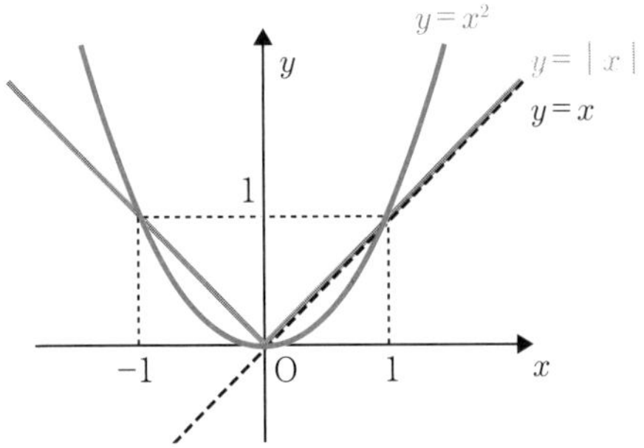

0と1の間の数は2乗すると小さくなることに注意しましょう（例えば、$0.9^2=0.81$ですよね）。このような、2次関数$y=ax^2$のグラフの形の曲線を**放物線**と言います。

それでは、次の2問を通して、絶対値の扱い方を練習しましょう。

問題 2.2　方程式$x^2+2|x|-3=0$を解け。

解答 2.2　絶対値記号さえなければ慣れ親しんだ方程式ですから、場合分けをして絶対値記号を外します。

①$x \geqq 0$のとき

与式は　$x^2+2x-3=0$

$(x+3)(x-1)=0$

$x=-3$、1

$x \geqq 0$ですから　$x=1$

②$x<0$のとき

与式は　$x^2+2\cdot(-x)-3=0$

$$x^2-2x-3=0$$

$$(x+1)(x-3)=0$$

$$x=-1、3$$

$x<0$ですから　　$x=-1$

①、②より　　$x=\pm 1$

別解 2.2 $x^2=|x|^2$であることを考えますと、与式は

$$|x|^2+2|x|-3=0$$

$$(|x|+3)(|x|-1)=0$$

よって、　$|x|+3=0$、または、$|x|-1=0$

$|x|$は原点からの距離でしたから、$|x|\geqq 0$です。ということは、$|x|+3\geqq 3>0$ですから、$|x|+3=0$はあり得ませんので、

$$|x|-1=0$$

$$x=\pm 1$$

このように、絶対値の扱いに習熟しますと、場合分けをせず問題が解けることが増えます。

問題 2.3 絶対値記号を外さず、関数$y=||x|-1|$のグラフをかけ。

「分かることに分解」し、それを「積み上げる」ことで解決しましょう！

解答 2.3 まず、関数$y=|x|$のグラフをかきましょう。

図2.8のように、関数$y=x$のグラフの一部をx軸に関して対称移動することにより、簡単にかけました！

図2.8

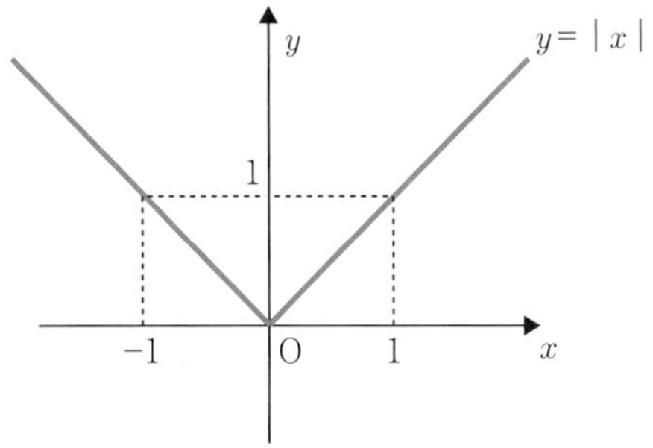

続いて、$y=|x|$の右辺から1を引きます。これでグラフはどのように変化しますか？

同じxの値に対して、yの値が1だけ小さくなるわけですから、グラフは全体として「下に1だけ平行移動します」よね！

図2.9

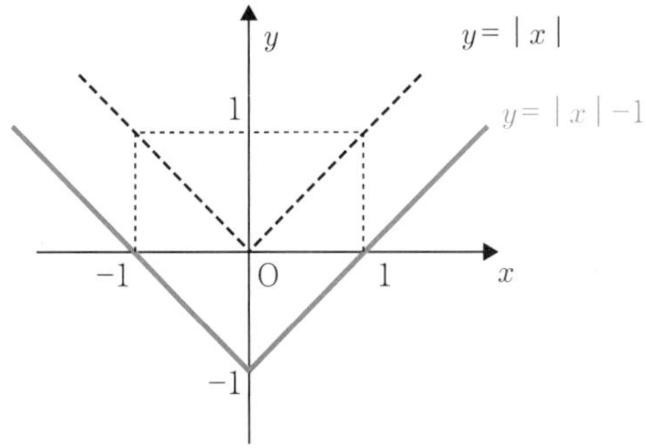

関数$y=|x|-1$の右辺に絶対値記号を付け加えます。これにより、関数$y=|x|-1$のグラフはどのように変化しますか？

関数$y=|x|-1$のグラフのx軸より下側の部分をx軸に関して対称移動したグラフに変化するのでしたね！よって、関数$y=||x|-1|$のグラフは、**図2.10**のようになります。

図2.10

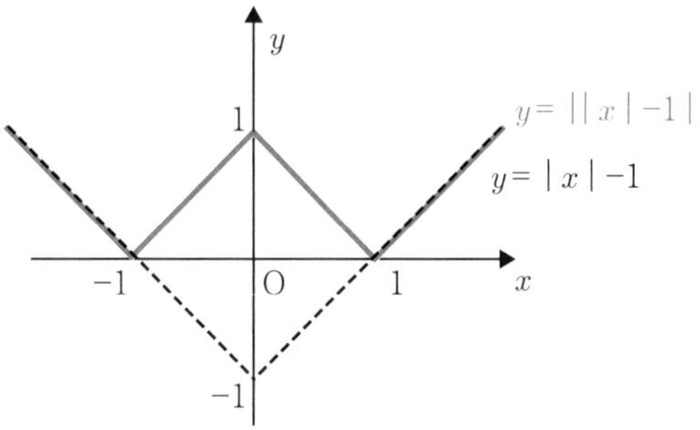

アルファベットのWのようなグラフになりましたね！

計算で数式を求めてグラフをかきたい場合には、

①$x<-1$、②$-1\leqq x<0$、③$0\leqq x<1$、④$1\leqq x$

の4つに場合分けをしてかくことも可能です。

絶対値の扱い

①絶対値記号内の値が0になる値を境に場合分け

②数式図訳（数式の図形的意味を考える）

それでは、レベルを上げて、2次関数$y=\frac{1}{2}(x-1)^2-2$のグラフをかいてみましょう！どのような流れでかきましょうか？

①$y=|x-1|$

②$y=|x-1|^2$、すなわち、$y=(x-1)^2$

③$y=\frac{1}{2}(x-1)^2$

④$y=\frac{1}{2}(x-1)^2-2$

上のような流れでかくことができそうですね。まず、①から考えていきましょう。

①$y=|x-1|$

$|x-1|$とは何ですか？

左の「絶対値の扱い②」のように数式図訳し、図形的意味を考えますと、原点と点A$(x-1)$の距離ですね！（**図2.11**の左図）

図2.11

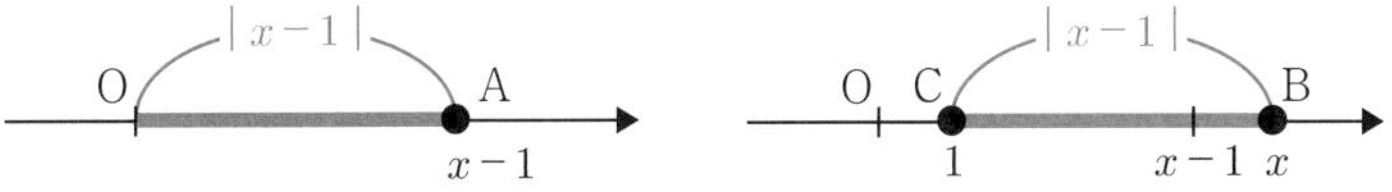

これは、点B(x)と点C(1)の距離と同じですよね！（**図2.11**の右図）

よって、関数$y=|x|$のグラフと同様に、今度は点C(1)からの距離を考えることにより、関数$y=|x-1|$のグラフがかけますね！（**図2.12**）

図2.12

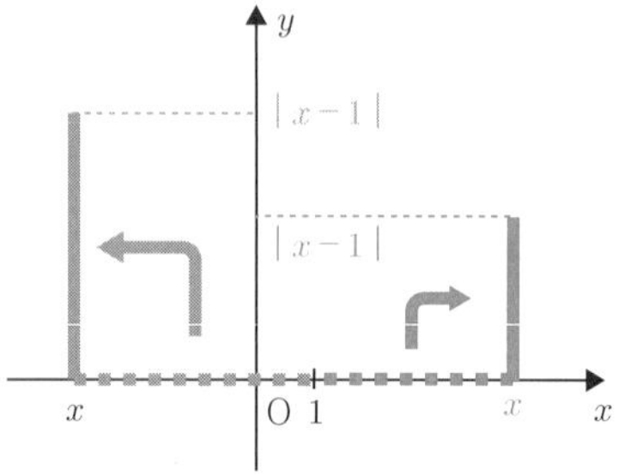

図2.13

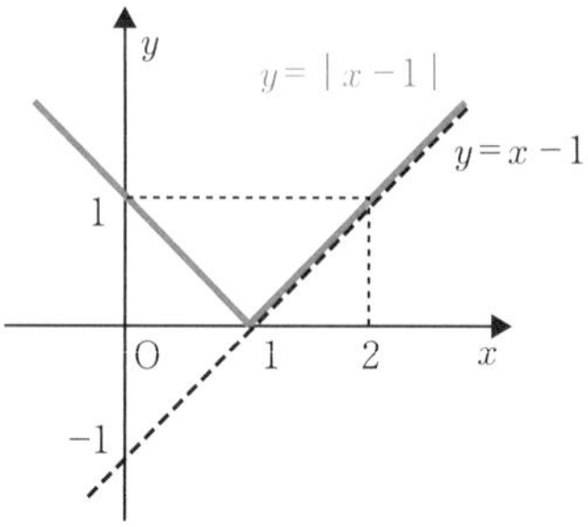

よって、関数$y = |x - 1|$のグラフは、直線$x = 1$に関して対称な、**図2.13**のようになります。

②$y = |x - 1|^2$、すなわち、$y = (x - 1)^2$

$y = |x|^2$、すなわち、$y = x^2$と同様にしまして、**図2.14**のような放物線になりますね！

図2.14

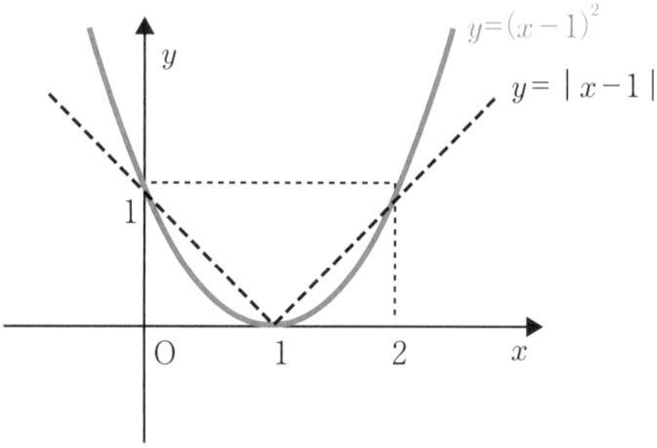

もちろん、関数$y=(x-1)^2$のグラフも、直線$x=1$に関して対称になります。

③$y=\frac{1}{2}(x-1)^2$

②のyの値を半分$\left(\frac{1}{2}倍\right)$にしますので、そのグラフは$x$軸をもとにして$y$軸方向に$\frac{1}{2}$倍に縮小した、**図2.15**のような放物線になります。

図2.15

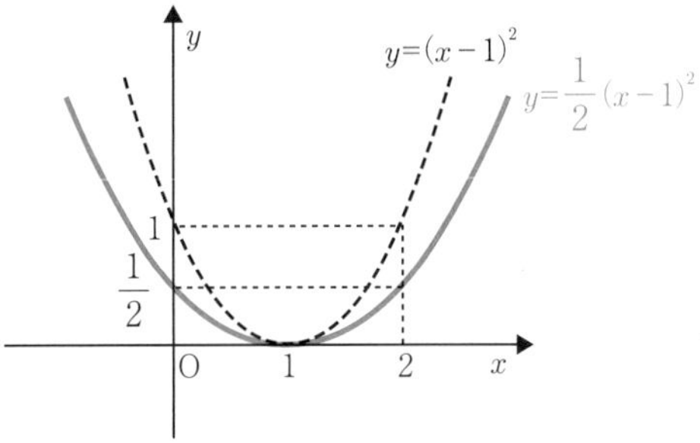

もちろん、関数$y=\frac{1}{2}(x-1)^2$のグラフも、直線$x=1$に関して対称になります。

④$y=\frac{1}{2}(x-1)^2-2$

③のグラフの方程式の右辺から2を引くわけですから、y軸（上）方向に-2だけ、すなわち、下方向に2だけ平行移動したものになりますので、こちらも放物線です。

図2.16

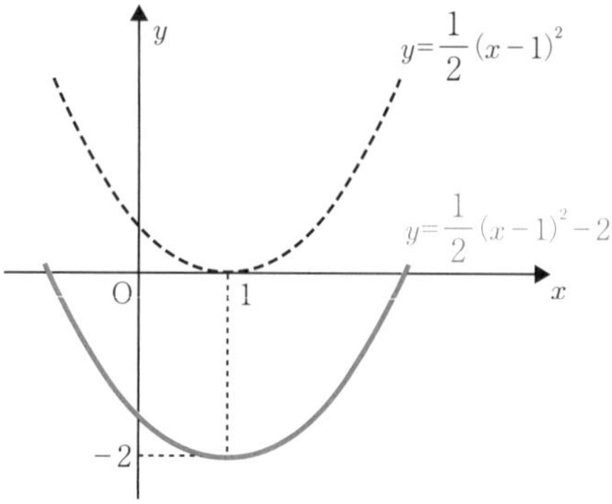

2次関数$y=\frac{1}{2}(x-1)^2-2$のグラフがかけましたね！そして、このグラフも、直線$x=1$に関して対称になりますね。

このような対称の軸を、放物線の**軸**と言い、軸と放物線の交点を**頂点**と言います。

図2.17

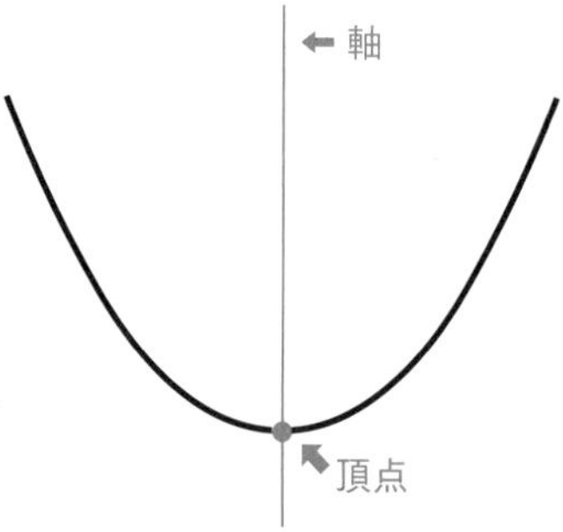

そして、頂点の座標は、**図2.18**のように、方程式の中にある値と対応します。

図2.18

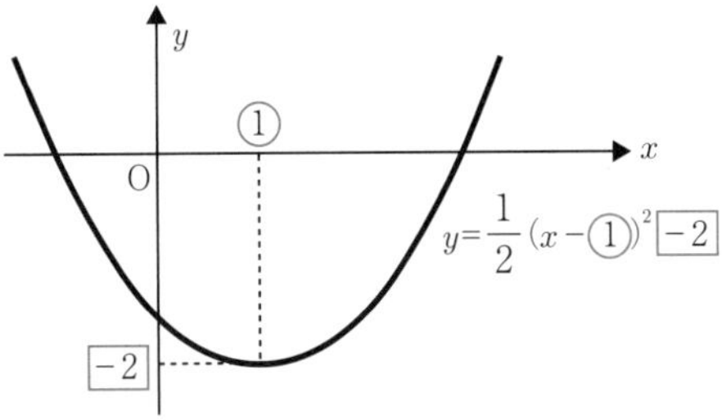

それでは、2次関数$y=\frac{1}{2}(x-1)^2-2$の数式を少し変更した2次関数$y=-\frac{1}{2}(x-1)^2$のグラフはどのようなものでしょうか？

関数$y=\frac{1}{2}(x-1)^2$のグラフは**図2.19**のようになりました。

図2.19

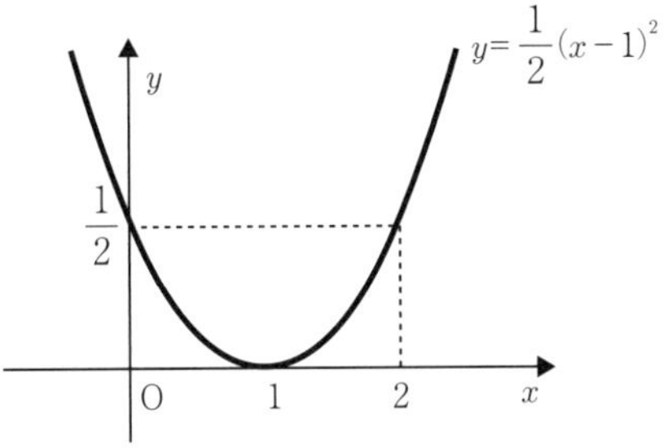

ということは、関数$y=-\frac{1}{2}(x-1)^2$のグラフでは、$y=\frac{1}{2}(x-1)^2$のグラフと「同じxの値に対して、yの値の符号が反対」になります。

よって、関数$y=-\frac{1}{2}(x-1)^2$のグラフは**図2.20**のようになります。

図2.20

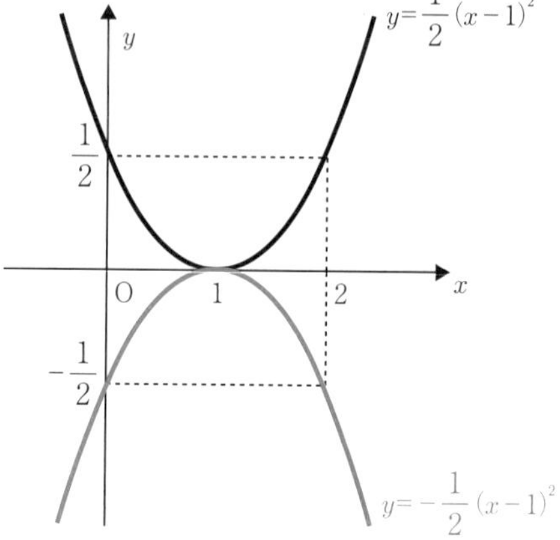

このように、x^2の係数の符号によって2次関数のグラフは変化しまして、「2次関数$y=\frac{1}{2}(x-1)^2$のグラフ」を下に凸、「2次関数$y=-\frac{1}{2}(x-1)^2$のグラフ」を上に凸、と言います。

図2.21

ところで、先程扱っていた方程式$y=\frac{1}{2}(x-1)^2-2$において$y=0$とし、そのxについての方程式を解いてみます。

$$0=\frac{1}{2}(x-1)^2-2$$
$$0=(x-1)^2-4$$
$$4=(x-1)^2$$
$$\pm 2=x-1$$
$$1\pm 2=x$$
$$x=3、-1$$

$x=\underline{3}$、-1は方程式$0=\frac{1}{2}(x-1)^2-2$の解です。「方程式の解とは何か？」を思い出しますと、その解を代入すると方程式が成り立つのでしたね。

$$0=\frac{1}{2}(\underline{3}-1)^2-2$$
$$0=\frac{1}{2}(-1-1)^2-2$$

ということは、方程式

$$y=\frac{1}{2}(x-1)^2-2$$

に$(x, y)=(3, 0)$、$(-1, 0)$を代入すると成り立ちますね！方程式を満たすような点(x, y)全体で作られる図形がグラフであることを思い出しますと、この2次関数のグラフは点$(3, 0)$、$(-1, 0)$を通過することが分かります(**図2.22**)。

図2.22

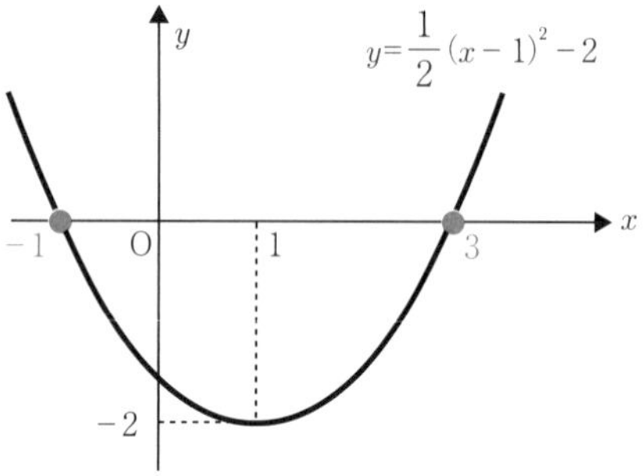

このことから、一般に関数$y=f(x)$に$y=0$を代入した方程式$f(x)=0$の実数解は、「関数$y=f(x)$のグラフとx軸の共有点のx座標」になります。

特に、2次関数$y=ax^2+bx+c$のグラフとx軸の共有点のx座標は、2次方程式$ax^2+bx+c=0$の実数解となります。中学校で学習しました（学習指導要領によっては高校で習った方もおられるかもしれません）解の公式により、その座標は、

$$\left(\frac{-b-\sqrt{b^2-4ac}}{2a},\ 0\right)、\left(\frac{-b+\sqrt{b^2-4ac}}{2a},\ 0\right)$$

となります。

ところで、解の公式は証明できますか？多くを学ぶことができますので、解の公式を知らない前提で、2次方程式$ax^2+bx+c=0$を解いてみましょう！ただし、「2次」方程式ですから、x^2の係数であるaに関して$a \neq 0$です。

ヒントは、57ページの計算の一部である

$$4=(x-1)^2$$

$$\pm 2=x-1$$

という変形です。それでは、解いていきましょう。

$$\underline{ax^2+bx}+c=0$$

$$\underline{a\left(x^2+\frac{b}{a}x\right)}+c=0$$

$$a\left\{x^2+\frac{b}{a}x+\underline{\underline{\left(\frac{b}{2a}\right)^2-\left(\frac{b}{2a}\right)^2}}\right\}+c=0$$

$$a\left\{\underline{x^2+2\cdot\frac{b}{2a}\cdot x+\left(\frac{b}{2a}\right)^2}-\left(\frac{b}{2a}\right)^2\right\}+c=0$$

$$a\left\{\underline{\left(x+\frac{b}{2a}\right)^2}-\left(\frac{b}{2a}\right)^2\right\}+c=0$$

$$a\left\{\left(x+\frac{b}{2a}\right)^2-\frac{b^2}{4a^2}\right\}+c=0$$

$$a\left(x+\frac{b}{2a}\right)^2-\frac{b^2}{4a}+c=0$$

$$a\left(x+\frac{b}{2a}\right)^2-\frac{b^2-4ac}{4a}=0$$

$$a\left(x+\frac{b}{2a}\right)^2=\frac{b^2-4ac}{4a}$$

$$\left(x+\frac{b}{2a}\right)^2=\frac{b^2-4ac}{4a^2}$$

一旦解答を離れまして、このように、ax^2+bx+cを、

$$a\left(x+\frac{b}{2a}\right)^2-\frac{b^2-4ac}{4a}$$

すなわち

$$a\ (\ x-\ p\ )^2+\quad q$$

の形に変形することを**平方完成**すると言います。

それでは、解答に戻りますが、ここで注意点です。ヒントとして確認しました

$$4=(x-1)^2$$

ですが、もし左辺が4ではなく、-1ですと、

$$-1=(x-1)^2$$

となり、2乗して負の数になる実数はないことから、方程式の解が（虚数単位iというアイデア抜きでは）なくなってしまいます…。よって、次の「条件☆」が成り立つときは、下の変形ができます。

$b^2-4ac\geqq 0$のとき　……☆

$$x+\frac{b}{2a}=\pm\sqrt{\frac{b^2-4ac}{4a^2}}$$

$$x+\frac{b}{2a}=\pm\frac{\sqrt{b^2-4ac}}{\sqrt{(2a)^2}}\qquad \cdots\cdots①$$

$$x+\frac{b}{2a}=\pm\frac{\sqrt{b^2-4ac}}{2a}\qquad \cdots\cdots②$$

①から②の変形は正しいですか？結果的には、正しいのですが、詳しく分解して追っていきます。

一般に、aが実数のとき$\sqrt{a^2}=a$でしょうか？

具体例を挙げて確認しておきます。

$a=4$のとき　$\sqrt{a^2}=\sqrt{4^2}=\sqrt{16}=4$
$a=0$のとき　$\sqrt{a^2}=\sqrt{0^2}=\sqrt{0}=0$
$a=-4$のとき　$\sqrt{a^2}=\sqrt{(-4)^2}=\sqrt{16}=4=-(-4)$

ということで、0以上の数のときはaと一致し、負の数のときにはaにマイナスがつきますね。これはどこかで見たような気がしませんか？

そうです。絶対値ですね！よって、一般に$\sqrt{a^2}=|a|$です。

具体例から一般化して、結果は予想できましたが、定義に戻って考えてみましょう！平方根の定義は大丈夫ですか？定義ですから、これは覚えるしかありません。

それでは、4の平方根はいくつですか？

2と-2ですよね！この2を$\sqrt{4}$、-2を$-\sqrt{4}$します。このように、平方根$\sqrt{a}$は、「2乗するとaになる0以上の数」と定義されています！（0の平方根は$\sqrt{0}$の1つのみです。）

よって、$\sqrt{a^2}$を数式和訳しますと、

2乗するとa^2になる0以上の数

ですね！ということは、aが負のときは、確かにaを2乗するとa^2になりますが、aは0以上の数ではありません…。

ということで、0以上に限定するためには絶対値記号を用いて、

$$\sqrt{a^2}=|a|$$

としなければなりません。

それでは、解答に戻ります。先程のように、

$$x+\frac{b}{2a}=\pm\frac{\sqrt{b^2-4ac}}{\sqrt{(2a)^2}} \qquad \cdots\cdots①$$

から、

$$x+\frac{b}{2a}=\pm\frac{\sqrt{b^2-4ac}}{2a} \qquad \cdots\cdots②$$

とするのではなく、その間を埋めます。$\sqrt{a^2}=|a|$により、①から次の式に変形できます。

$$x+\frac{b}{2a}=\pm\frac{\sqrt{b^2-4ac}}{|2a|} \qquad \cdots\cdots③$$

絶対値記号が出てきましたので、どうしますか？

場合分けをして、絶対値記号を外しましょう。aは2次方程式のx^2の係数ですから、0にはならないのでしたね。

$a>0$のとき

$$x+\frac{b}{2a}=\pm\frac{\sqrt{b^2-4ac}}{|2a|} \qquad \cdots\cdots③$$

$$x+\frac{b}{2a}=\pm\frac{\sqrt{b^2-4ac}}{2a}$$

$a<0$のとき

$$x+\frac{b}{2a}=\pm\frac{\sqrt{b^2-4ac}}{|2a|} \qquad \cdots\cdots ③$$

$$x+\frac{b}{2a}=\pm\frac{\sqrt{b^2-4ac}}{-2a}$$

$$x+\frac{b}{2a}=\mp\frac{\sqrt{b^2-4ac}}{2a}$$

よって、$a<0$のときは符号が逆転しましたが、どちらの場合も

$$x+\frac{b}{2a}=\pm\frac{\sqrt{b^2-4ac}}{2a}$$

となります。$\frac{b}{2a}$を移項しますと、

$$x=-\frac{b}{2a}\pm\frac{\sqrt{b^2-4ac}}{2a}$$

右辺の2つをまとめますと、

$$x=\frac{-b\pm\sqrt{b^2-4ac}}{2a}$$

2次方程式$ax^2+bx+c=0$は、条件☆「$b^2-4ac\geqq 0$」の下でこのように解けますので、確かに解の公式は成り立ちますね！また、方程式における実数の解を、単に**実数解**と言います。

61ページで平方根（2乗根）に触れましたので、立方根（3乗根）、さらにはn乗根についても説明しておきます。

一般に、nを自然数とするとき、n乗するとaになる数を、aの**n乗根**と言います。例えば、

$$8の3乗根は(2^3=8ですから)2$$

$$16の4乗根は((\pm 2)^4=16ですから)\pm 2$$

です。そこで、$\sqrt[3]{8}=2$、$\sqrt[4]{16}=2$、$-\sqrt[4]{16}=-2$というようにし、0以上の数aのn乗根のうち0以上であるものを$\sqrt[n]{a}$で表します。そのため、もちろん$\sqrt[n]{a}\geqq 0$です($n=2$のときの平方根では、これまで通り、$\sqrt[2]{a}=\sqrt{a}$として2を省略します)。$a\geqq 0$のとき、$\sqrt[n]{a}$に関しまして、和文数訳を練習しましょう。次の和文による問いを数式に翻訳してください。

和文　「aのn乗根」のn乗がいくつになるかを考え、2つを等号で結んでください。

数式　$(\sqrt[n]{a})^n=a$

n乗根に関する話はここまでにしまして、解の公式に関係した、次の問題を解いてみましょう。

問題 2.4　方程式$ax^2+bx+c=0$を解け。
ただし、a、b、cは実数とする。

解答 2.4　問題文は2次方程式ではなく、方程式ですから、$a\neq 0$とは限りません…。このことに注意しながら、場合分けをして解くことになります。

①$a \neq 0$のとき

このとき、与えられた方程式は「2次」方程式ですから、

$b^2-4ac>0$のとき　異なる2つの実数解

$$x=\frac{-b\pm\sqrt{b^2-4ac}}{2a}$$

$b^2-4ac=0$のとき

このとき、解の公式の$\sqrt{\ }$の中が0となりますから、

重解（ただ1つの実数解）　$x=-\dfrac{b}{2a}$

$b^2-4ac<0$のとき　実数解なし（異なる2つの虚数解）

②$a=0$のとき

与えられた方程式は　$bx+c=0$となります。とりあえず、cを移項しておきましょう。

$$bx=-c$$

ここで両辺を「0で割ることはできません」から、さらにbの値によって場合分けをします。

Ⓐ$b \neq 0$のとき　　$x=-\dfrac{c}{b}$

Ⓑ$b=0$のとき　　$0\cdot x=-c$

となりますので、さらにcの値による場合分けが必要です。

ⓐ$c \neq 0$のとき

$0\cdot x=-c\,(c \neq 0)$ですから、xにどのような数を代入してもこの等式は成り立ちませんので、解なし

ⓑ$c=0$のとき

　$0\cdot x=-0$ですから、xにどのような数を代入してもこの等式は成り立ちますので、解はすべての実数

このような文字係数の数式の扱いに、一歩ずつ慣れていきましょう。この解答の①から、「2次」方程式がどのような解をもつか（もたないか）は、「b^2-4acの符号」によって判別できることが分かります！これを**判別式**と名付けまして、

$$D=b^2-4ac$$

とします（Dは、判別を意味する英語discriminantの頭文字です）。

判別式Dは、「大変重要」です！とはいえ、解の公式の√の中身ですから、解の公式さえ定着しましたら、繋がりを持って自然と覚えてしまいますよね！

2次方程式の解の判別

$b^2-4ac>0$のとき　異なる2つの実数解

$b^2-4ac=0$のとき　重解（ただ1つ実数解）

$b^2-4ac<0$のとき　実数解なし

2次方程式$ax^2+bx+c=0$の実数解を求めることによって、2次関数$y=ax^2+bx+c$のグラフとx軸の共有点のx座標が求まるということでした。よって、2次関数$y=ax^2+bx+c$のグラフとx軸の位置関係は、下に凸の場合の図を添えますと、

図2.23

$D>0$のとき　異なる2点で交わる

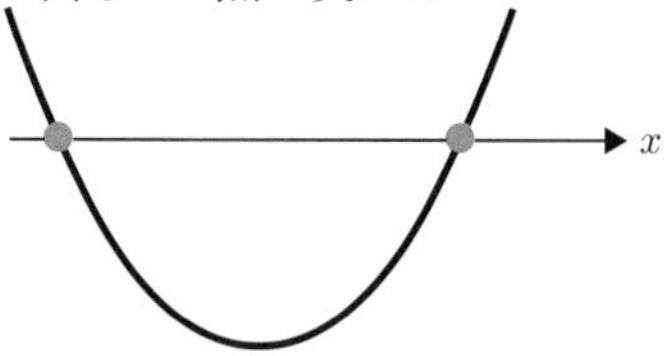

図2.24

$D=0$のとき　接する

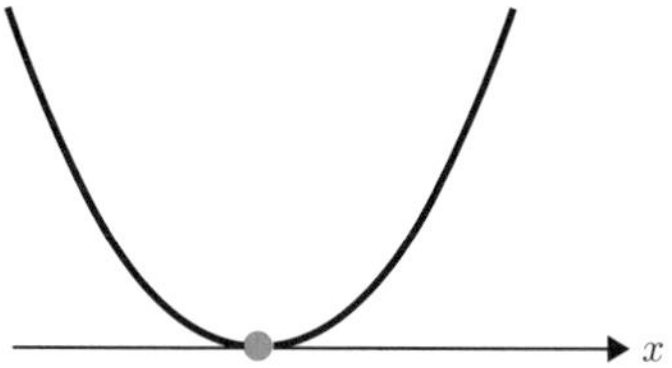

図2.25

$D<0$のとき　共有点をもたない

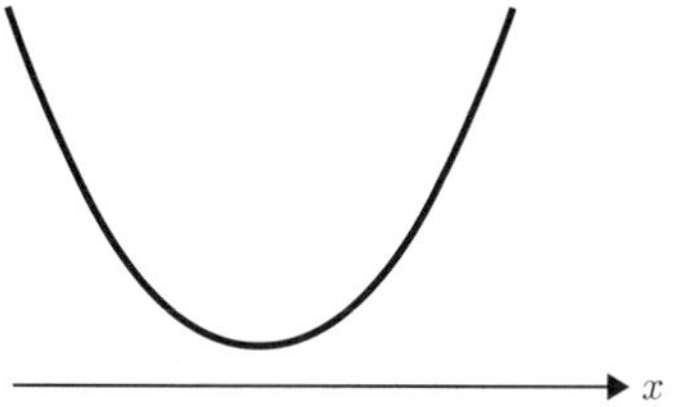

これらの3パターンをただ暗記するのではなく、論理構成も理解しましょう。そして、「日本語」、「数式」、「グラフ」間で自在に「変換」する「多角思考」の一例と捉え、問題で適用する度に『数学的思考を鍛えるチャンス』としましょう。

2次方程式を解く際に、因数分解ができれば解の公式に頼らなくても済むため楽ですよね。3次方程式等を解くためにも、因数分解に関係する重要な定理を紹介しておきます。

$y=\frac{1}{2}(x-1)^2-2$ において $y=0$ とした方程式 $\frac{1}{2}(x-1)^2-2=0$ のを、因数分解を用いて解き進めます。

$$(x-1)^2-4=0$$
$$(x^2-2x+1)-4=0$$
$$x^2-2x-3=0$$
$$(x+1)(x-3)=0$$

はい、ここでストップです！この最後に行った因数分解に注目してください。

$$x^2-2x-3=(x+1)(x-3)$$

としましたが、

$$x^2-2x-3=\{x-(\underline{-1})\}(x-3)$$

と考えます。この左辺において x を $\underline{-1}$ としますと、

$x=\underline{-1}$ のとき

$$\begin{aligned} x^2-2x-3 &= (\underline{-1})^2-2\cdot(\underline{-1})-3 \\ &= 1+2-3 \\ &= 0 \end{aligned}$$

このように、$x=\underline{-1}$を代入すると0となるとき、

$$x^2-2x-3=\{x-(\underline{-1})\}(\qquad\qquad)$$

の形に因数分解できるわけですね！

（ $x=\underset{\sim}{3}$のときも同様です。

$$\begin{aligned}x^2-2x-3&=\underset{\sim\sim}{3^2}-2\cdot\underset{\sim}{3}-3\\&=9-6-3\\&=0\end{aligned}$$

ですので、$x^2-2x-3=(x-\underset{\sim}{3})(\qquad\qquad)$ ）

このように「因数分解したい数式に代入して0になる数（αとします）を見つけますと、その数式は$(x-\alpha)(\qquad\qquad)$の形に因数分解できます」。これを**因数定理**と言います！

また、56ページのように、関数$y=\frac{1}{2}(x-1)^2$と$y=-\frac{1}{2}(x-1)^2$のグラフは、共に点(1, 0)でx軸に接しました。このように、関数の式に$y=0$を代入して得られる方程式$\frac{1}{2}(x-\textcircled{1})^2=0$と$-\frac{1}{2}(x-\textcircled{1})^2=0$の重解である$x$の値（今回は$x=\textcircled{1}$）において、その関数のグラフは$x$軸と接します！（**図2.26**）

図2.26

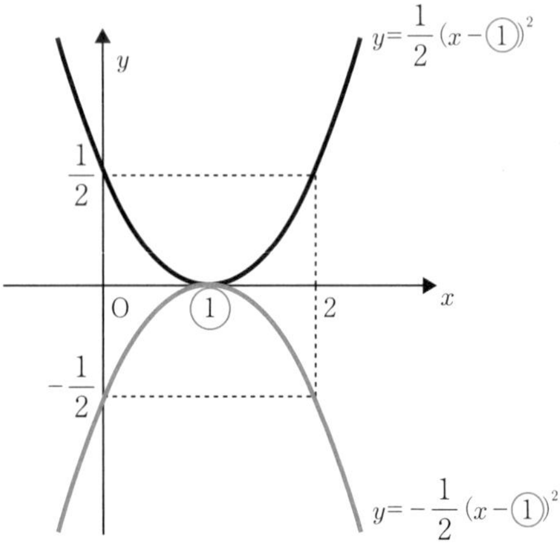

関数$y=f(x)$のグラフと関数$y=g(x)$のグラフの共有点についても考えておきましょう。共有点は2つのグラフ上にありますので共有点の座標(x, y)を、元の2つの方程式に代入しますと、2つの方程式が共に成り立ちます。ということで、共有点の座標は、連立方程式

$$\begin{cases} y=f(x) \\ y=g(x) \end{cases} \quad \text{の解}$$

になります。

少し話題を変えまして、関数の最大値、最小値に関する問題を1問解いてみましょう。こちらの問題では、無条件にx、yは実数とします。

問題 2.5 $x+y=1$のとき、x^2+y^2の最小値を求めよ。

構 想

“2変数ですので、どのように考え始めましょうか？”

「二兎を追う者は一兎をも得ず」と言いますので、基本方針は**文字を（1文字に）減らす**ことです！それでは、解答に進みましょう！

解答 2.5 $x+y=1$ですから、　$y=1-x$

よって、

$$
\begin{aligned}
x^2+y^2 &= x^2+(1-x)^2\\
&= x^2+(1-2x+x^2)\\
&= 2x^2-2x+1\\
&= 2\left(x-\frac{1}{2}\right)^2+\frac{1}{2}
\end{aligned}
$$

図2.27

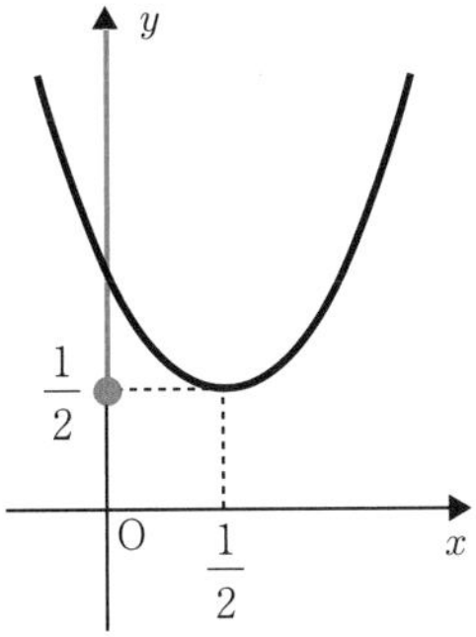

したがって、$x=\frac{1}{2}$のとき最小値$\frac{1}{2}$

$x=\frac{1}{2}$のとき、$y=1-\frac{1}{2}=\frac{1}{2}$ですから、

$$x=\frac{1}{2}、y=\frac{1}{2}\text{のとき最小値}\frac{1}{2}$$

2変数を扱うときの他のアプローチもご紹介しましょう。

「二兎を追う者は一兎をも得ず」と言いますので、**1文字固定**する解答です。今回は、基礎的な問題ですので、メリットが感じられないかもしれません…。

別解① 2.5

$x=t$と固定しますと、$x+y=1$より、

$$t+y=1$$

$$y=1-t$$

よって、 $x^2+y^2=t^2+(1-t)^2=2t^2-2t+1=2\left(t-\frac{1}{2}\right)^2+\frac{1}{2}$

ここで、固定していたtを動かしますと、tの2次関数ですから、

$t=\frac{1}{2}$のとき最小値$\frac{1}{2}$です。そして、このときx、yの値はそれぞれ

$x=t=\frac{1}{2}$、$y=1-t=1-\frac{1}{2}=\frac{1}{2}$ですから、答えは、

$$x=\frac{1}{2}\text{、}y=\frac{1}{2}\text{のとき最小値}\frac{1}{2}$$

最初の解答と文字が異なるだけで、計算自体はほぼ同じです。しかし、この「1文字固定する」という工夫は、文字が多いときに大きな威力を発揮することがありますのでお忘れなく！

続く別解では、数式図訳する(数式の図形的意味を考える)ことで、数式に命を吹き込みます！

別解② 2.5

x^2+y^2は、「原点と点P(x, y)との距離の2乗」です！このことを、**図2.28**のように距離をlとおいて、簡単に説明しておきます(直角三角形がつぶれる場合もありますので、247ページでより詳しく説明します)。

図2.28

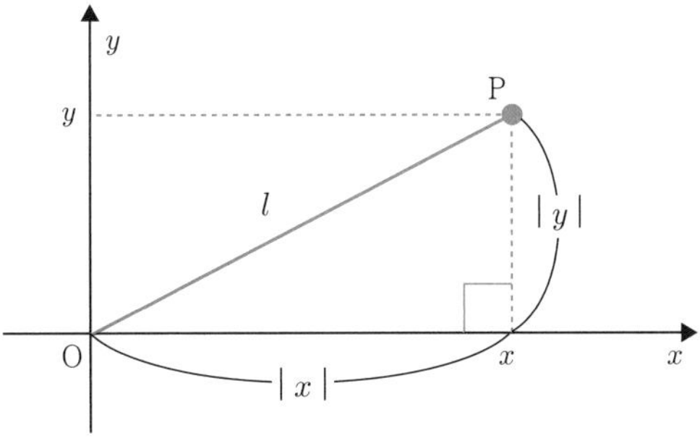

上の**図2.28**の直角三角形において、三平方の定理により、

$$|x|^2+|y|^2=l^2$$

すなわち$x^2+y^2=l^2$ですから、x^2+y^2はOPの長さの2乗と等しいです。

ということで、直線$x+y=1$上の点の中で、原点からの距離（の2乗）が最小になるのは、**図2.29**のような無数のものの中でどの点でしょうか？

図2.29

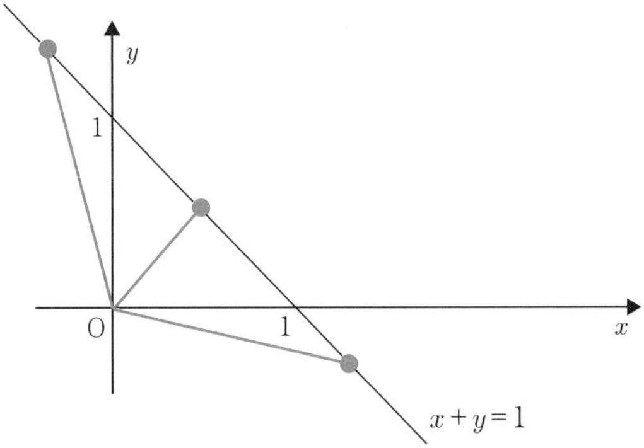

図2.30のような点Hですよね！

図2.30

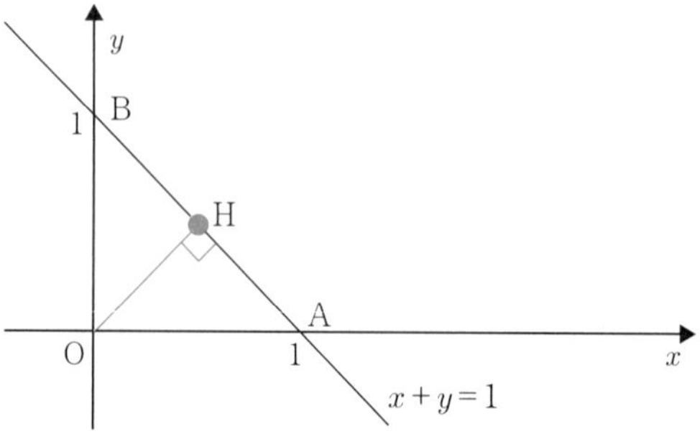

図2.30において、△OAB、△OAH、△OBHの3つは直角二等辺三角形であり、それらの辺の長さの比は全て$1:1:\sqrt{2}$ですから、青の線分OHの長さはいくつでしょうか？**図2.31**の、丸で囲まれた数字は、比を示しています（これ以降も同様です）。

図2.31

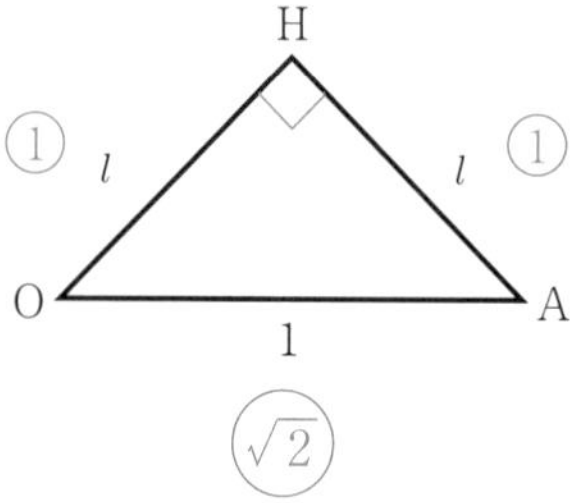

$$1:1:\sqrt{2}=l:l:1$$

$$l=\frac{1}{\sqrt{2}}$$

したがって、「原点と点P(x, y)との距離の2乗」の最小値は、

$$l^2=\left(\frac{1}{\sqrt{2}}\right)^2=\frac{1}{2}$$

また、この最小値をとるのは、さらにもう一回り小さい直角二等辺三角形を取り出しまして、

図2.32

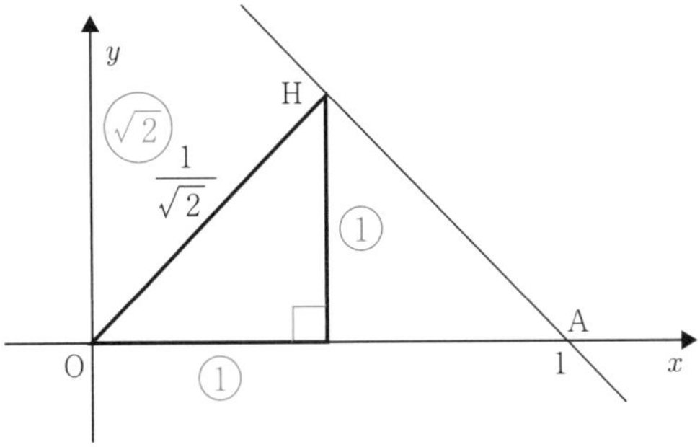

よって、比が1にあたる部分の長さは $\left(\frac{1}{\sqrt{2}}\right)\div\sqrt{2}=\frac{1}{2}$

したがって、　　$x=\frac{1}{2}$、$y=\frac{1}{2}$のとき最小値 $\frac{1}{2}$

別解②は、「線形計画法」という有名な経済学の手法にも繋がります。本書ではここまでにしますが、興味がおありの方はご自分で学んでみてください！

複数の変数の問題における定石

①1文字消去

②1文字固定

③数式図訳（数式の図形的意味を考える）

それでは、文字の多い問題で、これらの定石を定着させていきましょう。

問題 2.6 **1956 東京大学理系一次**

次の□に適当な数を記入せよ。

x、y、zを未知数とする連立方程式

$$\begin{cases} 5x+3y-z=0 \\ 2x+y+3z=l \\ x+4y+kz=10 \end{cases}$$

は、$k=$□、$l=$□のとき不定である(2組以上の解をもつ)。

構想

“未知数が3文字x、y、zもある連立方程式ですから、とりあえずどうしましょうか？”

文字を消去して減らしにかかりましょう！数式に番号を振っておきます。

$$\begin{cases} 5x+3y-z=0 & \cdots\cdots① \\ 2x+y+3z=l & \cdots\cdots② \\ x+4y+kz=10 & \cdots\cdots③ \end{cases}$$

どの文字を消去しましょうか？

zが良くないことは確かですね！なぜならば、③の式のzの係数は文字kですから、zを消去すると、色々なところにkが登場してしまいますね…。

今回は、アルファベット順で前にあるxを消去しましょう！①を$x=$の形に変形して代入法で消去しても良いですが、分数が現れますので、加減法で消去します。

②×5−①×2より

$$\begin{array}{rrrrl} & 10x+5y+15z=5l \\ -) & 10x+6y-\ \ 2z=0 \\ \hline & -y+17z=5l & \cdots\cdots④ \end{array}$$

③×5−①より

$$\begin{array}{rrrrl} & 5x+20y+\ \ 5kz=50 \\ -) & 5x+\ \ 3y-\ \ \ \ z=\ \ 0 \\ \hline & 17y+(5k+1)z=50 & \cdots\cdots⑤ \end{array}$$

連立方程式①〜③が不定である（2組以上の解をもつ）を数学的に読解しますと、④、⑤の2文字2式の連立方程式がどのような解になることが条件でしょうか？

④、⑤の連立方程式が不定であることが条件ですよね！

④、⑤の連立方程式の解が2組以上ある

➡そのy、zを①に代入して得られるxも2つ以上ある

ということになります。

それでは、④、⑤の連立方程式

$$-y+\quad 17z \quad =5l \qquad \cdots\cdots④$$

$$17y+(5k+1)z=50 \qquad \cdots\cdots⑤$$

の解が不定である条件は何でしょうか？

ここで連立方程式の解の図形的意味が理解を助けてくれます。④、⑤の連立方程式の解は、yz平面での2直線の共有点(交点)の座標を表しましたね！ 2直線の共有点が2つ以上あるのはどのようなときでしょうか？

2直線が完全に一致するときですよね！（そのため、交点と呼ばず、共有点と呼んでいました。）このように、数式を扱いながらも、その図形的意味を考える多角思考ができると良いですね！ここでもう一度、④、⑤の連立方程式を眺めてみましょう。

$$-y+\quad 17z \quad =5l \qquad \cdots\cdots④$$

$$17y+(5k+1)z=50 \qquad \cdots\cdots⑤$$

あれ、「yの係数が-1と17だから、2直線を一致させることができないではないか！」と思いませんか？

一致させることができますよね。この問題と係数が異なりますが、次の方程式

$$y+z=1$$

$$2y+2z=2$$

で表される2本の直線は同じものですよね！

それでは、解答に進みましょう！

解答 2.6

$$\begin{cases} 5x+3y-z=0 & \cdots\cdots ① \\ 2x+y+3z=l & \cdots\cdots ② \\ x+4y+kz=10 & \cdots\cdots ③ \end{cases}$$

とします。

②×5−①×2より

$$\begin{array}{rr} & 10x+5y+15z=5l \\ -) & 10x+6y-2z=0 \\ \hline & -y+17z=5l \end{array} \quad \cdots\cdots ④$$

③×5−①より

$$\begin{array}{rr} & 5x+20y+5kz=50 \\ -) & 5x+3y-z=0 \\ \hline & 17y+(5k+1)z=50 \end{array} \quad \cdots\cdots ⑤$$

④、⑤の連立方程式が不定であれば、それらを①に代入するとxも2つ以上得られます。よって、④、⑤の連立方程式が不定であるための条件は、y、z、定数項のそれぞれについて比の値が一定であることなので、

$$-\frac{1}{17}=\frac{17}{5k+1}=\frac{5l}{50} \quad \cdots\cdots ⑥$$

としたいところですが、分母に$5k+1$がきてしまいましたので、0かどうかで場合分けをします。

Ⓐ分母が0、すなわち、$k=-\dfrac{1}{5}$であるとき

⑤は$17y+0z=50$となり、$y=-\dfrac{50}{17}$です。これを④に代入しますと、$-\left(-\dfrac{50}{17}\right)+17z=5l$となり、$z=\dfrac{1}{17}\left(5l-\dfrac{50}{17}\right)$

これでは、lがどのような値でもzはただ1つの値に決まってしまうため、不定ではありません。

Ⓑ分母が0でない、すなわち、$k\neq-\dfrac{1}{5}$であるとき

こちらでは、$\underset{\sim\sim\sim}{-\dfrac{1}{17}}=\underline{\dfrac{17}{5k+1}}=\underset{\sim\sim}{\dfrac{5l}{50}}$ ……⑥として良いです。

下線の方程式より $\underline{5k+1=-289}$

$k=-58$

波線の方程式より $5l=-\dfrac{50}{17}$

$l=-\dfrac{10}{17}$

Ⓐ、Ⓑより $k=-58$、$l=-\dfrac{10}{17}$

それでは、2次関数を題材にして、もう少し「数式図訳」の練習をしておきましょう！ 1次関数$y=ax+b$のグラフは、傾きa、切片bの直線でした。それでは、2次関数$y=ax^2+bx+c$の係数、aとcはグラフにどのような形で反映されているでしょう？

a ➡ グラフの形（「上に凸」か「下に凸」か、広がり具合）

c ➡ $x=0$を代入したときのyの値ですから、

y軸との交点のy座標

に反映されます。それではbは？と気になるかと思います。

解の公式を導いたときのように平方完成しますと、

$$
\begin{aligned}
y=ax^2+bx+c&=a\left(x^2+\frac{b}{a}x\right)+c\\
&=a\left\{x^2+\frac{b}{a}x+\left(\frac{b}{2a}\right)^2-\left(\frac{b}{2a}\right)^2\right\}+c\\
&=a\left\{x^2+2\cdot\frac{b}{2a}\cdot x+\left(\frac{b}{2a}\right)^2-\left(\frac{b}{2a}\right)^2\right\}+c\\
&=a\left\{\left(x+\frac{b}{2a}\right)^2-\left(\frac{b}{2a}\right)^2\right\}+c\\
&=a\left\{\left(x+\frac{b}{2a}\right)^2-\frac{b^2}{4a^2}\right\}+c=a\left(x+\frac{b}{2a}\right)^2-\frac{b^2}{4a}+c\\
&=a\left(x+\frac{b}{2a}\right)^2-\frac{b^2-4ac}{4a}\\
&=a\left\{x-\left(-\frac{b}{2a}\right)\right\}^2-\frac{b^2-4ac}{4a}
\end{aligned}
$$

と変形できますので、現状では、

b ➡（aとセットで）軸 $x=-\dfrac{b}{2a}$ の位置

に反映されます。bが単独でどのように反映されるかは、微分法に進んでからのお楽しみです！

2-3 不等式

続いて、不等式を扱います。それでは、不等式$x-1>0$を解いてみましょう。

両辺に1を加えます（-1を移項します）と

$$x>1$$

このように解けますが、ここで得られた「$x>1$」、すなわち、不等式の解とは何ですか？

方程式と同様に、元の不等式に代入すると、その不等式を成り立たせる値を表していますね！

今回の例ですと、$x-1>0$のxに、$x>1$を満たす数、例えば$x=2$、10、πを代入してみますと、

$x=2$のとき　$x-1=2-1=1>0$

$x=10$のとき　$x-1=10-1=9>0$

$x=\pi$のとき　$x-1=\pi-1>3-1=2>0$

（$x>1$を満たさない$x=0$としますと、$x-1=0-1=-1$となり、0より小さくなり、不等式が成り立ちません。）

それでは、2次不等式$x(x-2)<0$を解きましょう！

この不等式を解くということは、代入すると不等式を成り立たせるxの値を求める、ということです。

$x(x-2)<0$を成り立たせる値とは、どんな値でしょうか？

$x=-1$のとき　$x(x-2)=-1(-1-2)=3$　×

$x=0$のとき　$x(x-2)=0(0-2)=0$　×

$x=1$のとき　$x(x-2)=1(1-2)=-1$　○

$x=2$のとき　$x(x-2)=2(2-2)=0$　×

$x=3$のとき　$x(x-2)=3(3-2)=3$　×

整数だけで考えますと、$x=1$だけのようですね！これは、どのような状況でしょうか？

符号に注意しますと、

$x=-1$のとき　$x(x-2)=-1(-1-2)=-1\cdot(-3)=3$　×

$-\cdot-$

$x=0$のとき　$x(x-2)=0(0-2)=0\cdot(-2)=0$　×

$0\cdot-$

$x=1$のとき　$x(x-2)=1(1-2)=1\cdot(-1)=-1$　○

$+\cdot-$

$x=2$のとき　$x(x-2)=2(2-2)=2\cdot0=0$　×

$+\cdot0$

$x=3$のとき　$x(x-2)=3(3-2)=3\cdot1=3$　×

$+\cdot+$

$x(x-2)<0$を、「xと$x-2$の積が負」、すなわち、『xと$x-2$が異符号』と数式和訳します。ということで、この不等式が成り立つのは、次の2つの場合が考えられます。

①$x>0$かつ$x-2<0$

②$x<0$かつ$x-2>0$

すなわち

①$x>0$かつ$x<2$

②$x<0$かつ$x>2$

①は、「0より大きい、かつ、2より小さい」ですから、それは0と2の間の数ですね！一方、②は、「0より小さい、かつ、2より大きい」ですから、このような数はありませんね…。よって、$x(x-2)<0$の解は　　$0<x<2$

$0<x<2$は、数直線を利用して、求めても良いです。

まず、①、②は次の図のように求められます。

①

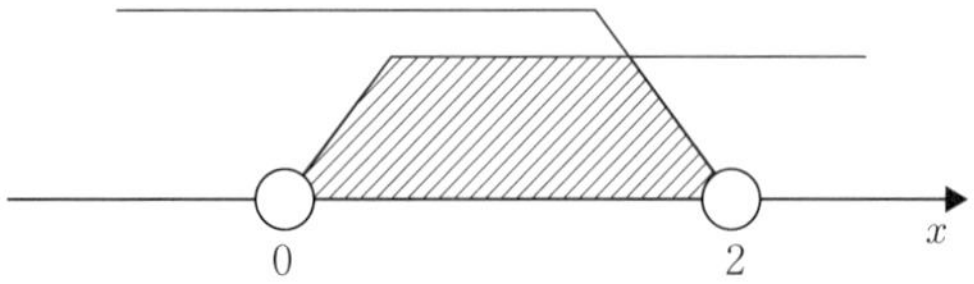

②

よって、最終的な解答は、②ではどこにも斜線部分がないことに注意しますと、①、②より　　$0<x<2$

このように、$x(x-2)<0$を「xと$x-2$が異符号」と数式和訳して解くことができますが、グラフを利用して視覚的に解く方法も解説しておきます。

$\underline{x(x-2)}<0$ですから、

$$\begin{array}{ccc} \underline{x(x-2)} & < & 0 \\ \| & & \| \\ y & & y \end{array}$$

というように、関数$y=\underline{x(x-2)}$のグラフとx軸（関数$y=0$のグラフ）を考えます。そして、

$$\begin{array}{ccc} \underline{x(x-2)} & < & 0 \\ \| & \downarrow & \| \\ y & < & y \end{array}$$

ですから、「$\underline{x(x-2)}$のyの値が0より小さい」、すなわち、『関数$y=x(x-2)$のグラフがx軸よりも下側にある』と数式図訳します。

図2.33より、『関数$y=x(x-2)$のグラフがx軸よりも下側にある』ようなxの値は、　　$0<x<2$

図2.33

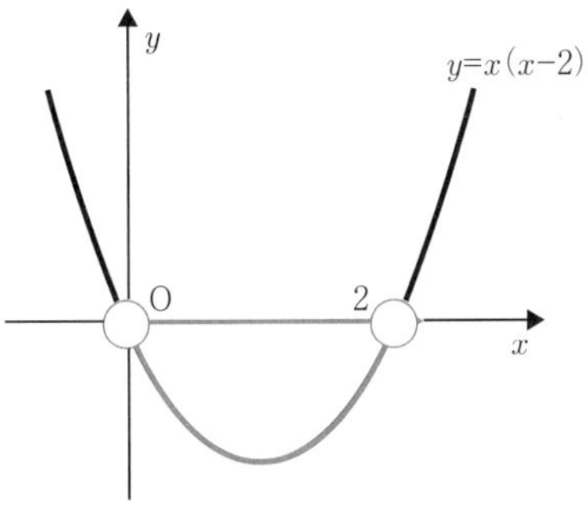

数式のまま処理する、グラフを利用する、の2つの解法を紹介しました。

今回はグラフを利用した方が簡単だったと思いますが、両者を必要に応じて使い分けられるようにしましょう。それでは、もう1問です。

問題 2.7 2次不等式$x^2>4$を解け。

構 想

“高校生はよく、$x>\pm 2$と間違えます。”

方程式$x^2=4$を解きますと、確かに$x=\pm 2$です。しかし、今回は不等式ですので、このように等号を不等号に書き替えるだけではいけません！

○ $x^2=4$ → $x=\pm 2$　　　$x^2>4$ → $x>\pm 2$ ×

第一、$x>\pm 2$とは、xが2より大きいのか、−2より大きいのか、訳が分かりませんよね…。ということで、しっかりと先程解説した2つの解法で解いていきましょう！

解答① 2.7 2次不等式$x^2>4$の右辺を0にします。

$$x^2-4>0$$

$$(x+2)(x-2)>0$$

$x+2$と$x-2$の積が正になりますので、$x+2$と$x-2$は同符号ですね！

$$①\ x+2>0\ \text{かつ}\ x-2>0$$

$$②\ x+2<0\ \text{かつ}\ x-2<0$$

すなわち

$$①\ x>-2\ \text{かつ}\ x>2$$

$$②\ x<-2\ \text{かつ}\ x<2$$

①から、xが-2より大きい、かつ、2より大きい、のは

$$x>2$$

②から、xが-2より小さい、かつ、2より小さい、のは

$$x<-2$$

よって、$x<-2$、$2<x$（$x<-2$、$x>2$でも良いです。）

解答② 2.7

$$x^2>4$$

$$x^2-4>0$$

$$(x+2)(x-2)>0$$

$$\{x-(-2)\}(x-2)>0$$

図2.34

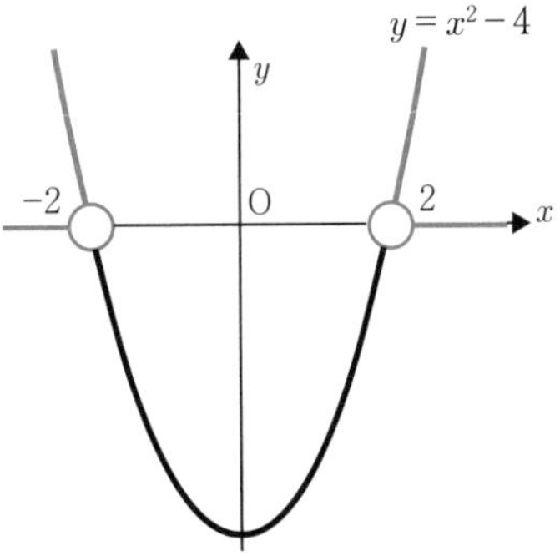

図2.34より、関数$y=x^2-4$のグラフがx軸より上側にあるようなxの値は、　　$x<-2$、$2<x$

右辺を0にせず、関数$y=x^2$のグラフと関数$y=4$のグラフの上下関係を調べることで解くことも可能です。

解答③
2.7

図2.35より、関数$y=x^2$のグラフが関数$y=4$のグラフより上側にあるようなxの値は、　　$x<-2$、$2<x$

図2.35

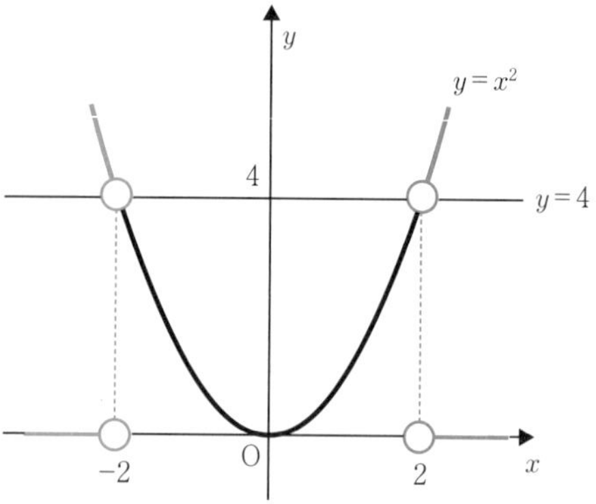

このように、グラフを利用する解法においては、上下関係を調べることに変わりありませんが、どのようなグラフで考えるとベストか（少なくともベターか）を考えて解きましょう！

不等式の解法

①(数式のまま)積を考える

②グラフを利用して上下関係を調べる

2-4 不等式の表す領域

それでは、方程式同様に、不等式でも2変数のものに進もうと思います！

不等式$y \geqq x-1$を満たすような(x, y)の組はどのようなものでしょうか？

試しに$x=1$を代入してみますと、

$$\underset{\sim\sim}{y \geqq} 1-1=\underset{\sim}{0}$$

よって、yは0以上の数ならば良いですね！

続いて、$x=2$を代入してみますと、

$$\underset{\sim\sim}{y \geqq} 2-1=\underset{\sim}{1}$$

よって、yは1以上の数ならば良いですね。

2文字ありますので「1文字固定」することにして、$x=t$を代入してみますと、

$$y \geqq t-1$$

よって、yは$t-1$以上の数ならば良いですね！

グラフを用いて考えていきます。まず、tと同じ長さを縦方向にとり、座標が(t, t)である点をとります(**図2.36**)。

そこから、yの値を1だけ小さくします(**図2.37**)。

図2.36

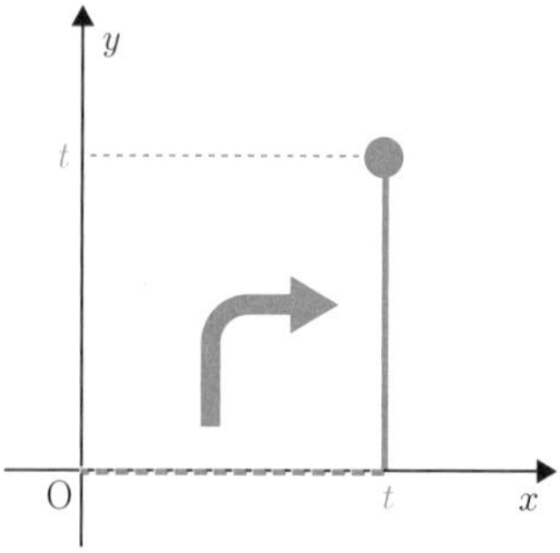

図2.37

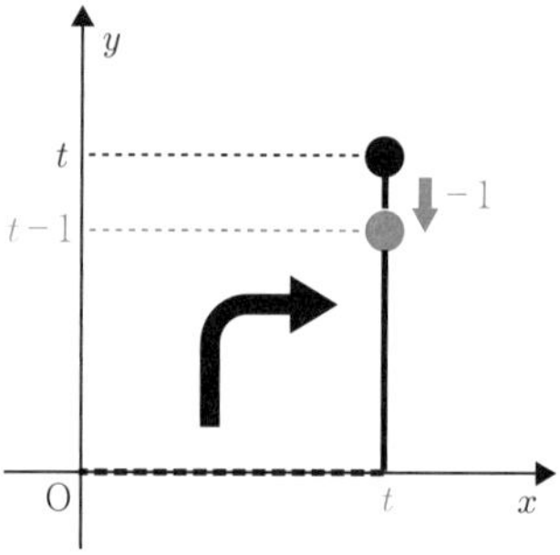

yはこの$t-1$以上の数ならば良いのですから、**図2.38**の青い実線上のyの値全体が不等式$y \geqq t-1$を満たしますね！

tを全ての実数の範囲で変化させると、不等式$y \geqq x-1$を満たす座標平面上の点(x, y)全体は、**図2.39**の縦線部分のようになります。

図2.38

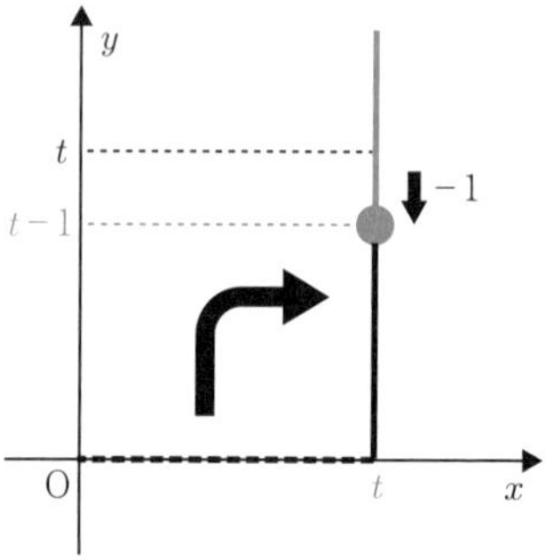

図2.39

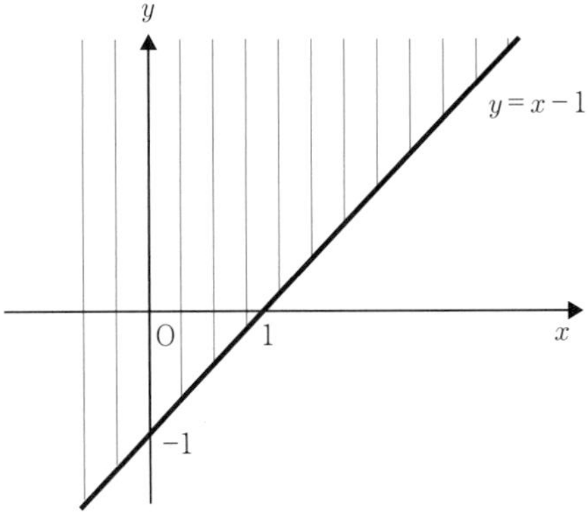

このように、不等式$y \geqq x-1$を満たす座標平面上の点(x, y)全体は、直線や曲線ではなく、エリアになります。そのため、一般に、不等式$y \geqq f(x)$を満たすエリアは、**不等式$y \geqq f(x)$の表す領域**と呼ばれ、**図2.40**の斜線部分です。ただし、境界線を含みます。

図2.40

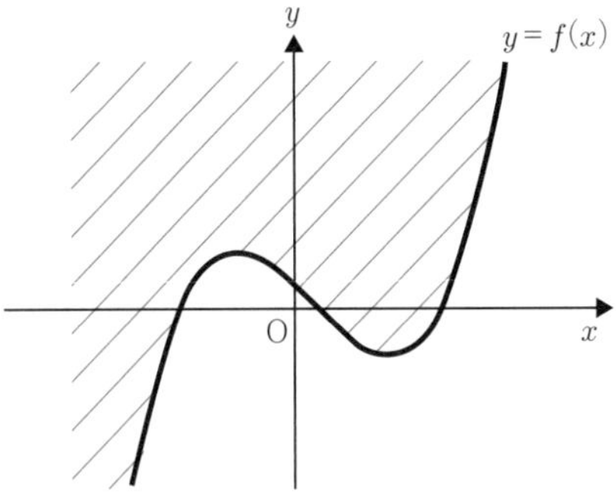

同様に、不等式$y > f(x)$の表す領域は、同じく上の**図2.40**の斜線部分です。ただし、$y = f(x)$は除きますので、境界線を含みません。

不等式$y \leqq f(x)$の表す領域は**図2.41**の斜線部分です。ただし、境界線を含みます。

図2.41

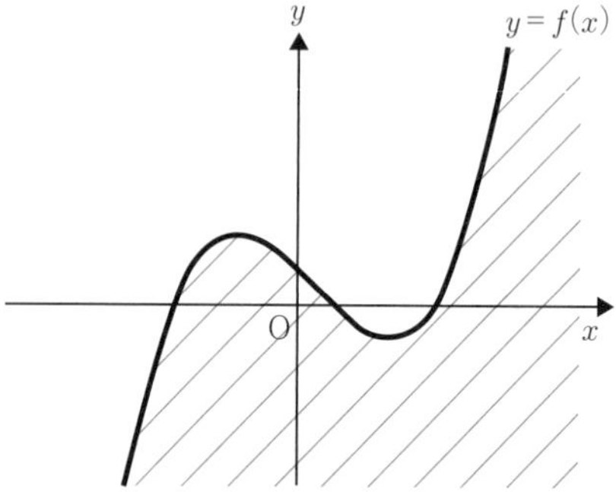

同様に、不等式$y < f(x)$の表す領域は、同じく上の**図2.41**の斜線部分ですね。ただし、境界線を含みません。

ちなみに、yのない不等式$x > 3$はどのような領域を表すでしょうか？

$x + 0 \cdot y > 3$ととらえ、この不等式を満たす(x, y)の組をいくつか挙げてみます。

$(4, -1)$、$(4, 0)$、$(4, 1)$、$(4, 2)$、$(5, 100)$、…

yの係数が0ですから、yの値はどのような数でも問題ありません！そして、xの値が3より大きければ良いですので、**図2.42**のように、直線$x = 3$の右側の領域になります。

図2.42

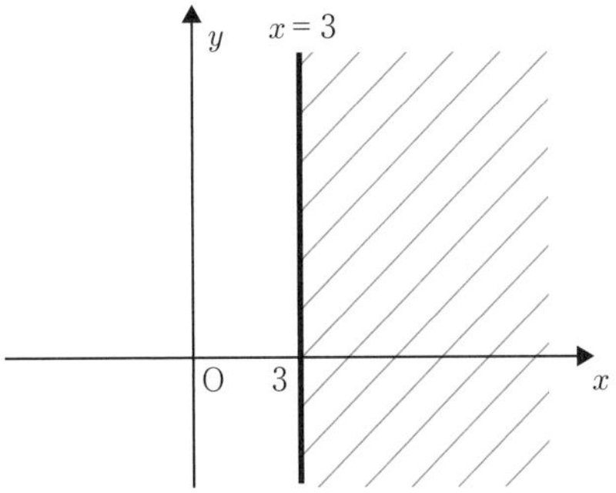

逆に、不等式$x<3$の表す領域は、直線$x=3$の左側になります。

不等式（とその表す領域）のまとめとして、総合問題に1問挑戦してみましょう！

問題 2.8　不等式$x^2+2xy+y^2+3x+3y+2\geqq 0$の表す領域を図示せよ。

構想

“高校数学を幅広く知っておられる方は、「円およびその外部」と思われたかもしれません。しかし、それは間違いです。この不等式には、

$$x^2+\underline{2xy}+y^2+3x+3y+2\geqq 0$$

と、xyの項があります…。それでは、この不等式の表す領域をどのように求めましょうか？”

十分に構想を練ってはいませんが、あえて解答に進みます。

解答 2.8

高校数学に慣れ親しんだ方は、左辺をこのように因数分解されたかと思います。

$$
\begin{aligned}
x^2+2xy+y^2+3x+3y+2 &\geqq 0\\
x^2+(2y+3)\,x+(y^2+3y+2) &\geqq 0\\
x^2+(2y+3)\,x+(y+1)(y+2) &\geqq 0\\
x^2+\{(\underline{y+1})+(\utilde{y+2})\}\,x+(\underline{y+1})(\utilde{y+2}) &\geqq 0\\
\{x+(\underline{y+1})\}\{x+(\utilde{y+2})\} &\geqq 0\\
(x+y+1)(x+y+2) &\geqq 0
\end{aligned}
$$

このように、2文字（複数の文字）における定石として、「1文字固定する（今回はyを定数とみる）」がありました。同時に複数のものの詳細を把握することは困難ですので、その対処法として重要です！

数式の見方を変えて、改めて、因数分解してみましょう。それでは、不等式をじっくり眺めてみましょう！

$$x^2+2xy+y^2+3x+3y+2\geqq 0$$

いかがですか？次のように左辺を3組に分割して捉えると、何か見えてきませんか？

$$x^2+2xy+y^2 \;\Big|\; +3x+3y \;\Big|\; +2\geqq 0$$

左側、中央のそれぞれが因数分解できますよね！それをきっかけに計算を進めます！

$$(x+y)^2 \;\Big|\; +3(x+y) \;\Big|\; +2\geqq 0$$

$x+y$でひとかたまりにして、さらに因数分解します。

$$\{(x+y)+1\}\{(x+y)+2\} \geqq 0$$

$$(x+y+1)(x+y+2) \geqq 0$$

2通りの方法で因数分解してみました。これで、不等式$x^2+2xy+y^2+3x+3y+2 \geqq 0$の表す領域は図示できますか？

左辺を因数分解して、$(x+y+1)(x+y+2) \geqq 0$としたので、あとは「積が0以上」として数式処理すれば良いですね！よって、

①$x+y+1 \geqq 0$かつ$x+y+2 \geqq 0$

②$x+y+1 \leqq 0$かつ$x+y+2 \leqq 0$

すなわち

①$y \geqq -x-1$かつ$y \geqq -x-2$

②$y \leqq -x-1$かつ$y \leqq -x-2$

①の表す領域は、不等式$y \geqq -x-1$の表す領域を斜線部分、不等式$y \geqq -x-2$の表す領域を縦線部分としまして、その両者の重なり合った領域となります。ただし、境界線を含みます。

図2.43

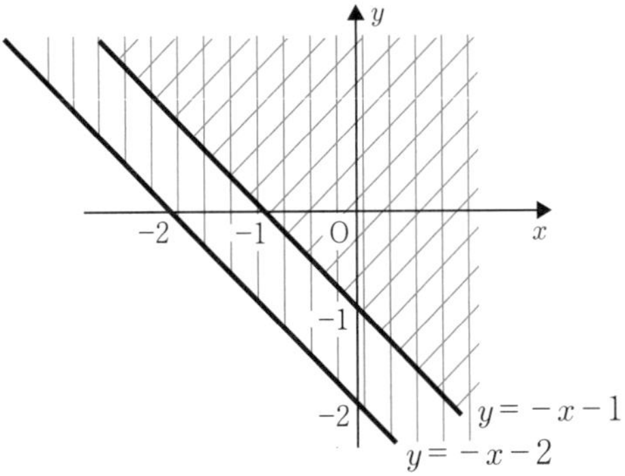

②の表す領域は、不等式$y \leqq -x-1$の表す領域を斜線部分、不等式$y \leqq -x-2$の表す領域を縦線部分としまして、その両者の重なり合った領域となります。ただし、境界線を含みます。

図2.44

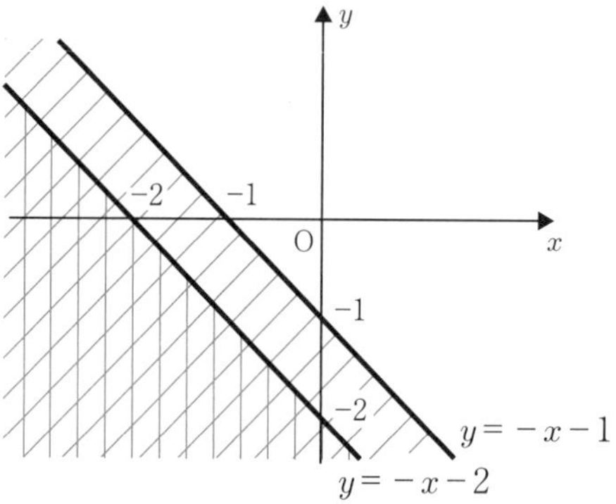

不等式$x^2+2xy+y^2+3x+3y+2 \geqq 0$の表す領域は、①または②であることを意識して図示しますと、**図2.45**の斜線部分です。ただし、境界線を含みます。

図2.45

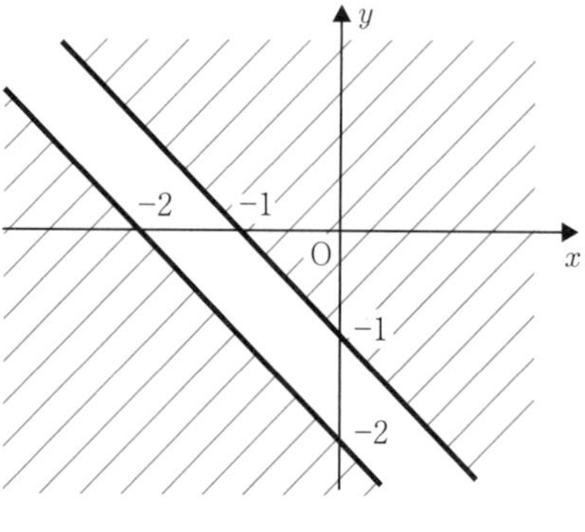

この問題のように、不等式を解くときに、積を考える、グラフを利用する、と多角思考できるかが、応用するための鍵になります！「不等式を解く」とは「不等式を満たす数を探すこと」からスタートし、その方法が「積を考える」や「グラフの利用」であり、2次不等式には「グラフの利用」が向いている、と体系化された知識としましょう！

2-5 第2章の振り返り

デカルトの画期的な発明である「座標平面」によって、2変数の方程式や不等式を視覚化することに成功しました。

同じような客観的な情報を持っているであろう政治家同士ですら、地球規模の様々な問題に対して異なった政策をとっています。そこで皆さんには、実社会においては、

原点と座標軸をどこに、どのようにとるか

を意識して、思考や議論を進めていただけたらと思います。

第3章 微分法の基礎・基本

3-1 平均変化率と微分係数

本章からはついに微分法に足を踏み入れます！微積思考の「微」の面を中心に、数学的思考を鍛えていきましょう！

最初に、直線の傾きについて復習していきます。関数$y=3x+2$のグラフは**図3.1**のようなものでしたね。

図3.1

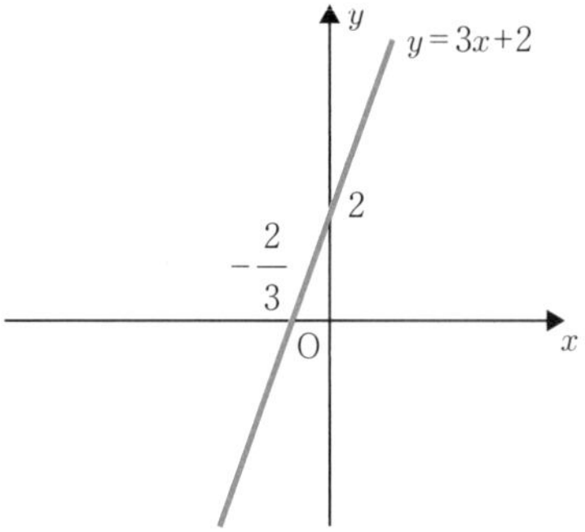

これを、傾き3、切片2の直線と呼びましたね。関数$y=3x+2$はxが1だけ増加すると、yは3だけ増加し、このyの増加量は直線の傾きと一致します。

それでは、**図3.2**のような関数の場合、xが1だけ増加すると、yはどれだけ増加するでしょうか？

図3.2

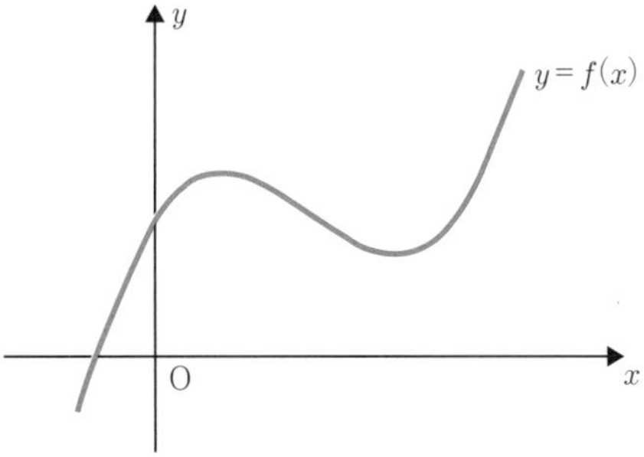

まず、xをどの範囲で考えるかがはっきりしないと何ともなりません…。今回は**図3.3**の$a \leqq x \leqq b$の範囲で考えることにしましょう。

図3.3

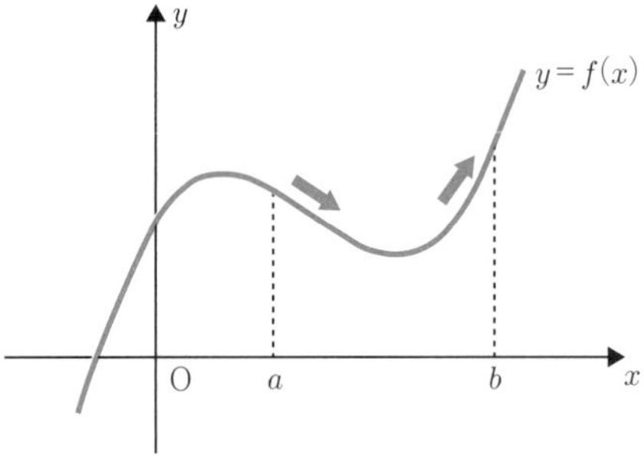

この範囲において、yの値は減少することも、増加することもあります。そこで、平均をとる(平らに均《なら》す)ことを考えます。xがaからbまでの間に、yの値は$f(a)$から$f(b)$まで変化しますので、平均すると、xが1だけ増加すると、yは、

$$\frac{f(b)-f(a)}{b-a}$$

だけ増加することになります。これは、

$$\frac{y\text{の変化量}}{x\text{の変化量}}$$

です。この

$$\frac{f(b)-f(a)}{b-a}$$

を**平均変化率**と言います。

関数$y=3x+2$の平均変化率は、a、bの値によらず、

$$\frac{(3b+2)-(3a+2)}{b-a}=\frac{3b-3a}{b-a}=\frac{3(b-a)}{b-a}=3$$

ですから、直線の傾きの3で一定になりますね。

平均変化率には、どのような図形的意味があるでしょうか？先程の**図3.2**のグラフで考えてみてください。

図3.4のように、青色の直線の傾きとなります。

図3.4

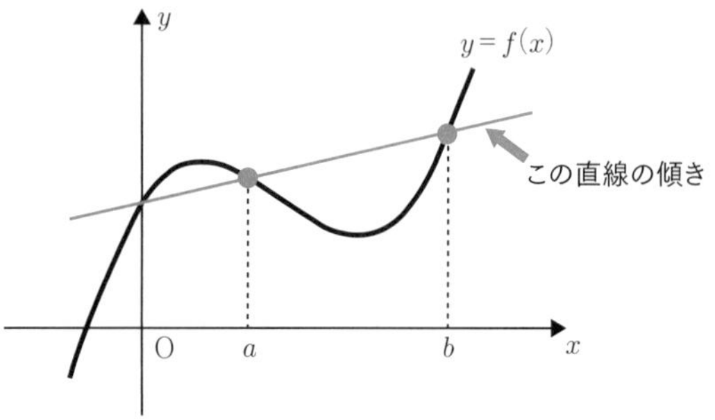

続いて、このbを、aと異なる値をとりながら、限りなくaに近づけ、その値を$f'(a)$と名付けます。数式では、

$$f'(a) = \lim_{b \to a} \frac{f(b) - f(a)}{b - a}$$

です(極限は英語でlimitですから、その最初の3文字です)。$f'(a)$を$f(x)$の$x=a$における**微分係数**と言います。この微分係数は、平均変化率においてbをaに近づけますので、どのような図形的意味があるでしょうか？

bをaにいくらか近づけてみますと、

図3.5

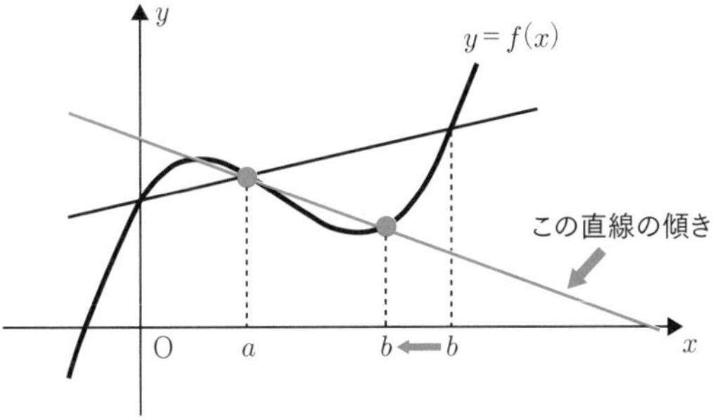

さらに、bをaに限りなく近づけますと、

図3.6

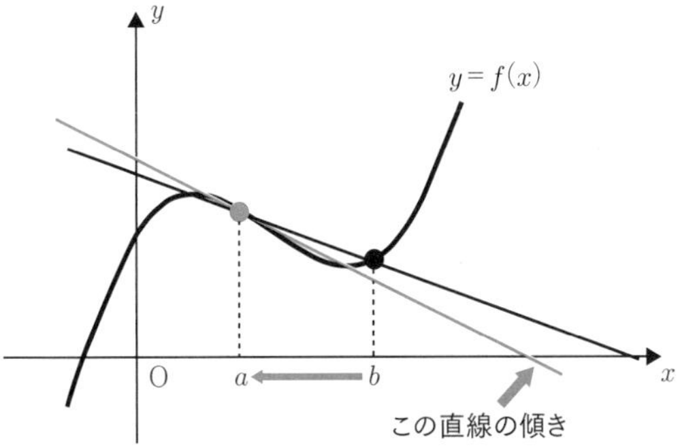

この青い直線を、曲線 $y=f(x)$ 上の点 $(a,\ f'(a))$ における**接線**と呼び、微分係数 $f'(a)$ の図形的意味は、この**接線の傾き**を表します。

先程、微分係数 $f'(a)$ を

$$f'(a)=\lim_{b\to a}\frac{f(b)-f(a)}{b-a}$$

と定義しましたが、次のように変形した定義をよく用います。

$b-a=h$ とおきます。そうしますと、$b\to a$ のとき $h\to 0$ となり、もちろん $b=a+h$ ですから、

$$f'(a)=\lim_{b\to a}\frac{f(b)-f(a)}{b-a} \Rightarrow f'(a)=\lim_{h\to 0}\frac{f(a+h)-f(a)}{h}$$

$b-a=h$ と書き替えただけですから、当然この式も、図形的には**接線の傾き**を意味します(99ページの**図3.3**以降、$b>a$ すなわち $h=b-a>0$ の場合を考えてきました。しかし、$b<a$ のときは $h=b-a<0$ となります。このように、$h\to 0$ といいましても、正か負、いずれの方向から0に限りなく近づけるか、の2パターンがあります)。

それでは、関数 $f(x)=x^2-2x+2$ の微分係数 $f'(3)$ を求めてみましょう。

$$f'(3)=\lim_{h\to 0}\frac{f(3+h)-f(3)}{h}$$

$$=\lim_{h\to 0}\frac{\{(3+h)^2-2(3+h)+2\}-(3^2-2\cdot 3+2)}{h}$$

$$=\lim_{h\to 0}\frac{\{(9+6h+h^2)-6-2h+2\}-(9-6+2)}{h}$$

$$=\lim_{h\to 0}\frac{4h+h^2}{h}=\lim_{h\to 0}(4+h)=4$$

この図形的意味は、**図3.7**の接線（青い直線）の傾きです。

図3.7

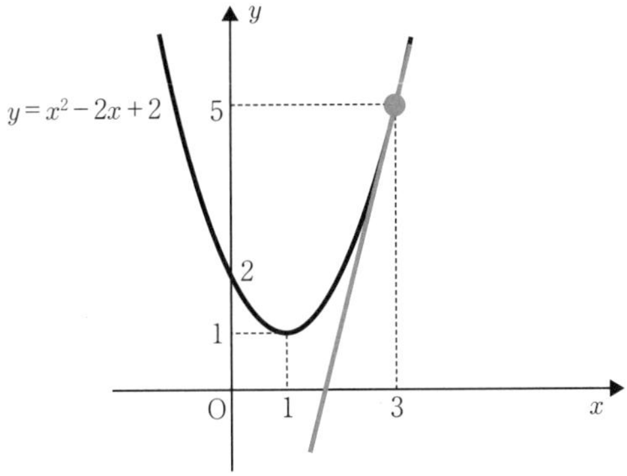

3-2 導関数

図3.8のように、関数$y=f(x)$において、xの値を定めると、それに対応して接線の傾きはただ1つに定まります。

図3.8

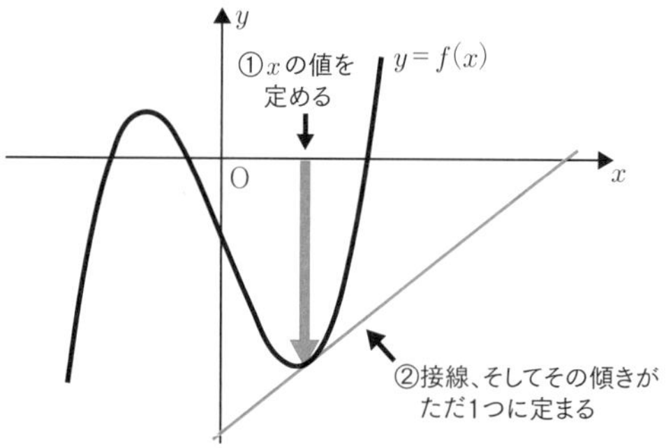

ということは、接線の傾きはxの関数となっています。その関数を導関数と名付け、$f'(x)$と表記します。その定義は、微分係数の定義のaをxに書き直しまして、

$$f'(a)=\lim_{h\to 0}\left\{\frac{f(a+h)-f(a)}{h}\right\} \Rightarrow f'(x)=\lim_{h\to 0}\left\{\frac{f(x+h)-f(x)}{h}\right\}$$

となります。ちなみに、関数$y=f(x)$の導関数を表す記号には、$f'(x)$の他に、y'、$\dfrac{dy}{dx}$、$\dfrac{d}{dx}f(x)$があります(このdは、微分を英語でdifferentialと言いますので、その頭文字かと思います)。これらは見た目が異なるだけで、同じ意味です。導関数を求めることを微分すると言います。また、次のような導関数の定義もあります。

$$f'(x) = \lim_{\Delta x \to 0} \frac{\Delta y}{\Delta x}$$

このΔは、差を意味する英語differenceの頭文字dにあたるギリシャ文字で、デルタと読みます。実はこちらは、大文字(小文字はδ)ですので、上の等式の$f'(x)$を$\dfrac{dy}{dx}$と書き直しますと、

$$\frac{dy}{dx} = \lim_{\Delta x \to 0} \frac{\Delta y}{\Delta x}$$

です。この等式にこそ、微分のイメージが数式で明確に表現されています。Δは変化量、とし、さらに、Δの小文字δの英語版であるdは、0と異なる値をとりながら0に限りなく近づいたときの、ほぼ大きさが0になった変化量、と考えます。そして

$\dfrac{dy}{dx} = \lim_{\Delta x \to 0} \dfrac{\Delta y}{\Delta x}$ を　ΔxとΔyを黒色、dxとdyを青色

で数式図訳しますと、**図3.9**のようなイメージになります。

図3.9

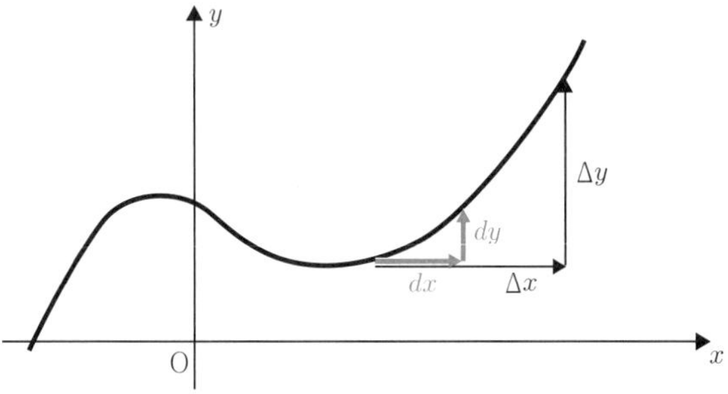

この図により、微分を利用すると、幅をΔからdと縮めることで接線の傾きが得られるイメージが明確になったのではないでしょうか！

また、導関数 $f'(x)$ の導関数を関数 $y=f(x)$ の**第2次導関数**と言い、次のように表します。

$$y''、f''(x)、\frac{d^2y}{dx^2}、\frac{d^2}{dx^2}f(x)$$

それでは、定義に従って、$y=x^2$ を微分してみます。

$$y'=(x^2)'=\lim_{h\to 0}\frac{(x+h)^2-x^2}{h}=\lim_{h\to 0}\frac{(x^2+2xh+h^2)-x^2}{h}$$

$$=\lim_{h\to 0}\frac{2xh+h^2}{h}=\lim_{h\to 0}(2x+h)=2x$$

次に、x^n の導関数を求めてみます。

それでは、定義に従って導いてみましょう！ $(x+h)^n$ が現れますので、二項定理を用いて展開します！

$$(x^n)'=\lim_{h\to 0}\frac{(x+h)^n-x^n}{h}$$

$$=\lim_{h\to 0}\frac{({}_nC_0x^n+{}_nC_1x^{n-1}h+{}_nC_2x^{n-2}h^2+{}_nC_3x^{n-3}h^3+\cdots+{}_nC_nh^n)-x^n}{h}$$

${}_nC_0=1$ ですから、

$$=\lim_{h\to 0}\frac{(x^n+{}_nC_1x^{n-1}h+{}_nC_2x^{n-2}h^2+{}_nC_3x^{n-3}h^3+\cdots+{}_nC_nh^n)-x^n}{h}$$

${}_nC_1=n$ですから、

$$=\lim_{h\to 0}\frac{nx^{n-1}h+{}_nC_2x^{n-2}h^2+{}_nC_3x^{n-3}h^3+\cdots+{}_nC_nh^n}{h}$$

$$=\lim_{h\to 0}\left(nx^{n-1}+{}_nC_2x^{n-2}h+{}_nC_3x^{n-3}h^2+\cdots+{}_nC_nh^{n-1}\right)$$

hは0と異なる値をとりながら0に限りなく近づきますので、hが含まれる項は0に限りなく近づきますので、

$$=\lim_{h\to 0}\left(nx^{n-1}+\boxed{{}_nC_2x^{n-2}h+{}_nC_3x^{n-3}h^2+\cdots+{}_nC_nh^{n-1}}\right)$$

$$\downarrow$$

$$0$$

$$=nx^{n-1}$$

よって、

$$(x^n)'=nx^{n-1}$$

同様に計算して、$(ax+b)^n$の導関数も求めましょう。

$$\{(ax+b)^n\}'$$

$$=\lim_{h\to 0}\frac{\{a(x+h)+b\}^n-(ax+b)^n}{h}$$

$$=\lim_{h\to 0}\frac{\{(ax+b)+ah\}^n-(ax+b)^n}{h}$$

$$=\lim_{h\to 0}[\{{}_nC_0(ax+b)^n+{}_nC_1(ax+b)^{n-1}ah+{}_nC_2(ax+b)^{n-2}(ah)^2$$

$$+{}_nC_3(ax+b)^{n-3}(ah)^3+\cdots+{}_nC_n(ah)^n\}-(ax+b)^n]/h$$

${}_n\mathrm{C}_0=1$ですから、

$$=\lim_{h\to 0}[\{(ax+b)^n+{}_n\mathrm{C}_1(ax+b)^{n-1}ah+{}_n\mathrm{C}_2(ax+b)^{n-2}(ah)^2$$
$$+{}_n\mathrm{C}_3(ax+b)^{n-3}(ah)^3+\cdots+{}_n\mathrm{C}_n(ah)^n\}-(ax+b)^n]/h$$

${}_n\mathrm{C}_1=n$ですから、

$$=\lim_{h\to 0}\{n(ax+b)^{n-1}ah+{}_n\mathrm{C}_2(ax+b)^{n-2}(ah)^2$$
$$+{}_n\mathrm{C}_3(ax+b)^{n-3}(ah)^3+\cdots+{}_n\mathrm{C}_n(ah)^n\}/h$$

$$=\lim_{h\to 0}\{n(ax+b)^{n-1}ah+{}_n\mathrm{C}_2(ax+b)^{n-2}a^2h^2$$
$$+{}_n\mathrm{C}_3(ax+b)^{n-3}a^3h^3+\cdots+{}_n\mathrm{C}_na^nh^n\}/h$$

$$=\lim_{h\to 0}\{n(ax+b)^{n-1}a$$
$$+\boxed{{}_n\mathrm{C}_2(ax+b)^{n-2}a^2h+{}_n\mathrm{C}_3(ax+b)^{n-3}a^3h^2+\cdots+{}_n\mathrm{C}_na^nh^{n-1}}\}$$

↓

0

$$=na(ax+b)^{n-1}$$

よって、　$\{(ax+b)^n\}'=na(ax+b)^{n-1}$

また、定数関数$y=c$（cは定数を意味する英語constantの頭文字です）を微分すると何になるでしょうか？

定義に従いますと、

$$(c)'=\lim_{h\to 0}\frac{c-c}{h}=\lim_{h\to 0}\frac{0}{h}$$

ここで、「分子の本物の0」を「分母の0に限りなく近い数」で割るわけですから、その値は、0となりますので$(c)'=0$です！

この図形的意味を考えてみます。**図3.10**の定数関数$y=c$のグラフの接線を引いてみてください。

図3.10

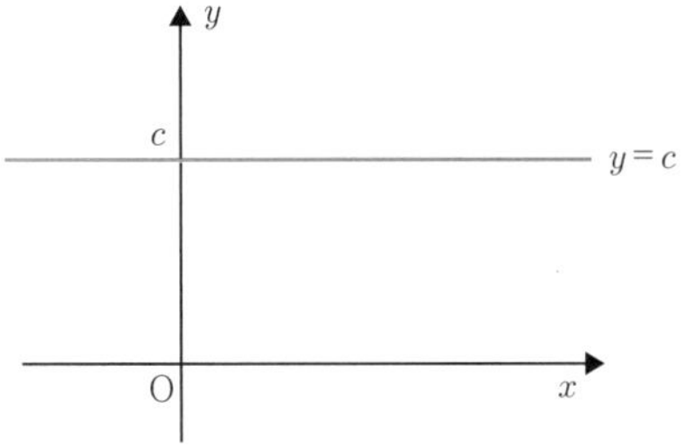

$y'=(c)'=0$でしたから、接線は、傾きが0である「この直線自身」ですね！

これで、x^5、$(2x+1)^4$が簡単に微分できるようになりました。今後は、

$$(x^5)'=5x^{5-1}=5x^4$$

$$\{(2x+1)^4\}'=4\cdot 2(2x+1)^{4-1}=8(2x+1)^3$$

と計算できるわけですね！

こうなりますと、$2x^2$、x^2+x、さらにはx^2-2x+2なども簡単に微分できるようになりたいですよね！

「いや、そんなことはない」と言わず、関数の実数倍$kf(x)$、関数の和と差$f(x)\pm g(x)$を定義に従って微分してみましょう。

$$\{kf(x)\}'=\lim_{h\to 0}\frac{kf(x+h)-kf(x)}{h}$$

$$=\lim_{h\to 0}\frac{k\{f(x+h)-f(x)\}}{h}=kf'(x)$$

$$\{f(x) \pm g(x)\}'$$

$$= \lim_{h \to 0} \frac{\{f(x+h) \pm g(x+h)\} - \{f(x) \pm g(x)\}}{h}$$

$$= \lim_{h \to 0} \left\{ \frac{f(x+h) - f(x)}{h} \pm \frac{g(x+h) - g(x)}{h} \right\}$$

$$= f'(x) \pm g'(x)$$

これで、前述の$2x^2$、x^2+x、さらにはx^2-2x+2を、定義に従って極限を計算することなく、簡単に微分することができますね！

$$(2x^2)' = 2(x^2)' = 2 \cdot 2x = 4x$$

$$(x^2+x)' = (x^2)' + (x)' = 2x+1$$

$$(x^2-2x+2)' = (x^2)' - (2x)' + (2)' = (x^2)' - 2(x)' + (2)'$$

$$= 2x - 2 \cdot 1 + 0$$

$$= 2x - 2 \qquad \cdots\cdots①$$

ということで、これからは微分係数を求める際、その定義

$$f'(a) = \lim_{h \to 0} \frac{f(a+h) - f(a)}{h}$$

から計算しなくても良いです。導関数を利用して、近道をしましょう。

例として、102ページと同じ、関数$f(x) = x^2 - 2x + 2$の微分係数$f'(3)$を求めてみましょう。

①より、$f'(x) = 2x - 2$ですから、

$$f'(3) = 2 \cdot 3 - 2 = 6 - 2 = 4$$

103ページのように、微分係数の定義から求めるよりも、何倍も簡単ですし楽ですね！問題文に「定義に従って」と指定されなければ、微分係数は、今回のように、導関数経由で計算し、近道をしましょう。

微分係数(あるxの値での接線の傾き)を求めるために、導関数(すべての接線の傾きを表す関数)を利用しました。

特殊な場合を求めるために、一般的な場合から攻める、という考え方を学びましょう！（覚えた公式を適用して問題を解くのは、無意識にこの考え方を使っているわけですが…。)

3-3 接線の方程式

本節では、微分係数と導関数をグラフに応用していきます。

微分係数の図形的意味は、「接線の傾き」であることは説明済みですね。

図3.11

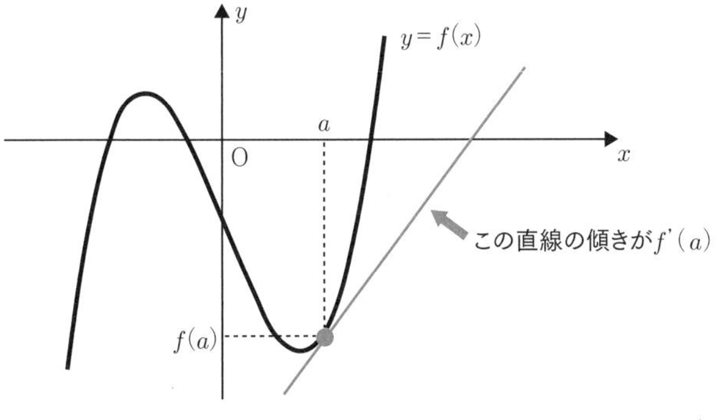

傾きが$f'(a)$の直線の方程式は、中学校で学習したように

$$y=f'(a)x+b \qquad \cdots\cdots①$$

と表すことができます。

この直線が点$(a, f(a))$を通りますので、①に代入しますと、

$$f(a)=f'(a)a+b$$

$$b=f(a)-f'(a)a \qquad \cdots\cdots②$$

②を①に代入しますと、

$$y=f'(a)x+\{f(a)-f'(a)a\}$$

$$y-f(a)=f'(a)x-f'(a)a$$

$$y-f(a)=f'(a)(x-a)$$

接線の方程式

関数$y=f(x)$のグラフ上の点$\mathrm{A}(a, f(a))$における接線の方程式は

$$y-f(a)=f'(a)(x-a)$$

103ページ、そして110ページでは、微分係数$f'(3)$、すなわち、接線の傾きのみを求めました。今回は、接線の方程式まで求めてみましょう。

問題 3.1　関数$y=x^2-2x+2$のグラフ上の点$(3, 5)$における接線の方程式を求めよ。

構想

“どのような接線の方程式を求めるのかを、グラフで簡単に確認して、解答に進みます。”

$y=x^2-2x+2=(x-1)^2+1$ですから、頂点が点$(1, 1)$で下に凸のグラフになります。そのグラフ上の点$(3, 5)$における接線ですから、下図（**図3.7**の再掲です）の青線になりますね。

図3.7

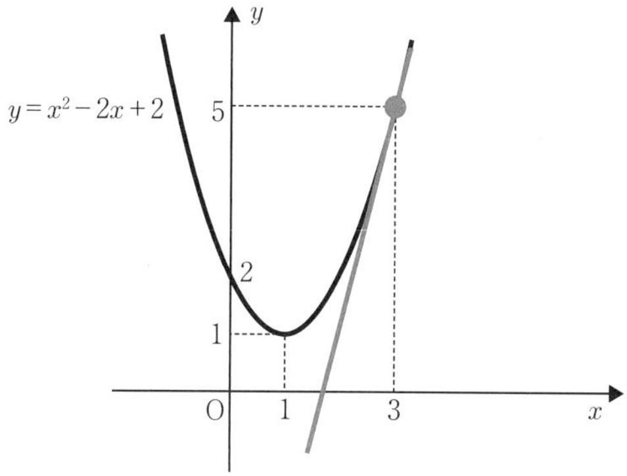

それでは、実際の計算を、解答で確認していきましょう。

解答 3.1 公式が適用しやすいように、$f(x)=x^2-2x+2$とします。これを微分しますと、

$$f'(x)=2x-2$$

です。点$(\underline{3},\ \underline{\underline{5}})$における接線の方程式は、$f'(\underline{3})=2\cdot3-2=\underline{4}$ですから、

$$y-\underline{\underline{5}}=\underline{4}(x-\underline{3})$$

すなわち
$$y=4x-7$$

3-4 第3章の振り返り

曲線の一部分を拡大すると、真っ直ぐな「線分」に見えます。この「線分」を延長したものが「接線」です。この

曲線を線分に分解する

ことが微積思考の「微」の面です。

本書内の数学は2次元ですから「分解(一部分を拡大すること)」が容易でした。しかし、実社会では4次元を、「どの距離から、どの角度から、どの向きから、どの瞬間を」切り取る(分解する)か、になりますのでパターンが爆発的に増えます。

そこで大切なのが定石を知ること(知識)です。そこに歴史を学ぶ意義、古今東西の本を読む意義があると思います。点としての知識ではなく、線や面となり、いつでも活用できる「体系化された知識」とすることを心がけてください。

第4章 微分法の発展

4-1 2次関数の増減とグラフ

本章の目標は、3次関数$y=x^3-3x^2-9x+4$のグラフをかくことです。それに向けて、思考(第3章の知識を活用)していきましょう！

そのために本節では、導関数を活用して、まずは2次関数$y=3x^2-6x-9$のグラフをかいてみましょう。

導関数は、図形的に何を表しましたか？

接線の傾きの関数を表しましたね。

それでは、**図4.1**の点を通り、$f'(x)>0$であるグラフを考えます。$f'(x)>0$ですから、「接線の傾きが正」になるグラフです。

図4.1

接線が**図4.1**のような直線になるのは、どのようなグラフでしょうか？

図4.2のようなグラフの場合ですね。

図4.2

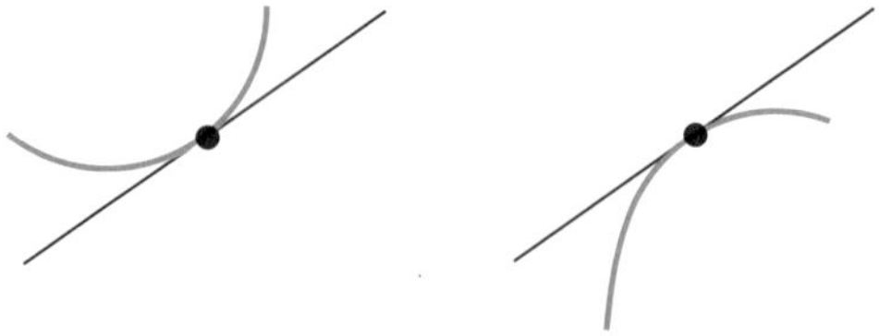

異なるグラフの可能性には気付きましたか？難しいかと思いますが、**図4.3**のようなグラフもあり得ます。

図4.3

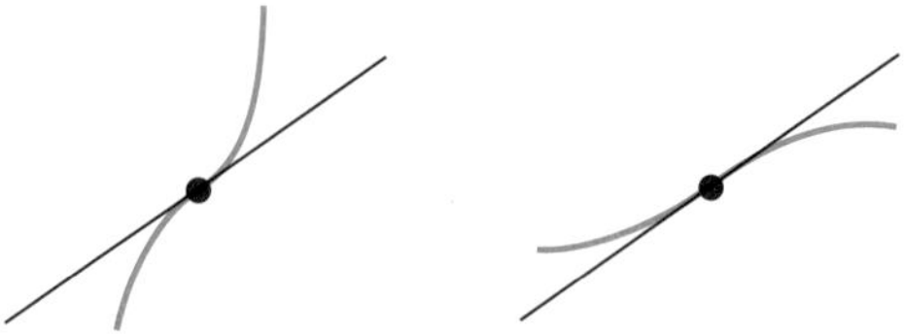

騙し討ちのような気もしますが、109ページで定数関数の話の中で扱いました**図4.4**のグラフの接線であることもあり得ます。

図4.4

それでは、これらのグラフに共通する特徴は何でしょうか？

接点の近くでは5つとも右上がり、すなわち、xの値が増加するとき$f(x)$の値も増加していますね。

$f'(x)<0$、$f'(x)=0$のときも考えまして、一般に次のようにまとめることができます。それを基にして、2次関数$y=3x^2-6x-9$のグラフをかきます。

関数の増減

$f'(x)>0$である区間では、$f(x)$は増加する

$f'(x)<0$である区間では、$f(x)$は減少する

$f'(x)=0$である区間では、$f(x)$は定数である

$y=3x^2-6x-9$を微分しますと、

$$y'=(3x^2-6x-9)'$$
$$=3(x^2)'-6(x)'-(9)'$$
$$=3\cdot 2x-6\cdot 1-0=6x-6$$

y'の符号は、**図4.5**のように$x<1$のとき−、$x>1$のとき+ですから、yは$x<1$のときは減少、$x>1$のとき増加することが分かります。それを、矢印を使って視覚的にまとめた下の表を増減表と呼びます。

図4.5

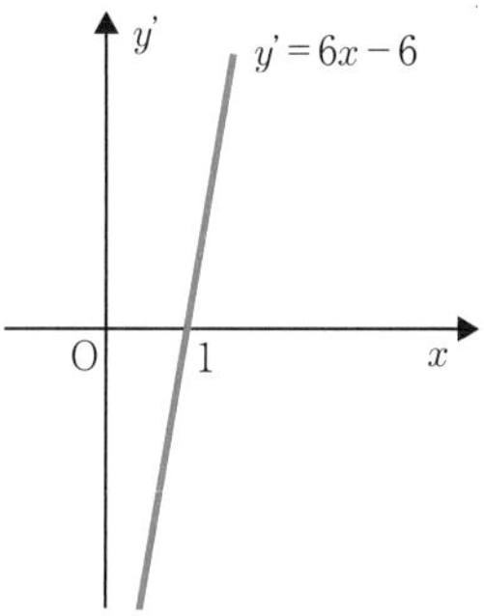

x	$\cdots$	1	$\cdots$
y'	$-$	0	$+$
y	↘	-12	↗

この増減表から、2次関数$y=3x^2-6x-9$のグラフは、**図4.6**のようになります。

図4.6

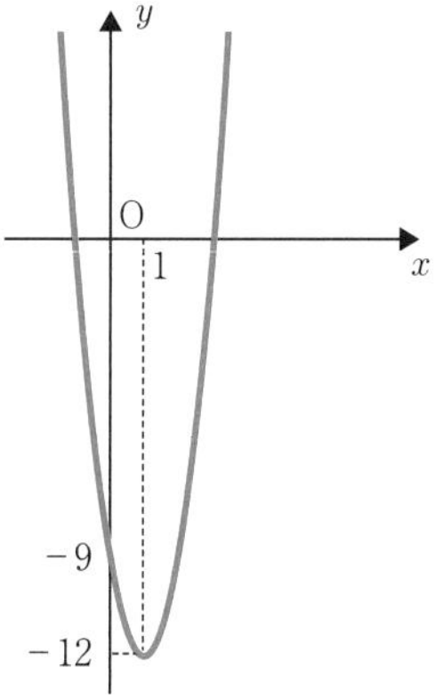

第2章のように、平方完成をしますと、

$$y=3x^2-6x-9=3(x-1)^2-12$$

です。同じ頂点等が、微分を用いても得られました！

曲線を「分解」した一部分（を延長したもの）である接線の情報を「統合」して、元の曲線の情報を得る、この考え方が「微積思考」です！

4-2 2次関数のxの係数b

本節では、2次関数$y=ax^2+bx+c$のbが、単独でグラフにどのように反映されるかを、微分法を用いて明らかにしましょう（81ページの続きです）！

$f(x)=ax^2+bx+c$の両辺を微分しますと、

$$f'(x)=2ax+b$$

これをヒントにして、bが単独でグラフにどのように反映されるか、皆さんも考えてから読み進めてください。

この数式において$x=0$を代入しますと、 $f'(0)=b$

$f'(0)$の図形的意味は何でしたか？

関数$y=f(x)$のグラフの$x=0$における接線の傾きでしたね！ということで、bは

関数$y=f(x)$のグラフの、y軸との交点における接線の傾き

となります！

また、2次関数 $f(x)=ax^2+bx+c$ において、$y=f(x)$ のグラフと y 軸の交点 $(0,\ f(0))$ における接線の方程式は、

$$y-f(0)=f'(0)(x-0)$$

すなわち　$$y=f'(0)x+f(0)$$

ここで b は $x=0$ における接線の傾きを、c は y 軸との交点の y 座標を表し、

$$b=f'(0)、c=f(0)$$

でしたから、　$$y=bx+c$$

これを一般化しますと、n 次関数においても、「x の係数」がグラフと y 軸の交点における接線の傾きであり、「x の係数と定数項」からその接線の方程式が分かりますね！

$$f(x)=a_0x^n+a_1x^{n-1}+\cdots+a_{n-2}x^2+a_{n-1}x+a_n$$

としますと、

$$f'(x)=na_0x^{n-1}+(n-1)a_1x^{n-2}+\cdots+2a_{n-2}x+a_{n-1}$$

です。よって、

$$f'(0)=a_{n-1}$$

$f(0)=a_n$ ですから、点 $(0,\ f(0))$ における接線の方程式は、

$$y-f(0)=f'(0)(x-0)$$
$$y-a_n=a_{n-1}(x-0)$$
$$y=a_{n-1}x+a_n$$

まとめますと、2次関数$y=ax^2+bx+c$のbは

単独で	y軸との交点における接線の傾き
aとペアになって	軸の位置
cとペアになって	y軸との交点における接線

に反映されます！

それでは、2次関数$y=ax^2+bx+c$のグラフが**図4.7**のようになっているとき、関数$y=-ax^2+bx+c$はどのようなグラフでしょうか？

図4.7

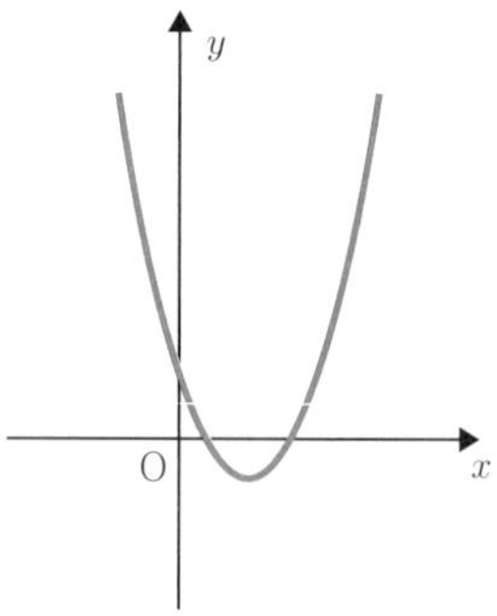

ここまでの本節の内容を活用しますと、

$$y=\underline{a}x^2+\underline{bx+c}$$

① ⬇　② ⬇

$$y=\underline{-\,a}x^2+\underline{bx+c}$$

ですから、

①から、上に凸になる
（広がり具合は同じ）

②から、y軸との交点における接線が一致する

ことから、2次関数$y=-ax^2+bx+c$のグラフは**図4.8**の青い実線のようになります。

図4.8

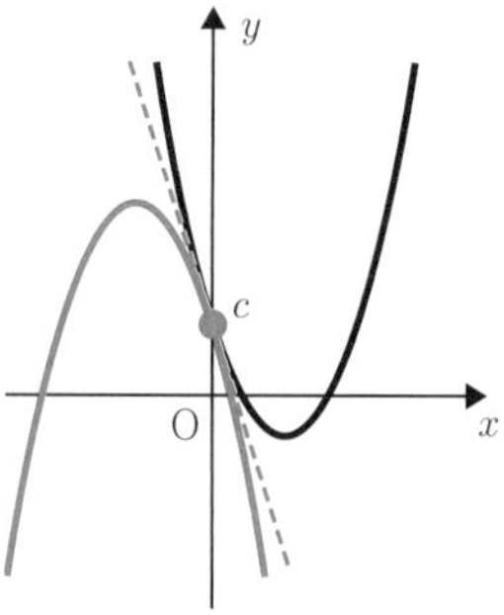

4-3　3次関数の増減とグラフ

それでは、「3次関数のグラフをかくこと」に挑んでいきましょう！まずは、3次関数$y=x^3-3x^2-9x+4$を扱ってみましょう！

3次関数のグラフをかくための構想はありますか？

先程の2次関数の場合と同様に微分して、導関数の符号を考えれば増減が分かり、グラフがかけますよね！

$$y'=(x^3-3x^2-9x+4)'=(x^3)'-3(x^2)'-9(x)'+(4)'$$
$$=3x^2-3\cdot 2x-9\cdot 1+0=3x^2-6x-9$$

3次関数を微分すると2次関数になりますので、その符号変化が分かれば良いですね。

この2次関数は、117ページでグラフをかいた2次関数ですね！ということは、先程の2次関数$y=3x^2-6x-9$のグラフを参考にしますと、符号変化について知るために、どこの値が知りたいでしょう？

図4.9

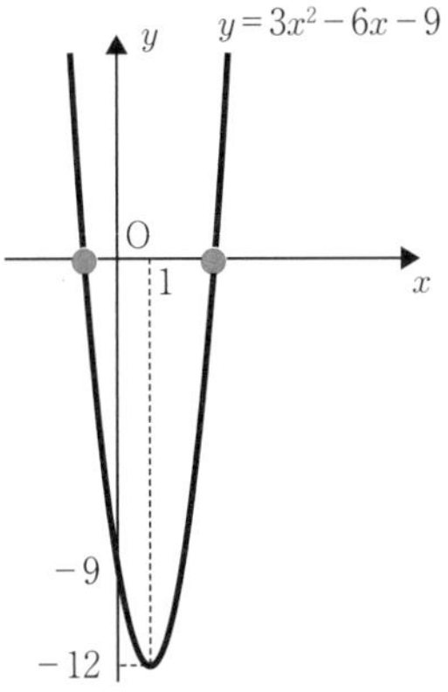

図4.9の青い点のx座標ですね！

このx座標は、どのように求められ、そしていくつでしょうか？

2次関数$y=3x^2-6x-9$に$y=0$を代入しますと、2次方程式$3x^2-6x-9=0$が得られます。この2次方程式の実数解が求めるx座標でしたね！

$$3x^2-6x-9=0$$

$$x^2-2x-3=0$$

$$(x+1)(x-3)=0$$

$$x=-1、3$$

これで青い点のx座標、すなわち、2次関数$y=3x^2-6x-9$のグラフとx軸の交点のx座標は、上の2次方程式の実数解である$x=-1$、3ですね！

図4.10

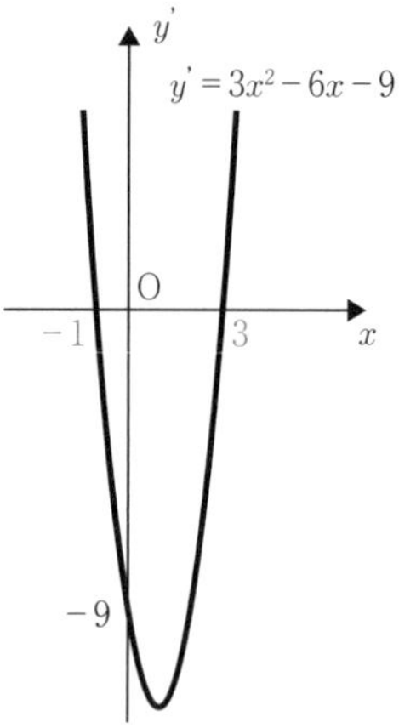

これで、3次関数$y=x^3-3x^2-9x+4$の導関数である2次関数$y'=3x^2-6x-9$の符号変化が分かりますね！

これまでの情報を増減表で整理しましょう。

x	$\cdots$	-1	$\cdots$	3	$\cdots$
y'	$+$	0	$-$	0	$+$
y	↗	極大 9	↘	極小 -23	↗

上の表に記入されているように、$f'(x)$の符号が$x=a$の前後で、

正から負に変わるとき、$f(x)$は$x=a$で極大

負から正に変わるとき、$f(x)$は$x=a$で極小

になる、と言います。そして、そのときの$f(a)$をそれぞれ**極大値**、**極小値**、まとめて**極値**と言います。

よって、3次関数$y=x^3-3x^2-9x+4$のグラフは**図4.11**のようになります。

図4.11

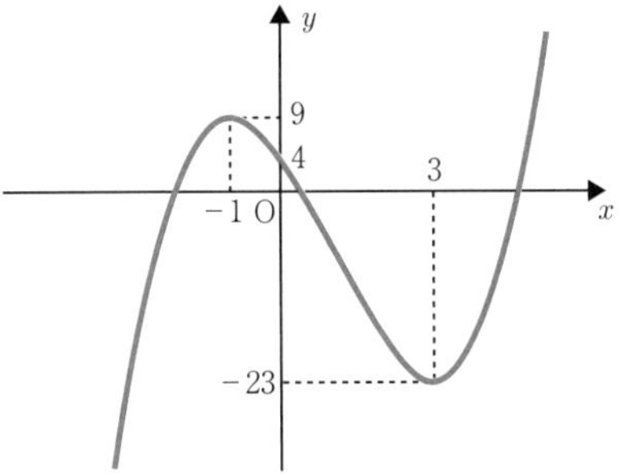

これで、様々な3次関数のグラフもかけそうですね！練習として、次の3次関数のグラフもかいてみましょう。

問題 4.1　3次関数$y=x^3$のグラフをかけ。

構想

“3次関数$y=x^3$のグラフの、y軸との交点における接線の方程式を求めてください。”

もちろん、微分を活用して求めることもできますが、119ページの内容を連想して、計算せずに求められましたか？

$y=x^3$は、$y=x^3+0x^2+0x+0$ですから、求める接線の方程式は、

$$y=x^3+0x^2+\boxed{0x+0}$$

↓

直線$y=\boxed{0}$（x軸）

です。この点を意識しながら、解答のグラフをかきましょう。

解答 4.1

$y' = 3x^2$

$y' = 0$ とすると　$x = 0$

yの増減表は右のようになります。

この場合、$x = 0$の前後ではy'の符号が変化していませんので、極大でも極小でもありません！

x	$\cdots$	0	$\cdots$
y'	+	0	+
y	↗	0	↗

よって、グラフは**図4.12**のようになります。

$x = 0$のとき、$y' = 0$であることからも分かりますが、先程、原点における接線がx軸であることを求めていたことに注意しましょう！

図4.12

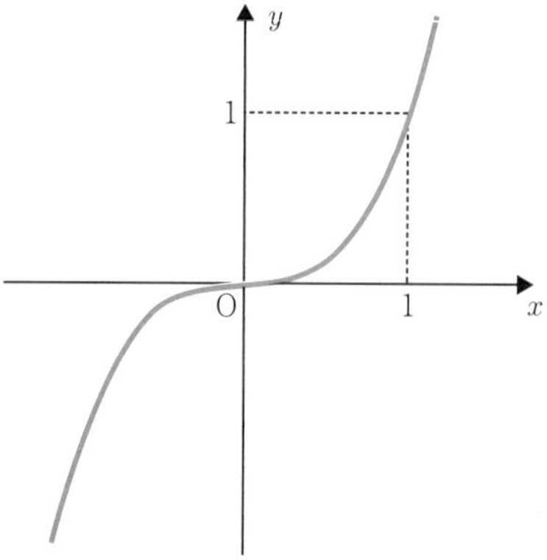

ところで、このグラフに、2次関数$y = x^2$のグラフをかき加えると、どんな位置関係になるでしょうか？

	x^3	大小	x^2
$x=-1$	$(-1)^3=-1$	$<$	$(-1)^2=1$
$x=0.1$	$0.1^3=0.001$	$<$	$0.1^2=0.01$
$x=1$	$1^3=1$	$=$	$1^2=1$
$x=2$	$2^3=8$	$>$	$2^2=4$

具体的に数例挙げただけではありますが、3次関数$y=x^3$と2次関数$y=x^2$のグラフは、$x=1$の前後で上下が入れ替わりますね！ということで、2つのグラフを同じ座標平面にかくと**図4.13**のようになります。

図4.13

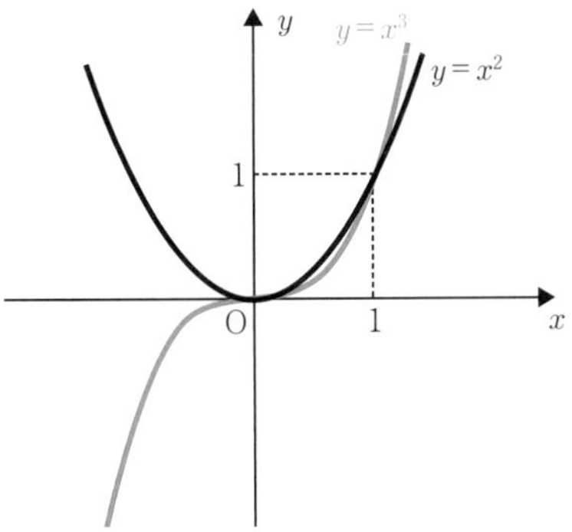

それでは、4次関数の問題にも、1問挑戦してみましょう！

問題4.2 4次関数$y=x^4-8x^2$の最小値を求めよ。

解答 4.2　$y' = 4x^3 - 16x = 4x(x^2 - 4) = 4x(x+2)(x-2)$

$y' = 0$ とすると　$x = 0$、± 2

y の増減表は次のようになります。

x	$\cdots$	-2	$\cdots$	0	$\cdots$	2	$\cdots$
y'	$-$	0	$+$	0	$-$	0	$+$
y	↘	極小 -16	↗	極大 0	↘	極小 -16	↗

よって、関数 $y = x^4 - 8x^2$ のグラフは**図4.14**のようになります。

図4.14

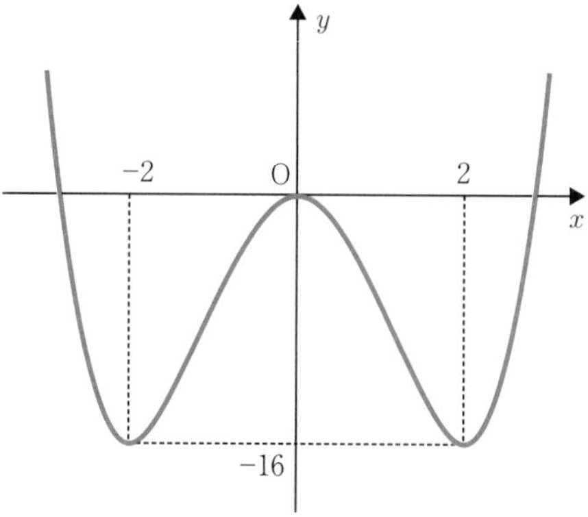

したがって、　　　　$x = \pm 2$ のとき最小値 -16

もちろん、この解答が基本ですが、数式を多角的に見る力を鍛えるために、別解を紹介します。

別解 4.2 $x^4=x^{2\times2}=(x^2)^2$ですから、$y=x^4-8x^2=(x^2)^2-8x^2$

$t=x^2$と置換します。そうしますと、

$$y=t^2-8t$$

となり、「4次関数を2次関数にする」ことができました！

このように、置換したときには、新しい変数tがどのような数になれるか（変数tの変域）を必ず調べましょう。

$t=x^2$と置換しましたから、　$t\geqq0$

これで一旦、$t\geqq0$において$y=t^2-8t$の最小値を求める問題にすり替えることができました。

$$y=t^2-8t=(t-4)^2-16$$

横軸がt軸であることに注意してこのグラフをかきますと、**図4.15**のようになります。

図4.15

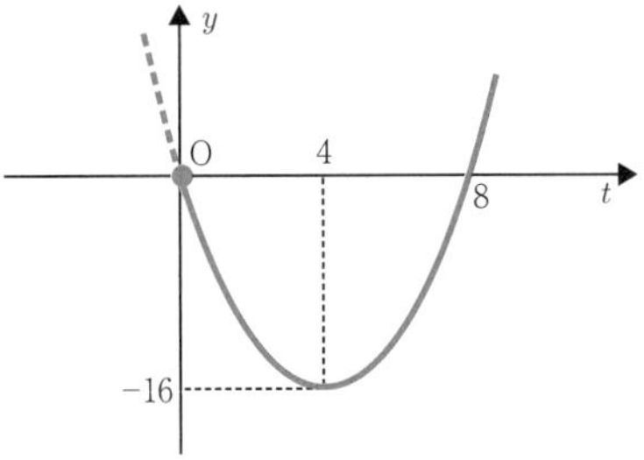

よって、　　　　　　$t=4$のとき最小値-16

基本的に自分で置いた文字で最終的な解答を書いてはいけませんから、$t=x^2=4$によりtをxに戻しまして、

$$x=\pm2 \text{のとき最小値} -16$$

さらに数式を多角的に見る力を鍛えるために、増減表を用いないでグラフの様子を掴む方法を紹介します。

微分ではなく、因数分解を用いてグラフをかく方法です。

こちらの方法では、必要な極値が求められないことがありますが、微分しなくても良いので、素早くグラフの様子が掴めます。

$$y=x^4-8x^2=x^2(x^2-8)=x^2(x+2\sqrt{2})(x-2\sqrt{2})$$

$y=0$としますと、$x=\underline{0(重解)}$、$\pm 2\sqrt{2}$ですから、
関数$y=x^4-8x^2$のグラフは、

原点で接する

2点$(2\sqrt{2}, 0)$、$(-2\sqrt{2}, 0)$において交わる

ので、そのグラフは**図4.16**のようになります。

図4.16

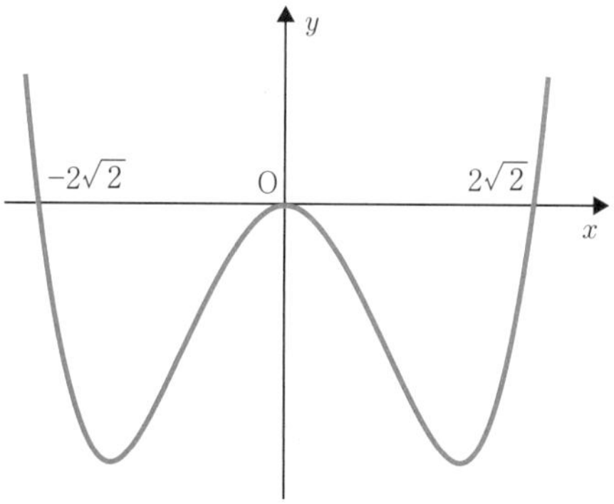

最高次の項の係数によって、グラフの概形をまとめておきます(関数$y=x^3$のように、極値がない場合がありますので、正に「概ねの形」ですので注意してください)。

図4.17

3次関数$y=ax^3+bx^2+cx+d$のグラフ

$a>0$のとき

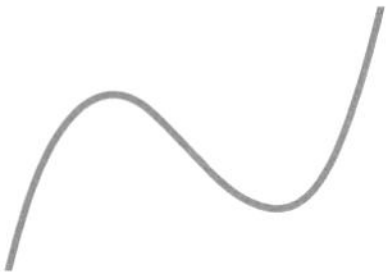

$a<0$のとき

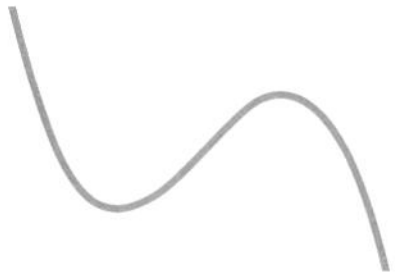

4次関数$y=ax^4+bx^3+cx^2+dx+e$

$a>0$のとき

$a<0$のとき

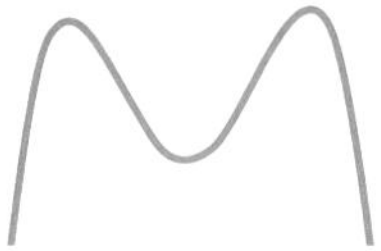

それでは、仕上げに1問解いて、思考力を鍛えていきましょう!

問題 4.3 **1966 東京大学理科一次**

次の□にあてはまる数は何か。

$$関数\ f(x)=\square x^3+\square x^2+\square x+\square$$

は、$x=1$で極大値6をとり、$x=2$で極小値5をとる。

構想

“関数$y = f(x)$のグラフはどのようなものでしょうか？”

3次関数が「$x=1$で極大値6をとり、$x=2$で極小値5をとる」ので、和文図訳しますと**図4.18**のようになっていますよね。

図4.18

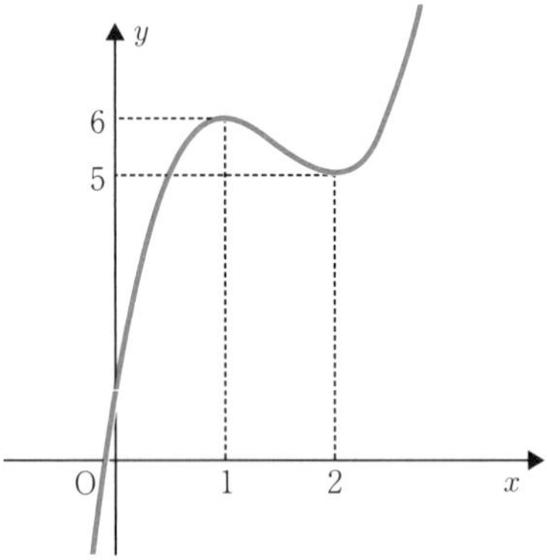

関数$f(x)=\square x^3+\square x^2+\square x+\square$の、□にあてはまる数を求めるわけですから、4つの未知（□）があります。それらを求めるためには、いくつの数式を立てると良いでしょうか？

4つの□ですから、4つの数式が欲しいですよね。

図4.18のグラフになるように4つの数式を立てて、その連立方程式を解けば良さそうですね。

「$x=1$で極大値6をとる」ためには、**図4.19**のように、点(1, 6)が頂上の山になっていてほしいですね。そのための数式は、

図4.19

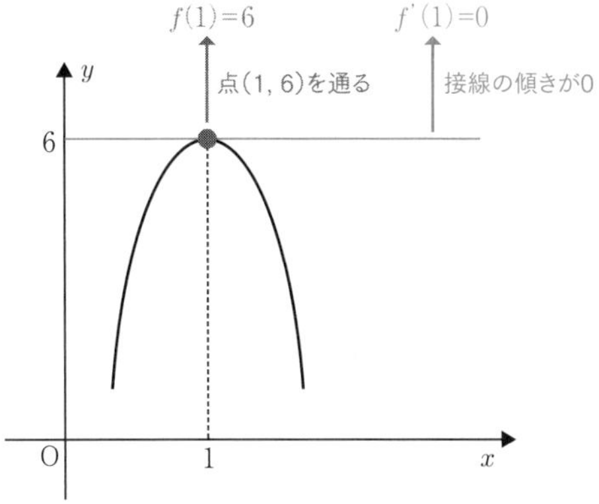

ですね。「$x=2$で極小値5をとる」も同様に考えましょう。

それでは、解答といきましょう。

解答 4.3　$f(x)=ax^3+bx^2+cx+d$とします。

$f(x)$が$x=1$で極大値6をとり、$x=2$で極小値5をとるので、

$$f(1)=6、f'(1)=0$$

$$f(2)=5、f'(2)=0$$

ここで、$f'(x)=3ax^2+2bx+c$ですから、

$f(1)=6$から	$a+b+c+d=6$	……①
$f'(1)=0$から	$3a+2b+c=0$	……②
$f(2)=5$から	$8a+4b+2c+d=5$	……③
$f'(2)=0$から	$12a+4b+c=0$	……④
③−①より	$7a+3b+c=-1$	……⑤
④−②より	$9a+2b=0$	……⑥
⑤−②より	$4a+b=-1$	……⑦

⑥−⑦×2より　　　　$a=2$

これを⑦に代入して　　　　$8+b=-1$

$b=-9$

これらを②に代入して　　　　$6-18+c=0$

$c=12$

これらを①に代入して　　$2-9+12+d=6$

$d=1$

よって、　　　　$a=2$、$b=-9$、$c=12$、$d=1$

これで答えが出ました。一旦、解答を中断します。今回は穴埋め形式の問題ですので、これで答えとして良いですが、数学的にはこれでは不完全です。それは、なぜでしょうか？

「$f(1)=6$、$f'(1)=0$」であることは「$x=1$で極大値6をとる」ことと「同値」でしょうか？

違いますよね！反例（$f(1)=6$、$f'(1)=0$を満たしますが、$x=6$で極大値をとらない例）として、**図4.20**のようになる場合が考えられます。

図4.20

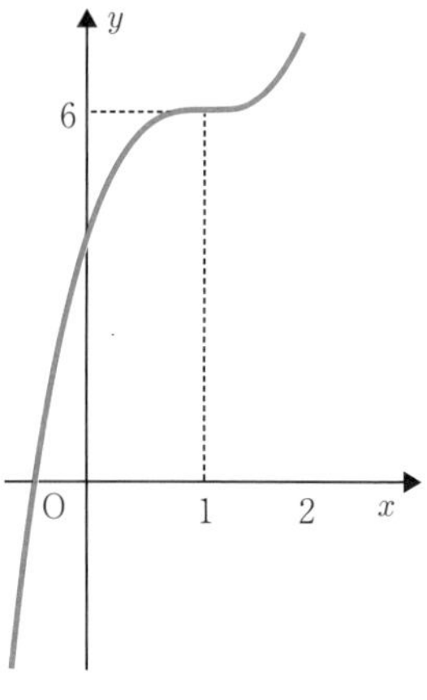

この他にも、極小になっている場合等、いろいろ考えられますよね…。そのため、$a=2$、$b=-9$、$c=12$、$d=1$のとき、本当に「$x=1$で極大値6をとり、$x=2$で極小値5をとる」かを確認することが必要です。

和文数訳等をしたときは、常に「同値」であるかどうかをチェックしましょう！

それでは、解答の続きです。

このとき　$f(x)=2x^3-9x^2+12x+1$

$f'(x)=6x^2-18x+12=6(x^2-3x+2)$

$=6(x-1)(x-2)$

$f'(x)=0$とすると　$x=1$、2

$f(x)$の増減表は次のようになります。

x	$\cdots$	1	$\cdots$	2	$\cdots$
$f'(x)$	+	0	−	0	+
$f(x)$	↗	極大 6	↘	極小 5	↗

したがって、$x=1$で極大値6をとり、$x=2$で極小値5をとるので、$a=2$、$b=-9$、$c=12$、$d=1$は条件を満たします。

以上より、　$a=2$、$b=-9$、$c=12$、$d=1$

この問題では、和文数訳（正確には、和文図訳→図表数訳）する際に、「同値」であるかどうかを意識することが重要でした。「同値」を意識して数学を学び、読解力と表現力も鍛えましょう！

問題 4.4 **1989京都大学文系後期**

縦40cm、横25cmの長方形の紙がある。その四隅から、1辺の長さ$x$cmの正方形を切り取り、残りの紙を折り曲げて、直方体の形の、ふたのない容器を作る。このとき、この箱の容積をVcm^{3}とする。Vをxの式で表せ。またVが最大となるxの値を求めよ。

文章題ではありますが一般的な教科書レベルですから、構想抜きでいきなり解答に進みます。

解答 4.4 **図4.21**のように、$x$cmとなります。

図4.21

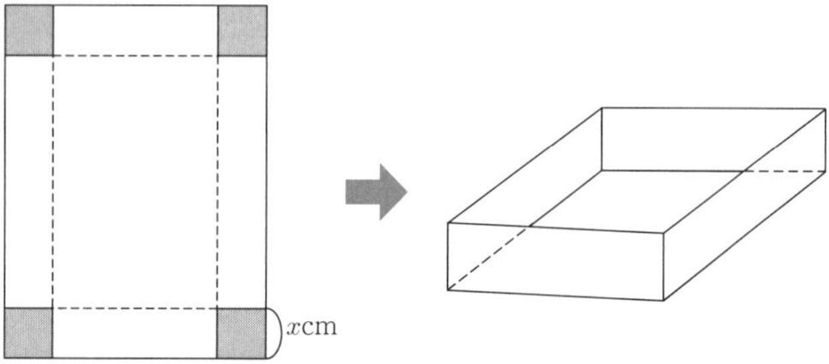

$x=20$(cm)とすると、$2x=40$(cm)となり、横25cmなので切り取れません！ということで、xには変域(これを定義域と言います)に制限がありますので、これを確認すると次のようになります。

$$x>0 \text{ かつ } 40-2x>0 \text{ かつ } 25-2x>0$$

この連立1次不等式を解きますと、

$$0<x<\frac{25}{2} \qquad \cdots\cdots ①$$

以下、この範囲で考えますので、ご注意ください。

この直方体の高さは$x$cmですから、その容積Vcm^{3}をxの式で表すには、底面積が知りたいですね。

底面はもちろん長方形ですから、その面積は「縦×横」より、$(40-2x)(25-2x)$ cm^{2}です。よって、箱の容積Vをxの式で表しますと、

$$V=(40-2x)(25-2x)x=4x^3-130x^2+1000x$$

この3次関数が最大となるxの値を求めたいので、微分しますと、

$$V'=12x^2-260x+1000=4(3x^2-65x+250)=4(x-5)(3x-50)$$

①の範囲で$V'=0$としますと　$x=5$

よって、Vの増減表は次のようになります。

x	0	…	5	…	$\frac{25}{2}$
V'		+	0	−	
V		↗	最大	↘	

したがって、Vが最大となるxの値は、 $x=5$(cm)

4-4 第4章の振り返り

本章で題材としました、3次関数$y=x^3-3x^2-9x+4$を微分しますと、

$$y'=3x^2-6x-9=3(x+1)(x-3)$$

$y'=0$としますと、 $x=$ (−1)、△3 でした。

もう一度微分しますと、

$$y''=6x-6=6(x-1)$$

$y''=0$としますと、 $x=\boxed{1}$となります。

これらは、**図4.22**のように、それぞれ「極大、極小、変曲点」となるx座標になります（変曲点は本書の範囲外です）。

図4.22

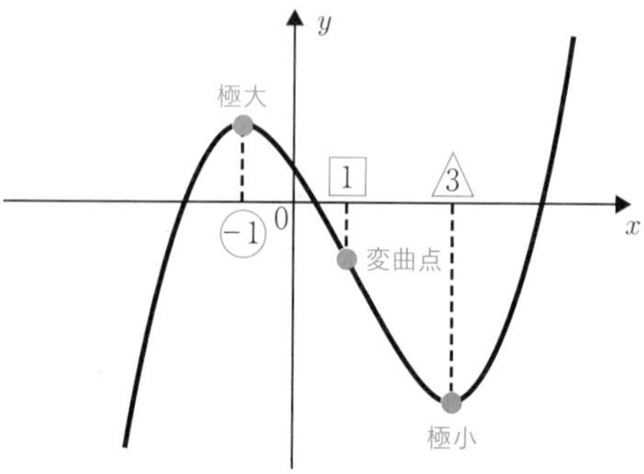

学習も人生も、このグラフのように「極大、極小」、そして、変曲点ならぬ「変局点」、すなわち、「局面が変わる瞬間」が必ずあります。向かい風のとき、無風のとき、追い風のとき、…、のプランを「試考力」で準備し、「試行力」で実行しましょう！

第5章 微分法の応用

5-1 方程式への応用

本節では、3次「関数」のグラフを3次「方程式」に応用していきます。知識と思考のサイクルを回し、知識が点ではなく、線、面になることを心がけましょう。

問題5.1　2011京都大学文系

実数aが変化するとき、

3次関数$y=x^3-4x^2+6x$と直線$y=x+a$

のグラフの交点の個数はどのように変化するか。aの値によって分類せよ。　注意

注意　この問題では、交点を共有点の意味で使っていると考え、接点も交点として数えることにします。本書のこれ以降では、交点ではなく共有点としています。

4つの解答を紹介し、この問題を、「多角的思考、解法の判断力」を鍛える機会にしたいと思います。

それでは、最もストレートな解答から、こちらは構想なしで始めていきましょう。

解答① 5.1

直線$y = x + a$は、傾き1、切片aです(**図5.1**)。

3次関数$y = x^3 - 4x^2 + 6x$のグラフは、微分を使ってかくことができますよね。

図5.1

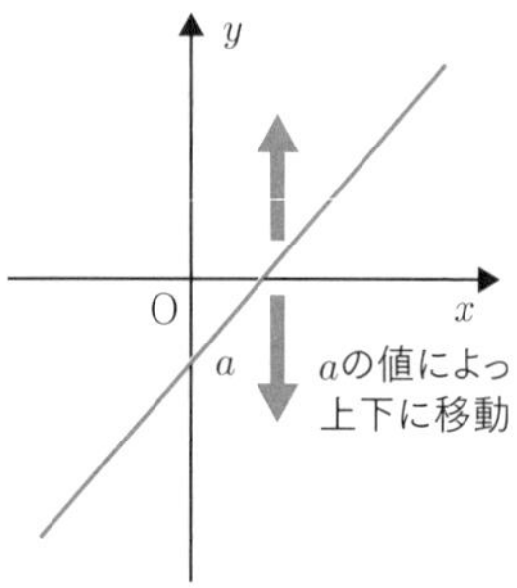

$$y' = 3x^2 - 8x + 6$$

$y' = 0$とすると、

$$x = \frac{-(-8) \pm \sqrt{(-8)^2 - 4 \cdot 3 \cdot 6}}{2 \cdot 3}$$

$$= \frac{-8 \pm \sqrt{-8}}{6}$$

となり、$\sqrt{\ }$の中が負の数になり、もちろん$D < 0$です。ということは、$y' = 3x^2 - 8x + 6$は「x軸との共有点をもたない」、「下に凸」のグラフですから、符号は+ですね。このことから、yの増減表は左下のようになります。よって、このグラフは、原点を通ることに注意すると**図5.2**のようになります。

x	$\cdots$
y'	$+$
y	↗

図5.2

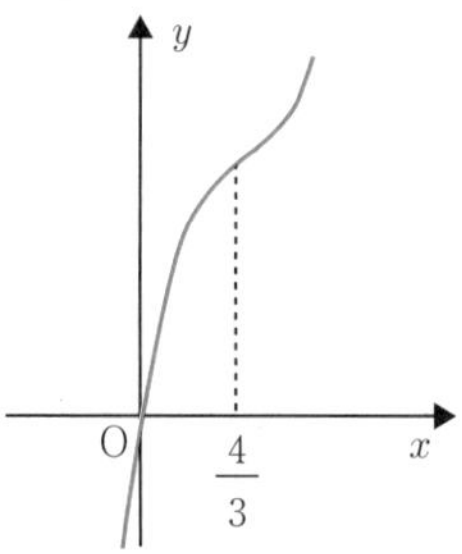

細かい点ですが、$y'=3\left(x-\dfrac{4}{3}\right)^2+\dfrac{2}{3}$ですから、接線の傾きは$x=\dfrac{4}{3}$で1番緩やかになります。

傾き1、切片aである直線と、このグラフの共有点の個数を求めるには、どうしましょうか？

直線がaの値によって上下すると、**図5.3**のように共有点の個数が変化します！

図5.3

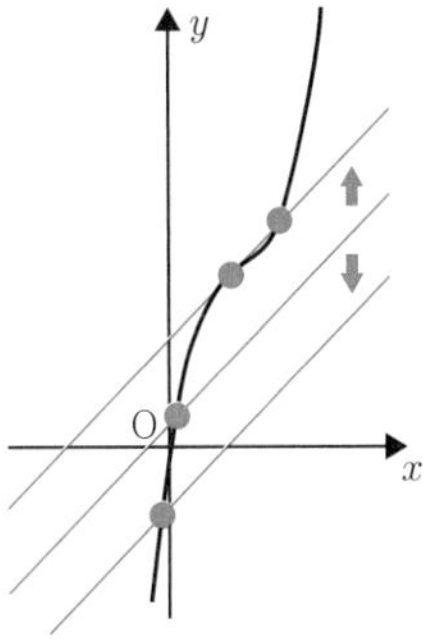

ということで、**図5.4**のように、3次関数$y=x^3-4x^2+6x$のグラフの、傾きが1の接線がポイントになりますね！

これらの上、間、下で共有点の個数が変化します。

図5.4

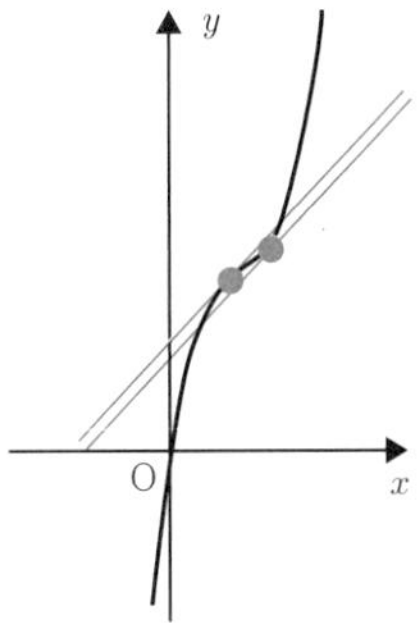

$y'=3x^2-8x+6$ですから、接点のx座標をbとしますと、接線の傾きは、

$$3b^2-8b+6$$

接線の傾きが1と等しいとき、

$$3b^2-8b+6=1$$

$$3b^2-8b+5=0$$

$$(b-1)(3b-5)=0$$

$$b=1、\frac{5}{3}$$

これで、**図5.5**のx座標が求まりました。それでは、接点のx座標bの値から、接線の切片aの値を求めましょう。

図5.5

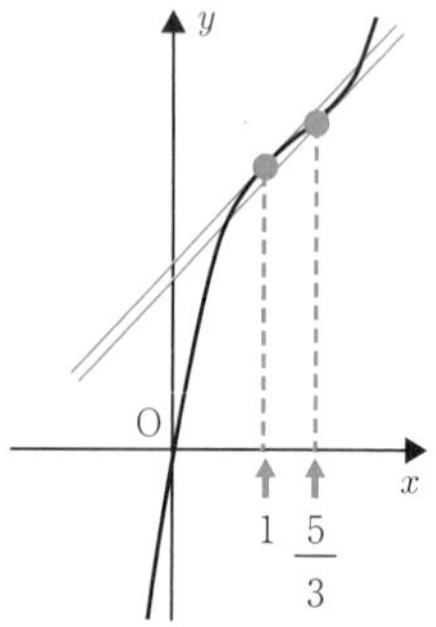

$b=1$のとき

接点のy座標は　$y=1^3-4\cdot 1^2+6\cdot 1=3$

よって、接線の方程式$y=x+a$に$(x,\ y)=(1,\ 3)$を代入しますと、

$$3=1+a$$

したがって、　$a=2$

$b=\dfrac{5}{3}$のとき

接点のy座標は

$$y=\left(\frac{5}{3}\right)^3-4\cdot\left(\frac{5}{3}\right)^2+6\cdot\frac{5}{3}=\frac{95}{27}$$

よって、接線の方程式$y=x+a$に$(x,\ y)=\left(\dfrac{5}{3},\ \dfrac{95}{27}\right)$を代入しますと、

$$\frac{95}{27}=\frac{5}{3}+a$$

したがって、　$a=\dfrac{50}{27}$

図5.6

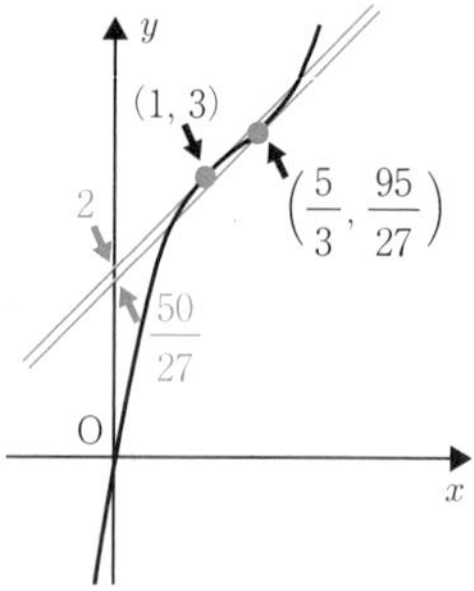

以上より、**図5.6**を参考にしまして、切片のaの値が大きいものから順に小さくしていきますと、次のようになります。

$a>2$　のとき　1個、$a=2$　のとき　2個

$\frac{50}{27}<a<2$　のとき　3個、$a=\frac{50}{27}$　のとき　2個

$a<\frac{50}{27}$　のとき　1個

解答②の構想

“グラフの共有点のx座標の個数は、yを消去した連立方程式の実数解の個数と一致することを用います。”

3次関数$y=x^3-4x^2+6x$と直線$y=x+a$の2つの方程式からyを消去しますと、

$$x^3-4x^2+6x=x+a$$

aを移項しまして　$\underline{x^3-4x^2+5x-a}=\underset{\sim}{0}$

この「方程式」の実数解を求めるために、「関数」$y=\underline{x^3-4x^2+5x-a}$のグラフと、$x$軸（直線$y=\underset{\sim}{0}$）の共有点を求めることを考えます。

3次関数$y=x^3-4x^2+5x\underline{\underline{-a}}$のグラフは、3次関数$y=x^3-4x^2+5x$のグラフを$y$軸方向に$\underline{\underline{-a}}$だけ平行移動したものですね。上下に移動する3次関数のグラフとx軸の位置関係を調べる見通しを持っておきましょう！

解答② 5.1　$y=x^3-4x^2+5x-a$を微分しますと、

$$y'=3x^2-8x+5=(x-1)(3x-5)$$

$y'=0$とすると、$x=1$、$\frac{5}{3}$

yの増減表は次のようになります。

x	$\cdots$	1	$\cdots$	$\frac{5}{3}$	$\cdots$
y'	$+$	0	$-$	0	$+$
y	↗	極大 $2-a$	↘	極小 $\frac{50}{27}-a$	↗

よって、**図5.7**のようなグラフが、aの値によってy軸方向に平行移動します。

図5.7ならば、このグラフとx軸の共有点は1個です。それでは、このグラフを上下に移動させると、x軸との共有点はどのように変化するでしょうか？

$a=\frac{50}{27}$としますと、**図5.8**のように共有点が2個になります。

図5.7

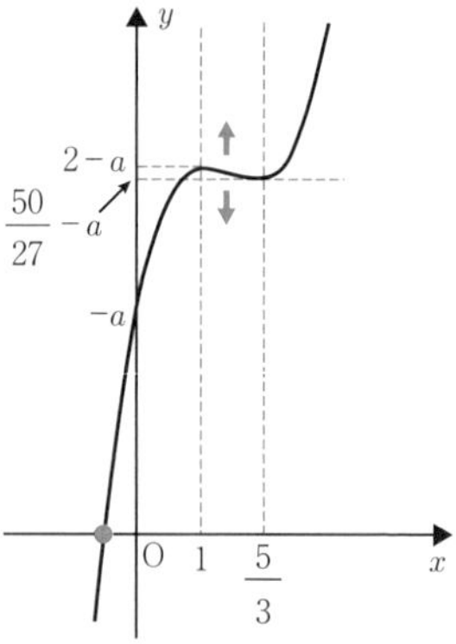

$a=\frac{52}{27}$としますと、共有点が3個になります（**図5.9**）。

図5.8

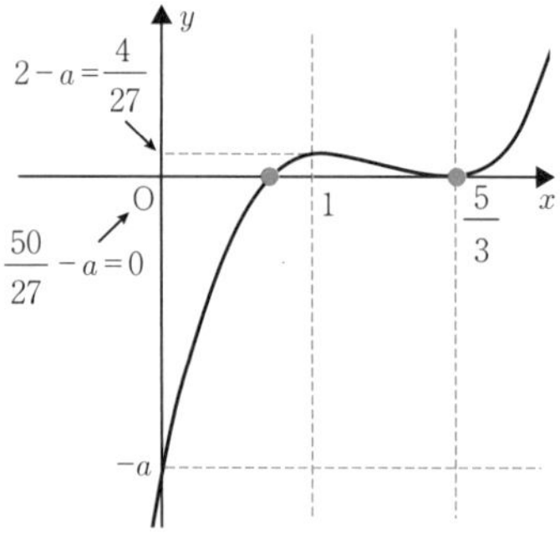

図5.9

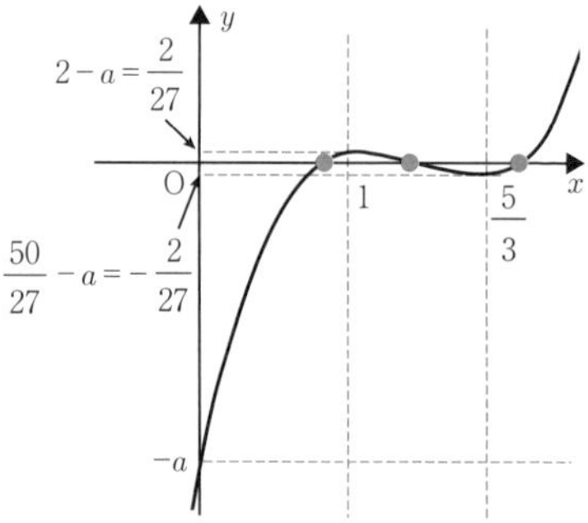

よって、極値が小さいものから大きくしていきますと、

$2-a<0$　すなわち　$a>2$のとき　1個

$2-a=0$　すなわち　$a=2$のとき　2個

$\frac{50}{27}-a<0<2-a$

すなわち　$\frac{50}{27}<a<2$のとき　3個

$\frac{50}{27}-a=0$　すなわち　$a=\frac{50}{27}$のとき　2個

$\frac{50}{27}-a>0$　すなわち　$a<\frac{50}{27}$のとき　1個

解答③の構想

“解答②では、方程式$x^3-4x^2+5x-a=0$の実数解を求めるために、関数$y=x^3-4x^2+5x-a$のグラフと、x軸（直線$y=0$）の共有点を考えました。しかし、動く曲線（関数$y=x^3-4x^2+5x-a$のグラフ）と、止まった直線（x軸（直線$y=0$））のように、曲線を動かすのは得策ではありません。そこで、「止まった曲線と動く直線」を考えます。”

方程式$x^3-4x^2+5x-a=0$の実数解

⇔「関数」$y=x^3-4x^2+5x-a$のグラフと、

x軸（直線$y=0$）の共有点のx座標

ではなく、次のように考えます。

方程式$x^3-4x^2+5x=a$の実数解

⇔「関数」$y=x^3-4x^2+5x$のグラフと、

直線$y=a$の共有点のx座標

解答③ 5.1 $y = x^3 - 4x^2 + 5x$ を微分しますと、

$$y' = 3x^2 - 8x + 5 = (x-1)(3x-5)$$

$y' = 0$ とすると　$x = 1$、$\dfrac{5}{3}$

y の増減表は次のようになります。

x	$\cdots$	1	$\cdots$	$\dfrac{5}{3}$	$\cdots$
y'	$+$	0	$-$	0	$+$
y	↗	極大 2	↘	極小 $\dfrac{50}{27}$	↗

よって、3次関数 $y = x^3 - 4x^2 + 5x$ のグラフと、直線 $y = a$ は**図5.10**のようになります。

図5.10

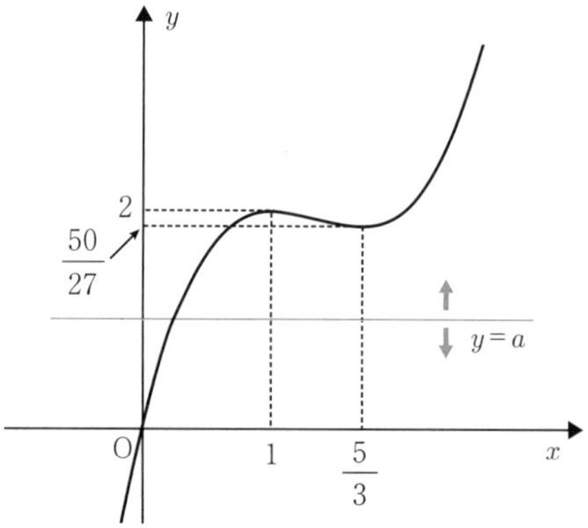

直線$y=a$を上下に移動させると、2つのグラフの共有点はどのように変化するかを調べますと、

$a>2$ のとき 1個、$a=2$ のとき 2個

$\frac{50}{27}<a<2$ のとき 3個、$a=\frac{50}{27}$のとき 2個

$a<\frac{50}{27}$ のとき 1個

高校数学をよく覚えておられる方は、この解答だったかと思います。

解答④の 構 想

“数学的思考を鍛えるために、面倒ではありますが、もう1つの解法を紹介します。

今回は、方程式$x^3-4x^2+5x-a=0$の実数解を求めるために、「関数$y=x^3+5x$と関数$y=4x^2+a$のグラフ」、すなわち「3次関数のグラフと2次関数のグラフ」の共有点を考えます。”

解答④ 5.1 3次関数$y=x^3+5x$のグラフをかきます。

$$y'=3x^2+5$$

このグラフは、$y=3x^2$のグラフをy軸方向に5だけ平行移動したものですから、y'の符号は+ですね。

このことから、3次関数$y=x^3+5x$の増減表は次のページの左上のように、グラフは**図5.11**のようになります。

x	$\cdots$
y'	$+$
y	$\nearrow$

図5.11

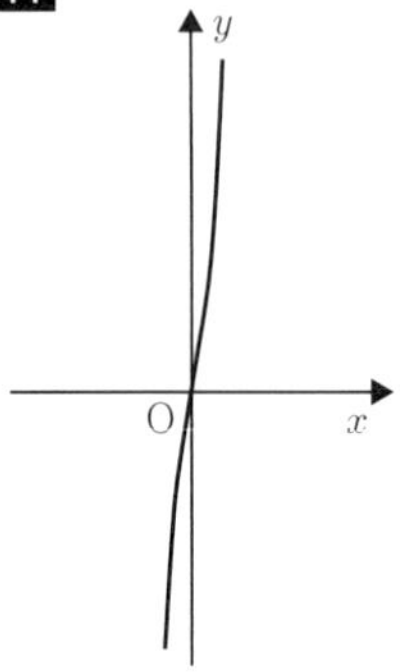

次に、2次関数$y=4x^2+a$のグラフを考えていきましょう！

このグラフは、2次関数$y=4x^2$のグラフをy軸方向にaだけ平行移動したものです（**図5.12**）。

図5.12

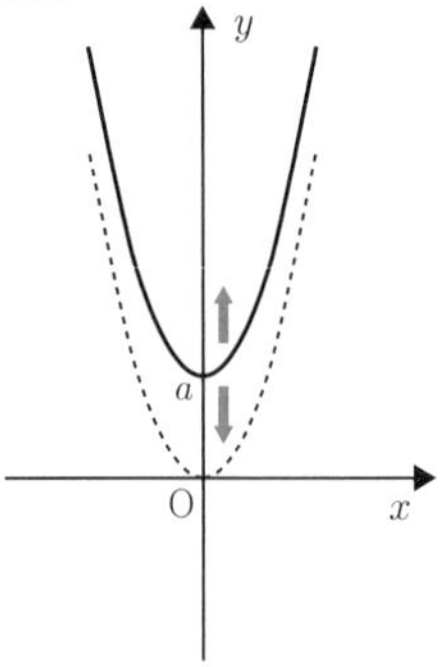

125ページで考えましたように、3次関数と2次関数ですから、グラフの曲がり具合に注意します！2次関数のグラフがaの値によって平行移動することも忘れず、2つのグラフをかくと**図5.13**のようになります！

ということで、2つのグラフが接するときがポイントになりますね！

図5.13

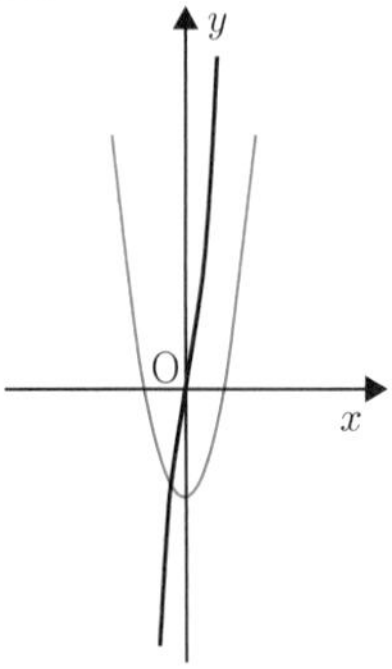

そのときのaの値を求めましょう。それでは、**図5.14**のような「点(α, β)において、関数$y=f(x)$と関数$y=g(x)$のグラフが接する」ことは、どのように数訳できるでしょうか？

図5.14

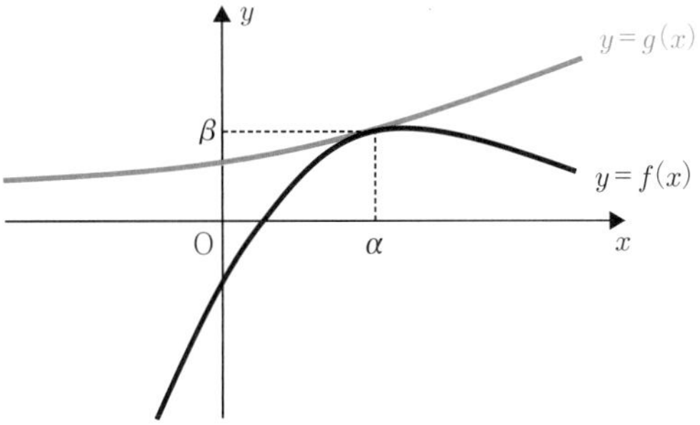

$x=\alpha$におけるyの値がβで等しいという

$$f(\alpha)=g(\alpha)$$

かつ

$x=\alpha$における接線の傾きが等しいという

$$f'(\alpha)=g'(\alpha)$$

です！それでは、今回の問題でαを用いて、この計算をしてみます。

$y=x^3+5x$と$y=4x^2+a$でしたから、$f(\alpha)=g(\alpha)$は

$$\alpha^3+5\alpha=4\alpha^2+a \qquad \cdots\cdots①$$

$y=x^3+5x$を微分すると　$y'=3x^2+5$

$y=4x^2+a$を微分すると　$y'=8x$

ですから、$f'(\alpha)=g'(\alpha)$は

$$3\alpha^2+5=8\alpha \qquad \cdots\cdots②$$

②より　$3\alpha^2-8\alpha+5=0$

$$(\alpha-1)(3\alpha-5)=0$$

$$\alpha=1、\frac{5}{3}$$

①より　$a=\alpha^3-4\alpha^2+5\alpha$

$\alpha=1$のとき　$a=1^3-4\cdot1^2+5\cdot1=2$

$\alpha=\frac{5}{3}$のとき　$a=\left(\frac{5}{3}\right)^3-4\left(\frac{5}{3}\right)^2+5\cdot\frac{5}{3}=\frac{50}{27}$

よって、$a=2$、$\frac{50}{27}$（それぞれ、青、グレーの曲線）のときは、**図5.15**（こちらは理解しやすいことを優先した不正確なものです）のように接して、共有点が2個になります。関数$y=x^3+5x$の黒いグラフは動かず、関数$y=4x^2+a$のグラフは、aの値によって、青いグラフの上、グレーのグラフの下、2つのグラフの間に平行移動することを考えますと、

$a=2$、$\frac{50}{27}$のとき2個

$a>2$、$a<\frac{50}{27}$のとき1個

$\frac{50}{27}<a<2$のとき3個

図5.15

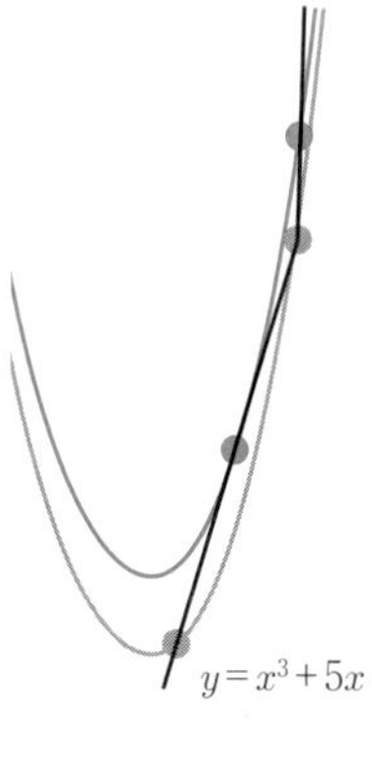

4つの解答を比較しますと、**解答③**が最も簡単だったのではないでしょうか？なぜなら、

解答①「止まった曲線と、動く斜めの直線」

解答②「動く曲線と、止まった傾き0の直線」

解答③「止まった曲線と、動く傾き0の直線」

解答④「止まった曲線と、動く曲線」

ですから、**解答③**が簡単に決まっていますよね！

解答③は大学入試数学では「文字定数分離」と呼ばれる定番の解法です。多様な解法の中でそのメリットを理解し、多角的に理解し、知識を体系化できると良いですね。

5-2 不等式への応用

今度は、「関数」のグラフを「不等式」に応用していきます。

問題5.2 $x \geqq 0$のとき、不等式$x^3+2 \geqq 3x$が成り立つことを示せ。

86ページの**問題2.7**のように様々な解法が考えられる問題です！まず、本書の基礎・基本に基づいて解いていこうと思います。

構想①

“x^3の項のある3次不等式ですから、どのように考えていきましょうか？”

グラフを利用して、視覚的に考えていきましょう！

$x \geqq 0$のとき、不等式$x^3+2 \geqq 3x$が成り立つことをグラフで視覚的に表現すると、どのような状況でしょう？

$x \geqq 0$、すなわち、y軸上とその右側において、

「関数$y=x^3+2$（左辺）のグラフ」が「関数$y=3x$（右辺）のグラフ」と同じか上側にある状況ですね！証明問題ですから、本当にそうなっているのか確認していきましょう！

「関数$y=x^3+2$（左辺）のグラフ」はどのようなグラフですか？

関数$y=x^3$のグラフはすでに扱いましたね（**図5.16**）！

この方程式の右辺に2を加えると、そのグラフはどうなりますか？

y軸方向に2だけ平行移動する、すなわち、上に2だけずれますね（**図5.17**）。

図5.16

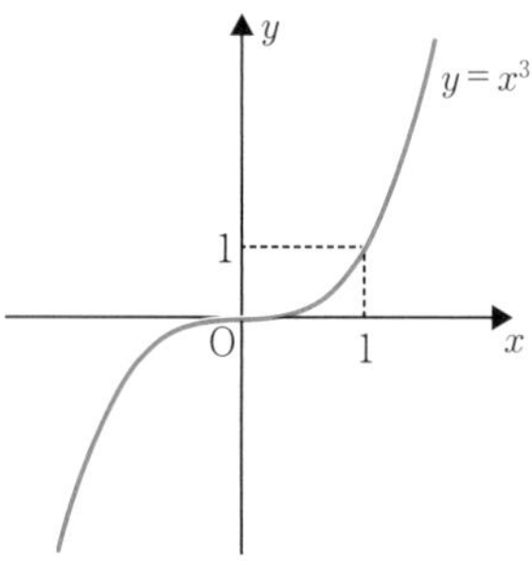

図5.17

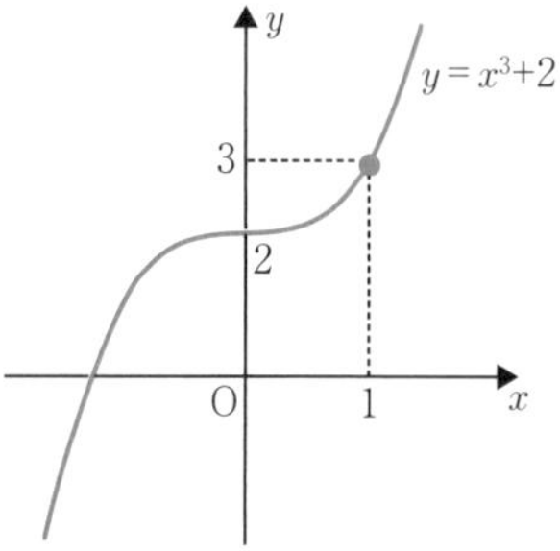

このグラフがy軸上とその右側で「関数$y=3x$（右辺）のグラフ」より上側にありますか？

図5.17から、直感的には上側にありそうですから、数学的（論理的）な解答に進みましょう！

解答① 5.2 $y=x^3+2$を微分しますと、 $y'=3x^2$

$y'=0$とすると　　$x=0$

yの増減表は下のようになりますので、関数$y=x^3+2$のグラフは**図5.18**のようになります。

x	$\cdots$	0	$\cdots$
y'	$+$	0	$+$
y	↗	2	↗

図5.18

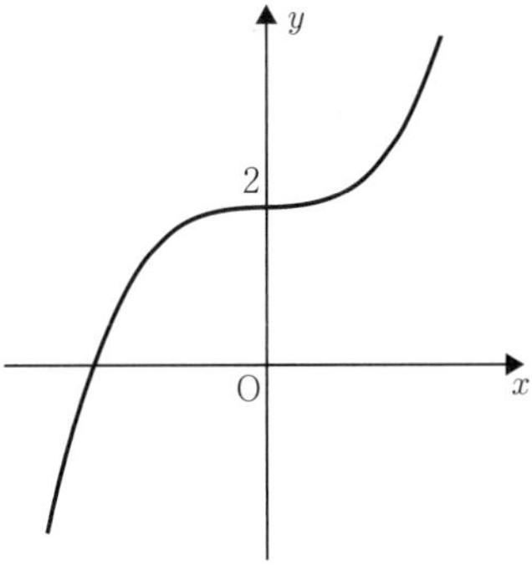

$x=1$のとき、$y=1^3+2=3$ですから、このグラフ上の点$(1, 3)$における接線の方程式は、

$$y-3=3\cdot1^2(x-1)$$

すなわち　　$y=3x$

図5.19のグラフの上下関係より、$x\geqq0$のとき、不等式$x^3+2\geqq3x$が成り立つことが証明できました。

図5.19

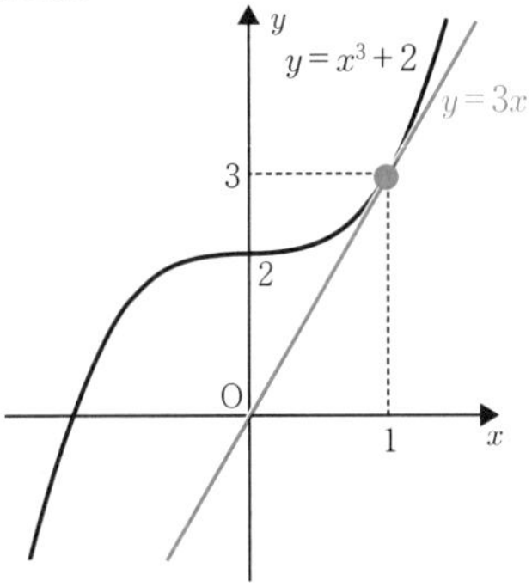

本書の範囲外の内容となりますが、この解答を補足しておきます。

点 $(1,\ 3)$ における接線の方程式が $y=3x$ というだけでは、**図5.20**のように接する場合も考えることができます。

図5.20

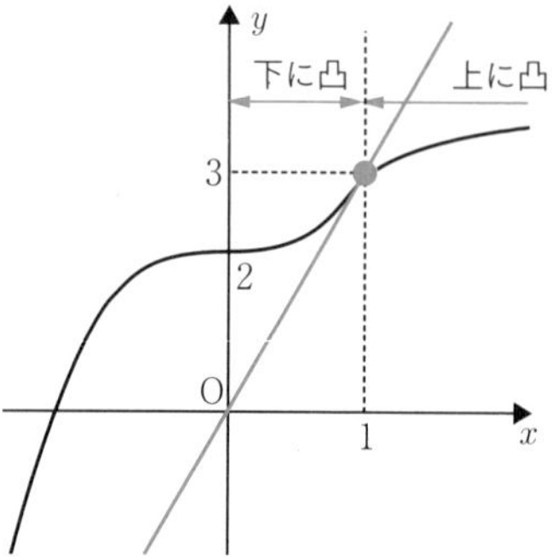

3次関数 $y=x^3+2$ では、このような位置関係はありえないことを確認します。

$y''=6x$ より、$x>0$ において $y''>0$ ですから、関数 $y=x^3+2$ のグラフは「下に凸」です。ということは、**図5.20**のようになることはなく、**図5.19**のように「関数 $y=x^3+2$（左辺）のグラフ」は「関数 $y=3x$（右辺）のグラフ（青い接線）」より上にあります。

構 想 ②

“もう1つ、グラフを利用して考えてみましょう。

解答①では、3次関数のグラフと斜めの直線の上下関係を調べることで証明しました。曲線と斜めの直線ではちょっと嫌です（私の主観ですが…）から、どのような工夫をしましょうか？”

149ページで、**問題5.1**に関して整理しましたように、$x^3+2 \geqq 3x$ の右辺にある $3x$ を移項しまして、$x^3-3x+2 \geqq 0$ と変形します。そうしますと、

「曲線$y=x^3+2$」と「斜めの直線$y=3x$」ではなく、

「曲線$y=x^3-3x+2$」と「真横の直線$y=0$（x軸）」

の上下関係を調べればよくなります！

この方針を**解答②**とします。

解答② 5.2　不等式$x^3+2 \geqq 3x$の$3x$を移項して、

$x^3-3x+2 \geqq 0$と同値変形します。そして、関数$y=x^3-3x+2$のグラフとx軸の上下関係を調べることで証明します。

$y=x^3-3x+2$を微分しますと、

$$y'=3x^2-3=3(x^2-1)=3(x+1)(x-1)$$

$y'=0$とすると、$x=\pm 1$

yの増減表は次のようになります。

x	$\cdots$	-1	$\cdots$	1	$\cdots$
y'	$+$	0	$-$	0	$+$
y	↗	極大 4	↘	極小 0	↗

よって、関数$y=x^3-3x+2$のグラフは**図5.21**のようになります。

したがって、**図5.21**より、$x \geqq 0$のとき、関数$y=x^3-3x+2$のグラフはx軸と同じか上側にありますので、証明完了です。

図5.21

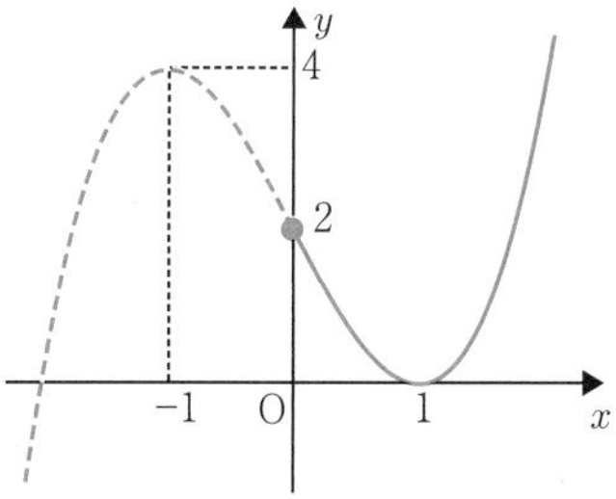

構 想 ③

“不等式を解く方法は、グラフの上下関係を調べる、以外にありませんか？”

「(数式のまま)積を考える」という方法もありましたね！

それでは、**解答③**に進みます。

解答③ 5.2

与式から$3x$を移項した$x^3-3x+2 \geqq 0$を証明します。

この左辺のx^3-3x+2に$x=1$を代入しますと、

$$1^3-3\cdot1+2=0$$

となりますので、x^3-3x+2は、因数定理により

$$x^3-3x+2=(x-1)(x^2+x-2)$$

と因数分解できます。後ろの括弧内は、さらに因数分解できますので、

$$\begin{aligned} x^3-3x+2 &= (x-1)(x^2+x-2) \\ &= (x-1)(x+2)(x-1) \\ &= \underline{(x-1)^2}(x+2) \end{aligned}$$

と因数分解できます。ここで、もちろん$\underline{(x-1)^2 \geqq 0}$です。また、$x \geqq 0$のとき、$x+2 \geqq 2 > 0$です。

これらから、$(x-1)^2(x+2)$は「0以上の数×正の数」ですから、どのような数ですか？

0以上の数ですよね！

これで、$(x-1)^2(x+2)$と等しいx^3-3x+2も0以上と証明できました！

不等式を考えるときの2つの方法、①積を考える、②グラフの利用、でしたね。

さらにもう1つの解答をお示しします。微分法から少し外れた内容になりますが、数学的思考を鍛える良い機会になります。テクニカルな解答ではありますが、高校の数学Ⅱ全体の知識のある方はご自分で考えながらお読みください。

構想④

“$x \geqq 0$という条件下で、不等式$x^3+2 \geqq 3x$が成り立つ、という「0以上の数の和に関する不等式」ですから、「相加平均と相乗平均の大小関係」を連想できましたか？

このヒントを基にして解いてみましょう！”

「相加平均と相乗平均の大小関係」と言われても、初見では難しい発展問題だと思います。

それでは、第2ヒントです！左辺を下のように捉えましょう！

$$x^3+2=x^3+1+1$$

3変数の場合の「相加平均と相乗平均の大小関係」は次のようなものでした。

$a \geqq 0$、$b \geqq 0$、$c \geqq 0$のとき

$$\frac{a+b+c}{3} \geqq \sqrt[3]{abc}$$

等号が成り立つのは、$a=b=c$のとき

それでは、解答に進みます。

解答④ 5.2

$x^3 \geqq 0$なので、相加平均と相乗平均の大小関係より、

$$x^3+2=x^3+1+1 \geqq 3\sqrt[3]{x^3 \cdot 1 \cdot 1}=3x$$

等号が成り立つのは、$x \geqq 0$かつ$x^3=1$、すなわち、$x=1$のときです。

このように、相加平均と相乗平均の大小関係に気付けば、あっという間に解けます！

5-3 相加平均と相乗平均の大小関係

微分法から離れますが、相加平均と相乗平均の大小関係について考える中で、思考力を鍛えましょう！まずは2変数の相加平均と相乗平均の大小関係を証明します。

相加平均と相乗平均の大小関係

$a \geqq 0$、$b \geqq 0$のとき

$$\frac{a+b}{2} \geqq \sqrt{ab}$$

等号が成り立つのは、$a=b$のとき

まずは、図形的に証明しようと思います。

【証明①】

直径が$a+b$の円を考えます。この円の半径は$\dfrac{a+b}{2}$です。

図5.22

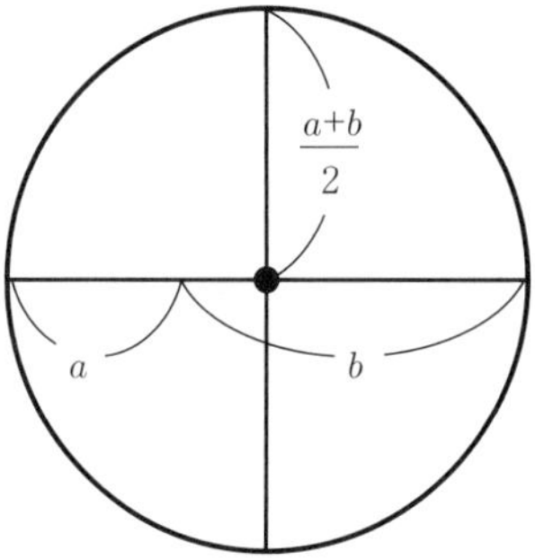

長さが$\sqrt{ab}$の線分は、この図のどこに現れますか？

まず、方べきの定理（**図5.23**において、$ab=cd$であること）を証明しましょう。

図5.23

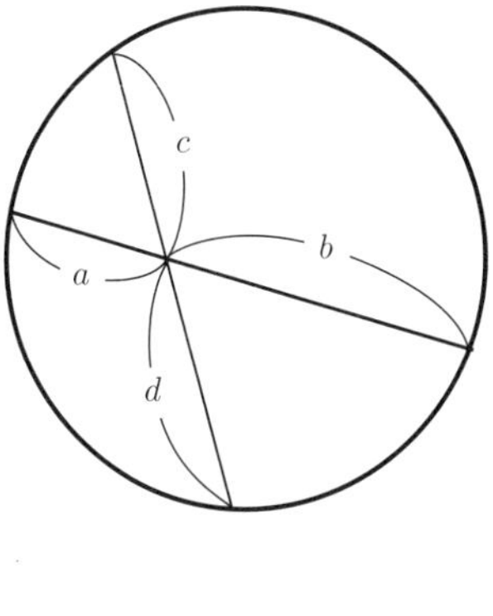

図5.24のような補助線を引きます。

図5.24

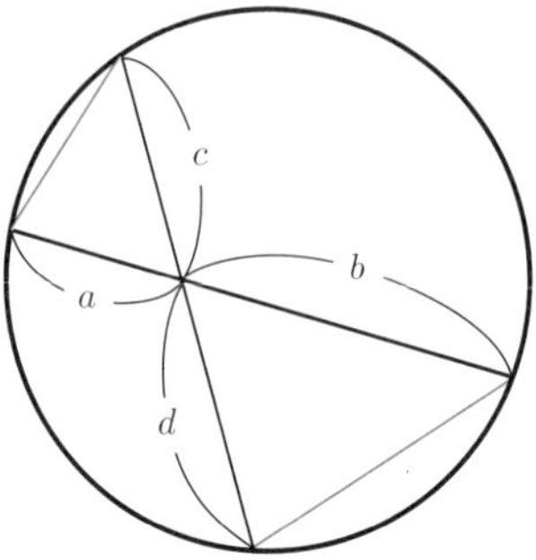

上の**図5.24**の中の2つの三角形は、**図5.25**の斜線部分の2つの三角形は対頂角の性質、円周角の定理により、相似です。

図5.25

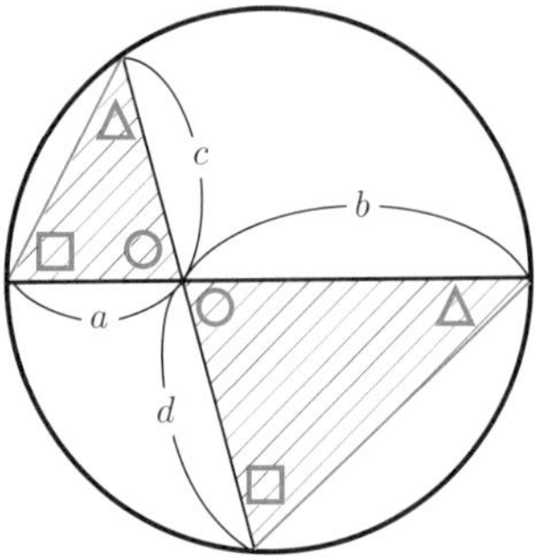

よって、対応する辺の比は等しいですから、

$$a : d = c : b$$

したがって、 $$ab = cd$$

方べきの定理と名前はついていますが、「相似な図形の性質を発展させただけ」と、体系化した知識としましょう。

それでは、長さが$\sqrt{ab}$の線分がどこに現れるか、に戻ります。**図5.26**の青い実線の線分の長さをlとしますと、青い点線の線分の長さもlですので、方べきの定理より、

$$l^2=ab$$

$l>0$ですから、

$$l=\sqrt{ab}$$

図5.26

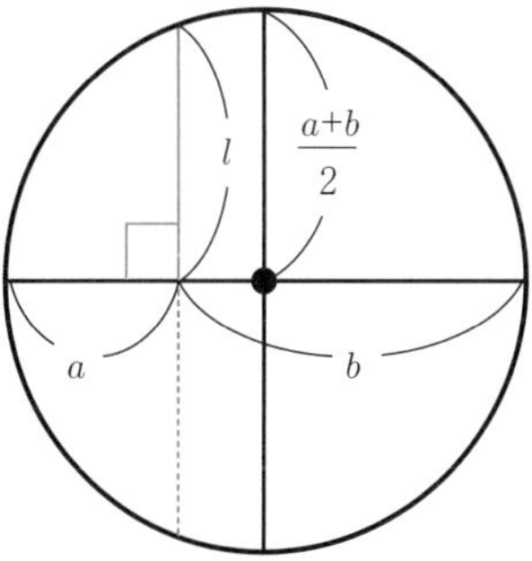

図5.26より、円の半径$\left(\dfrac{a+b}{2}\right)$は、青い実線の長さ$(\sqrt{ab})$以上ですから、

$$\frac{a+b}{2}\geqq\sqrt{ab}$$

また、青い実線の長さ$(\sqrt{ab})$が半径$\left(\dfrac{a+b}{2}\right)$と等しくなるのは、$a=b$のときですから、証明完了です。

公式を無味乾燥なものとせず、図形的イメージをもつなど、**複眼的理解**を心がけましょう。

今度は、計算で証明してみましょう！

【証明②】

$a \geqq 0$、$b \geqq 0$のとき

$$\frac{a+b}{2}-\sqrt{ab}$$

①

$$=\frac{(\sqrt{a})^2+(\sqrt{b})^2}{2}-\sqrt{ab}$$

②

$$=\frac{(\sqrt{a})^2-2\sqrt{ab}+(\sqrt{b})^2}{2}$$

③

$$=\frac{(\sqrt{a}-\sqrt{b})^2}{2}$$

④

$$\geqq 0$$

よって、 $$\frac{a+b}{2} \geqq \sqrt{ab}$$

等号が成り立つのは、$\sqrt{a}-\sqrt{b}=0$すなわち$a=b$のときです。

それでは、これを参考にしながら、3変数の相加平均と相乗平均の関係を証明しましょう。

相加平均と相乗平均の大小関係2

$a \geqq 0$、$b \geqq 0$、$c \geqq 0$のとき

$$\frac{a+b+c}{3} \geqq \sqrt[3]{abc}$$

等号が成り立つのは、$a=b=c$のとき

2変数の場合は、「左辺−右辺」を

① $\sqrt{\ }$ を使って変形

② 通分

③ 分子を因数分解

④ 分子と0の大小関係をチェック

という流れで証明ができました！これを参考にして証明します。

$$\frac{a+b+c}{3}-\sqrt[3]{abc}$$

まずは、①$\sqrt{\ }$を使って変形、をしますと、

$$=\frac{(\sqrt[3]{a})^3+(\sqrt[3]{b})^3+(\sqrt[3]{c})^3}{3}-\sqrt[3]{abc}$$

続いて、②通分をしますと、

$$=\frac{(\sqrt[3]{a})^3+(\sqrt[3]{b})^3+(\sqrt[3]{c})^3-3\sqrt[3]{abc}}{3}$$

40ページの因数分解の恒等式を適用して、③分子を因数分解、をしますと、

$$=\underline{(\sqrt[3]{a}+\sqrt[3]{b}+\sqrt[3]{c})}$$

$$\{(\sqrt[3]{a})^2+(\sqrt[3]{b})^2+(\sqrt[3]{c})^2-\sqrt[3]{a}\sqrt[3]{b}-\sqrt[3]{b}\sqrt[3]{c}-\sqrt[3]{c}\sqrt[3]{a}\}/3$$

あとは、④分子と0の大小関係のチェック、ですね！下線部と波線部に分解して考えます。

下線部 $\sqrt[3]{a}+\sqrt[3]{b}+\sqrt[3]{c}$ と0の大小関係

$a\geqq 0$、$b\geqq 0$、$c\geqq 0$のとき、$\sqrt[3]{a}\geqq 0$、$\sqrt[3]{b}\geqq 0$、$\sqrt[3]{c}\geqq 0$です。このことは**図5.27**により確認できますね！

図5.27

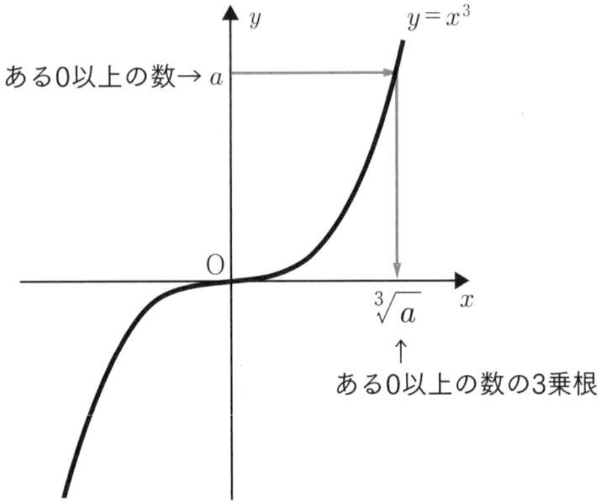

よって、0以上の数の和ですから、$\sqrt[3]{a}+\sqrt[3]{b}+\sqrt[3]{c}\geqq 0$

等号が成り立つのは、$\sqrt[3]{a}=A$、$\sqrt[3]{b}=B$、$\sqrt[3]{c}=C$、としますと、$A=B=C=0$のときです。

波線部 $(\sqrt[3]{a})^2+(\sqrt[3]{b})^2+(\sqrt[3]{c})^2-\sqrt[3]{a}\sqrt[3]{b}-\sqrt[3]{b}\sqrt[3]{c}-\sqrt[3]{c}\sqrt[3]{a}$ と0の大小関係

この波線部も0以上です。これを確認しましょう。初めての方は、「こんな方法があるのか！」と過去の天才の知恵を味わっていただけたらと思います。

記号が多いですので、$\sqrt[3]{a}=A$、$\sqrt[3]{b}=B$、$\sqrt[3]{c}=C$としますと、

$$
\begin{aligned}
&(\sqrt[3]{a})^2+(\sqrt[3]{b})^2+(\sqrt[3]{c})^2-\sqrt[3]{a}\sqrt[3]{b}-\sqrt[3]{b}\sqrt[3]{c}-\sqrt[3]{c}\sqrt[3]{a}\\
&= A^2+B^2+C^2-AB-BC-CA\\
&=\frac{1}{2}(\underline{2A^2}+\underline{\underline{2B^2}}+\underset{\sim}{2C^2}-2AB-2BC-2CA) \qquad \cdots\cdots①\\
&=\frac{1}{2}\{(\underline{A^2}-2AB+\underline{\underline{B^2}})+(\underline{\underline{B^2}}-2BC+\underset{\sim}{C^2})+(\underset{\sim}{C^2}-2CA+\underline{A^2})\}\\
&=\frac{1}{2}\{(A-B)^2+(B-C)^2+(C-A)^2\}\\
&\geqq 0
\end{aligned}
$$

等号が成り立つのは、$A-B=0$かつ$B-C=0$かつ$C-A=0$、すなわち$\boxed{A=B=C}$のときですね！

2つあるA^2等を、ばらして、適切に組み合わせる上手い計算方法でしたね！

ご自分でこの計算方法を考え出された方は、解けた喜びを感じられたでしょうか？この計算方法と、本書で初めて出会った方、その前に他の書籍で出会った方は、このアイデアとの出会いに心を揺さぶられたでしょうか？

音楽には、当時の記憶を思い出させる作用があります。これは歌詞等に対して、自分の感情を重ねることにより、音楽と記憶が分かちがたく結びつくからだと思います。

解けた喜び、解けなかった悔しさ、解答の美しさへの感動、…、といった感情が学びには大切です。

回り道ではありますが、定石通りに攻めて、証明することもできます。①のかっこ内には3文字ありますので、「BとCを固定」してAの2次関数と捉えて平方完成することから始めますと、

$$
\begin{aligned}
&2A^2+2B^2+2C^2-2AB-2BC-2CA\\
&=2A^2-(2B+2C)A+2B^2-2BC+2C^2\\
&=2\{A^2-(B+C)A\}+2B^2-2BC+2C^2\\
&=2\left\{A^2-(B+C)A+\left(\frac{B+C}{2}\right)^2-\left(\frac{B+C}{2}\right)^2\right\}+2B^2-2BC+2C^2\\
&=2\left\{\left(A-\frac{B+C}{2}\right)^2-\left(\frac{B+C}{2}\right)^2\right\}+2B^2-2BC+2C^2\\
&=2\left(A-\frac{B+C}{2}\right)^2-\frac{(B+C)^2}{2}+2B^2-2BC+2C^2\\
&=2\left(A-\frac{B+C}{2}\right)^2-\frac{B^2}{2}-BC-\frac{C^2}{2}+2B^2-2BC+2C^2\\
&=2\left(A-\frac{B+C}{2}\right)^2+\underline{\underline{\frac{3}{2}B^2-3BC+\frac{3}{2}C^2}}
\end{aligned}
$$

続いて、二重波線部分をBの2次関数と捉えて平方完成(因数分解)しますと、

$$
\begin{aligned}
&=2\left(A-\frac{B+C}{2}\right)^2+\frac{3}{2}(B^2-2BC+C^2)\\
&=2\left(A-\frac{B+C}{2}\right)^2+\frac{3}{2}(B-C)^2\\
&\geqq 0
\end{aligned}
$$

等号が成り立つのは、$A=\dfrac{B+C}{2}$かつ$B-C=0$、すなわち$\boxed{A=B=C}$のときです。

このように2通りの方法で、

$$\underline{(\sqrt[3]{a})^2+(\sqrt[3]{b})^2+(\sqrt[3]{c})^2-\sqrt[3]{a}\sqrt[3]{b}-\sqrt[3]{b}\sqrt[3]{c}-\sqrt[3]{c}\sqrt[3]{a}}$$

が0以上であることを示しましたので、

$$\frac{a+b+c}{3}-\sqrt[3]{abc}$$
$$=\underline{(\sqrt[3]{a}+\sqrt[3]{b}+\sqrt[3]{c})}$$
$$\underline{\{(\sqrt[3]{a})^2+(\sqrt[3]{b})^2+(\sqrt[3]{c})^2-\sqrt[3]{a}\sqrt[3]{b}-\sqrt[3]{b}\sqrt[3]{c}-\sqrt[3]{c}\sqrt[3]{a}\}}/3$$
$$=\frac{\underline{\text{0以上の数}}\times\underline{\text{0以上の数}}}{3}$$
$$\geqq 0$$

等号が成り立つのは、162ページの青丸、163ページ(164ページ)の青四角から、

$A=B=C=0$ または $A=B=C$

よって、または、であることに注意しますと、$A=B=C$ですから、$a=b=c$のときです。

これで、3変数の場合の「相加平均と相乗平均の大小関係」が証明できました。別解や(最短コースではない)回り道が、直線的でない、生きた学びに繋がりましたね！行き詰った時に、これらの色々な式変形のアイデアで多角思考できるようにしましょう！

それでは、2変数、3変数の相加平均と相乗平均の大小関係を扱いましたので、4変数の場合に挑戦しましょう。

問題 5.3　**1964京都大学文理共通**

(1) a_1、a_2、a_3、a_4が正の数であるとき、

$$\frac{a_1+a_2+a_3+a_4}{4} \geqq \sqrt[4]{a_1a_2a_3a_4}$$

が成り立つことを証明せよ。

(2) 4つの正の数a_1、a_2、a_3、a_4がある。これらの順序を任意にかえたものを、b_1、b_2、b_3、b_4とするとき、

$\frac{a_1}{b_1}+\frac{a_2}{b_2}+\frac{a_3}{b_3}+\frac{a_4}{b_4} \geqq 4$が成り立つことを証明せよ。

(1) **構想**

“2変数、3変数の相加平均と相乗平均の大小関係を発展させられないか考えてみましょう！4を、「3+1」か「2+2」として発展させようと思いますが、どちらが良いでしょうか？”

「3+1」としますと、その後どのように論理を進めますか？ちょっと難しそうですね…（この「直前まで+もう1回」というアイデアは、確率漸化式等の問題において大切ではあります）。

$2^4=16$より、「2」を4乗すると16ですから、$2=\sqrt[4]{16}$ ですね（平方根と同様に、$-2=-\sqrt[4]{16}$です）。この「2」は$2=\sqrt{4}=\sqrt{\sqrt{16}}$でもありますから、$a \geqq 0$のとき、$\sqrt{\sqrt{a}}=\sqrt[4]{a}$となっていますので、「4乗根と平方根は相性が良い」ですので、「2+2」の方が良さそうですね！

このアイデアを基にして、解答に進みましょう！

解答(1) 5.3 a_1、a_2が正の数であるとき

$$\frac{a_1+a_2}{2} \geqq \sqrt{a_1a_2} \qquad \cdots\cdots①$$

等号が成り立つのは$a_1=a_2$のときです。

a_3、a_4が正の数であるとき

$$\frac{a_3+a_4}{2} \geqq \sqrt{a_3a_4} \qquad \cdots\cdots②$$

等号が成り立つのは$a_3=a_4$のときです。

①、②の両辺をそれぞれ加えますと、

$$\frac{a_1+a_2+a_3+a_4}{2} \geqq \sqrt{a_1a_2}+\sqrt{a_3a_4} \qquad \cdots\cdots③$$

随分、証明したい式に似てきましたね！右辺の2数に、2変数の相加平均と相乗平均の大小関係をもう一度適用しますと、

$$\frac{\sqrt{a_1a_2}+\sqrt{a_3a_4}}{2} \geqq \sqrt{\sqrt{a_1a_2}\sqrt{a_3a_4}} \qquad \cdots\cdots④$$

等号が成り立つのは、$\sqrt{a_1a_2}=\sqrt{a_3a_4}$ すなわち$a_1a_2=a_3a_4$のときです。

両辺に2をかけますと

$$\sqrt{a_1a_2}+\sqrt{a_3a_4} \geqq 2\sqrt{\sqrt{a_1a_2}\sqrt{a_3a_4}}$$

$$=2\sqrt{\sqrt{a_1a_2a_3a_4}}$$

$\sqrt{\sqrt{a}}=\sqrt[4]{a}$でしたから、

$$=\ 2\sqrt[4]{a_1a_2a_3a_4}$$

よって、$\sqrt{a_1a_2}+\sqrt{a_3a_4} \geqq 2\sqrt[4]{a_1a_2a_3a_4}$ ……⑤

③、⑤より $\dfrac{\dfrac{a_1+a_2+a_3+a_4}{2} \geqq \sqrt{a_1a_2}+\sqrt{a_3a_4}}{\geqq 2\sqrt[4]{a_1a_2a_3a_4}}$

両辺に2で割りますと

$$\frac{a_1+a_2+a_3+a_4}{4} \geqq \sqrt[4]{a_1a_2a_3a_4} \quad \cdots\cdots⑥$$

証明すべき式を導くことができました！

さらに、等号が成り立つのは、要するに、①、②、④の等号が同時に成り立つときです。

① $a_1=a_2$

② $a_3=a_4$

④ $a_1a_2=a_3a_4$

でしたから、①、②の条件を④の条件に代入しますと、

$$a_1^2=a_3^2$$

ここで、a_1、a_3が正の数であるときでしたから、$a_1=a_3$
よって、⑥の等号が成り立つのは、$a_1=a_2=a_3=a_4$のときです。

(2) **構 想**

“(1) は (2) のヒントですね！早速解答に進みます！”

解答5.3 (2)

「4つの正の数a_1、a_2、a_3、a_4があり、これらの順序を任意にかえたものを、b_1、b_2、b_3、b_4とする」とあります。よって、

$a_1>0$、$a_2>0$、$a_3>0$、$a_4>0$、$b_1>0$、$b_2>0$、$b_3>0$、$b_4>0$

です。ということは、正の数同士からなる分数ですから、

$$\frac{a_1}{b_1}>0、\frac{a_2}{b_2}>0、\frac{a_3}{b_3}>0、\frac{a_4}{b_4}>0$$

となります。これで、舞台が整っていることが確認できましたので、(1) で証明しました4変数の相加平均と相乗平均の大小関係を適用しますと、

$$\frac{\dfrac{a_1}{b_1}+\dfrac{a_2}{b_2}+\dfrac{a_3}{b_3}+\dfrac{a_4}{b_4}}{4} \geqq \sqrt[4]{\frac{a_1}{b_1}\cdot\frac{a_2}{b_2}\cdot\frac{a_3}{b_3}\cdot\frac{a_4}{b_4}}$$

この両辺に4をかけますと、

$$\frac{a_1}{b_1}+\frac{a_2}{b_2}+\frac{a_3}{b_3}+\frac{a_4}{b_4} \geqq 4\sqrt[4]{\frac{a_1}{b_1}\cdot\frac{a_2}{b_2}\cdot\frac{a_3}{b_3}\cdot\frac{a_4}{b_4}}$$

右辺を変形しまして、

$$\frac{a_1}{b_1}+\frac{a_2}{b_2}+\frac{a_3}{b_3}+\frac{a_4}{b_4} \geqq 4\sqrt[4]{\frac{a_1a_2a_3a_4}{b_1b_2b_3b_4}} \quad \cdots\cdots⑦$$

ここで、「4つの正の数a_1、a_2、a_3、a_4がある。これらの順序を任意にかえたものを、b_1、b_2、b_3、b_4とする」でしたから、$a_1a_2a_3a_4$と$b_1b_2b_3b_4$は、かける順番が異なるだけです。ということは、うまくペアにすれば全て約分ができるはずですよね！よって、

$$4\sqrt[4]{\frac{a_1 a_2 a_3 a_4}{b_1 b_2 b_3 b_4}}=4\sqrt[4]{1}=4\cdot 1=4$$

これと⑦より、$\frac{a_1}{b_1}+\frac{a_2}{b_2}+\frac{a_3}{b_3}+\frac{a_4}{b_4}\geqq 4$

等号が成り立つのは、$\frac{a_1}{b_1}=\frac{a_2}{b_2}=\frac{a_3}{b_3}=\frac{a_4}{b_4}$

（すなわち$a_1:b_1=a_2:b_2=a_3:b_3=a_4:b_4$）のときです。

4変数の相加平均と相乗平均の大小関係まで証明できました！2変数、3変数、4変数ときましたので、n変数に一般化したくなりますよね！実際、n変数の場合にも成り立ち、

$a_1\geqq 0$、$a_2\geqq 0$、$a_3\geqq 0$、…、$a_n\geqq 0$のとき

$$\frac{a_1+a_2+a_3+\cdots+a_n}{n}\geqq\sqrt[n]{a_1a_2a_3\cdots a_n}$$

等号が成り立つのは、$a_1=a_2=a_3=\cdots=a_n$のとき

です。興味がおありの方は、さらにご自分で考えたり、調べたりしてください！また、「相加平均」、「相乗平均」に加えて、「調和平均」という平均もあります。これら3つの平均がどのようなものか、どのような違いがあるか、それぞれの有効な場面を調べるのも面白いかと思います。

今回に限らず、一般化は、拡張するという微積思考、または、数字を進める時間軸思考ですので、思考力を鍛える良い機会となります！

5-4 第2章から第5章までの振り返り

ここまでが微分法を扱う章でしたので、ここまでの知識を体系的にまとめておきます。次の図を参考に、繋がりがある知識の獲得方法を学んでください。そして、問題解決で困ったときには、

下の階層に戻り、その沈み込みにより思考をジャンプ

させましょう！

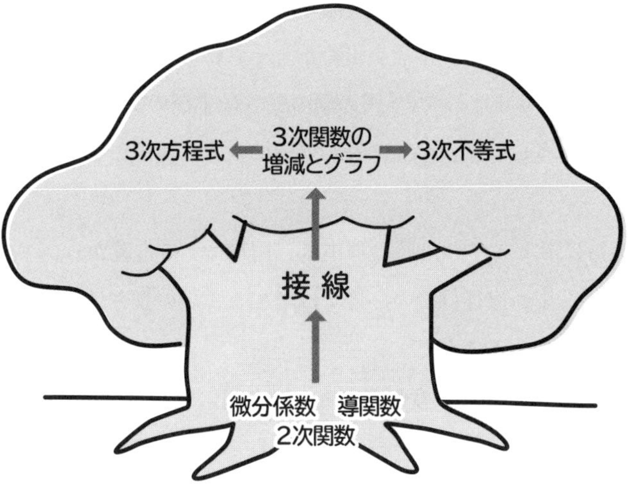

基礎・基本の大切さを示す等式を紹介して、微分編を終えようと思います。

fundamental（基礎・基本）

= fund（蓄える）＋ mental（知力）

第6章 積分法の基礎

6-1 円の周の長さ

円周率πとは何ですか？（定義をお聞きしているのであって、3.14と答えていただきたいのではありません）

円周率πとは、

円の直径の何倍が周の長さかを示す数値

です！そのため、円の半径を定めるとそれに対応して円の周の長さが1つに定まりますので、「円の周の長さは半径の関数」になっています。ということは、半径に対して周の長さは何倍になりますか？

2π倍になりますね！その理由は、円周率πの定義から、半径の増加に対して、直径はその2倍だけ増加し、周の長さはさらにそのπ倍だけ増加することです。

よって、ご存知のように半径rの円の周の長さは、「$2\pi r$」です。それではこれを、微分法を絡めて、深めていきましょう！

円の周の長さは半径の2π倍になりますので、円の周の長さlに関して、半径をrとしますと、

$$\frac{dl}{dr} = 2\pi \qquad \cdots\cdots①$$

と立式することができます。

$l=2\pi r$であると知っていることを前提としますが、この数式を、2つの方法で確認してみます。

確認①

$l=2\pi r$の両辺をrで微分しますと、同じ数式が得られます。

$$l=2\pi r$$

$$\downarrow\quad\downarrow$$

$$\frac{dl}{dr}=2\pi \qquad \cdots\cdots①$$

確認②

もう少し丁寧に①を立式してみます。

半径r、周の長さがlの円から、半径がΔrだけ増加した円は、周の長さがΔlだけ増加したとします。(**図6.1**は$\Delta r>0$の場合です。$\Delta r<0$の場合は、円が縮みますが、数式は$\Delta r>0$のものと同様です。)

図6.1

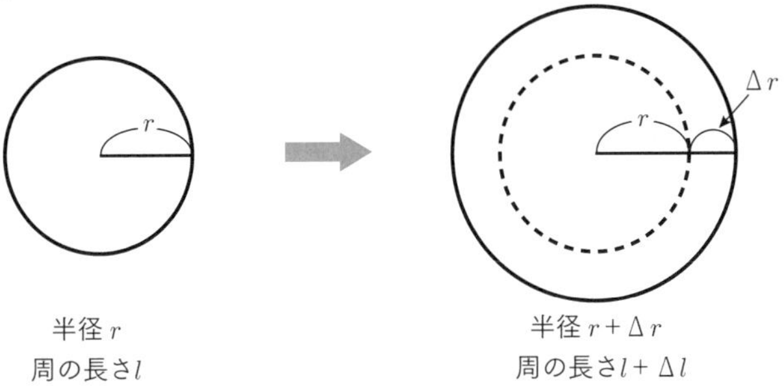

左上の図から　$l=2\pi r$　……②

右上の図から　$l+\Delta l=2\pi(r+\Delta r)$　……③

③−②より　$\Delta l=2\pi\Delta r$

両辺をΔrで割りますと、$\dfrac{\Delta l}{\Delta r}=2\pi$

ここで、$\Delta r \to 0$としますと、105ページより、

$$\frac{dl}{dr}=2\pi \qquad \cdots\cdots①$$

定義から①を立式し、($l=2\pi r$であると知っていることを前提としましたので証明にはなりませんが)2通りの方法で①を確認しましたので、この①から「rの関数l」を求めます。

$\dfrac{dl}{dr}=2\pi$を数式和訳しますと、「lをrで微分すると2π」となります。それでは、lはrを用いてどのような関数として表されますか？

$l=2\pi r$、という答え1つではありません！

定数関数は微分すると0になりましたから、$l=2\pi r$の他に、

$$l=2\pi r+1、l=2\pi r+\sqrt{2}、\cdots$$

と、答えは無数にあります。そこで、

$$l=2\pi r+C \quad (C\text{は任意の定数}) \qquad \cdots\cdots②$$

とまとめて表します。

円の周の長さの場合は、このCの値を決定することができます。なぜならば、「半径rが0の円の周の長さlは0」だからです。そのため、求める関数に$r=0$と$l=0$を代入すると成り立ちますから、$0=2\pi\cdot0+C$なので、$C=0$と決定することができます。そして、この$C=0$を②に代入することで$l=2\pi r$となります！微分法の力

を借りて、小学生の頃に学習（丸暗記？）した$l=2\pi r$を得ることができましたね！

今回の①の

$$\frac{dl}{dr}=2\pi$$

のように、未知の関数の導関数を含む等式を、**微分方程式**と言います。そして、②の

$$l=2\pi r+C$$

のように、与えられた微分方程式を満たす関数を、その微分方程式の**解**と言います。今回の②の両辺をtで微分しますと、

$$② \quad l=2\pi r+C$$

$$\Downarrow \qquad \Downarrow$$

$$① \quad \frac{dl}{dr}= \quad 2\pi$$

確かに①を満たしていますので、「方程式の解」ですよね。

このように、微分方程式の解は、いくつかの任意の定数を含む関数となります。しかし、今回の「半径rが0の円の周の長さlは0」のような条件により、微分方程式の解に含まれる定数の値を定めることができます。このような条件を、微分方程式の**初期条件**と言います。

微分方程式には第10章で再度触れるとしまして、「微分方程式の解を求める計算そのもの」に踏み込んでいきましょう。

6-2 不定積分

微分編の115ページから117ページまでにおいて、

接線の傾きの情報 ➡ 元の曲線の情報

が得られる、と説明しました。正に『「微」小区間を「積」み上げて部分から全体を理解する』思考でしたね。

それでは、この考えを、和文数訳してみましょう。

問題 6.1 導関数が $f'(x)=2x-2$ である関数 $f(x)$ を求めよ。

微分して $2x-2$ になる関数が、元の関数 $f(x)$ です。それはどのような関数ですか？

$f(x)=x^2-2x$ ではなく、定数関数を微分すると0になりましたので、

$$f(x)=x^2-2x+C \quad (C\text{は任意の定数})$$

となるのでした。

ところで、このように $f(x)$ が無数にあることの、図形的意味を説明できますか？

微分すると $2x-2$ となる元の関数は、**図6.2**の1つだけとは限りません（$f(x)=x^2-2x=(x-1)^2-1$ なので、この2次関数 $y=f(x)$ のグラフの軸は直線 $x=1$ です）。

図6.2

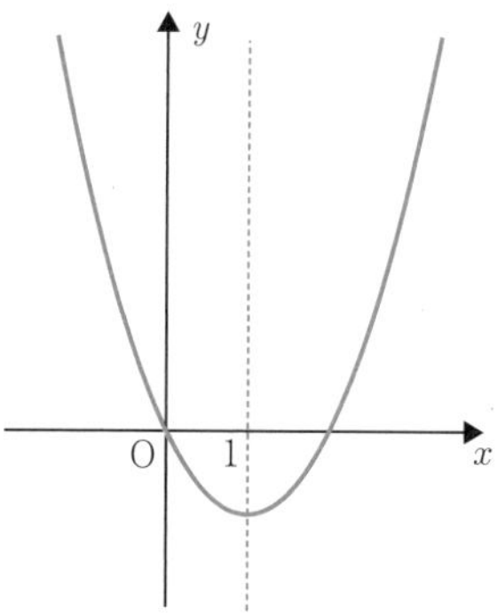

図6.3

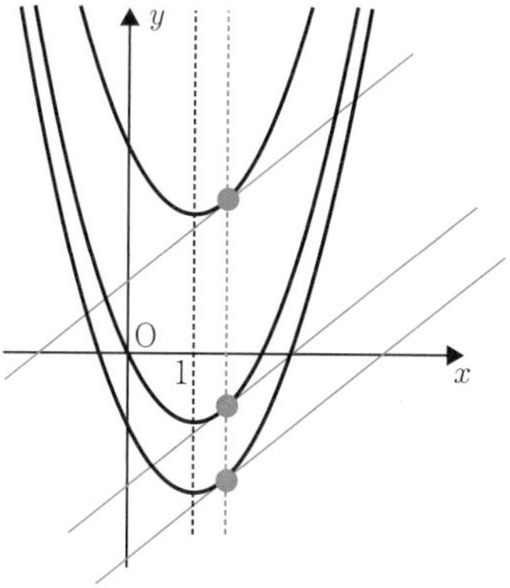

接線の傾きが同じグラフは、**図6.3**のように、上下方向にずれた無数のグラフが考えられるわけですね！

確かに、これらの3つのグラフは、全てのxの値において、それぞれの接線の傾きが一致していますよね！

導関数=接線の傾きの関数、でしたから、その情報だけではグラフの形は決定できても、上下方向の位置が決定できない、ということになります！

「導関数が$f'(x)=2x-2$である元の関数」である$f(x)=x^2-2x+C$を求めました（定数項は定められませんでしたが…）。

それでは、この微分するとある関数になる「元の関数」を求める計算の一般論に進みましょう。

微分して関数$f(x)$になる関数を$F(x)$としますと、これを**不定積分**（または**原始関数**）と言います。このことを、微分を用いて和文数

訳しますと、

$$F'(x) = f(x)$$

となります。今度はこれを、記号∫(読み方は、インテグラル)を用いて和文数訳しますと、定数関数を微分すると0になりますから、174ページと同様に任意の定数がつきまして、

$$\int f(x)\,dx = F(x) + C$$

となります。このCを**積分定数**と呼び、以後、Cの説明は省略します。また、この数式の一部を、

$$\int \underline{f(x)}\,d\,\underset{\sim}{x} = F(x) + C$$

⬇ ⬇

被積分関数　**積分変数**

と言います。そして、このように関数$f(x)$の不定積分を求めることを、$f(x)$を**積分する**と言います。

数式和訳しますと、

$F'(x) = f(x)$ ⇒ $F(x)$を微分すると $f(x)$

$\int f(x)\,dx = F(x) + C$ ⇒ $f(x)$を積分すると$F(x) + C$

ですから、

微分する

$F(x) + C$ ⇄ $f(x)$

積分する

「微分と積分は逆演算」になっていることが分かります。このことを利用して、既に学んだ微分の結果から、不定積分の公式を準備していきましょう。

$(x)'=1$（1次関数xを微分すると、定数関数1になる）

$\Rightarrow \int 1dx = x + C$（定数関数1を積分すると、1次関数$x+C$になる）

$(x^2)'=2x$（2次関数x^2を微分すると、1次関数$2x$になる）

$\Rightarrow \int 2xdx = x^2 + C$

（1次関数$2x$を積分すると、2次関数x^2+Cになる）

これでは、被積分関数（$\int 2xdx = x^2 + C$）が$2x$となっており、2が邪魔です。それでは、この2をなくして、被積分関数をxとするには、どのような工夫をすれば良いでしょうか？

微分側の式$(x^2)'=2x$の2があることが問題ですから、2を消すために$\frac{1}{2}$倍した関数を考えましょう。

$\left(\frac{1}{2}x^2\right)'=x$（2次関数$\frac{1}{2}x^2$を微分すると、1次関数$x$になる）

$\Rightarrow \int xdx = \frac{1}{2}x^2 + C$

（1次関数xを積分すると、2次関数$\frac{1}{2}x^2+C$になる）

それでは、皆さん、x^2とx^3の不定積分を求めてください。

$$\left(\frac{1}{3}x^{3}\right)' = x^{2}$$ （3次関数$\frac{1}{3}x^{3}$を微分すると、2次関数x^{2}になる）

$$\Rightarrow \int x^{2}dx = \frac{1}{3}x^{3} + C$$

（2次関数x^{2}を積分すると、3次関数$\frac{1}{3}x^{3}+C$になる）

$$\left(\frac{1}{4}x^{4}\right)' = x^{3}$$ （4次関数$\frac{1}{4}x^{4}$を微分すると、3次関数x^{3}になる）

$$\Rightarrow \int x^{3}dx = \frac{1}{4}x^{4} + C$$

（3次関数x^{3}を積分すると、4次関数$\frac{1}{4}x^{4}+C$になる）

それでは、皆さん、x^{n}を積分すると、どうなるでしょうか？
参考として、ここまでの4つの数式を再掲しておきます。

$$\int 1dx = x + C$$

$$\int xdx = \frac{1}{2}x^{2} + C$$

$$\int x^{2}dx = \frac{1}{3}x^{3} + C$$

$$\int x^{3}dx = \frac{1}{4}x^{4} + C$$

最後の2例から、下のような規則にお気付きになりましたか？

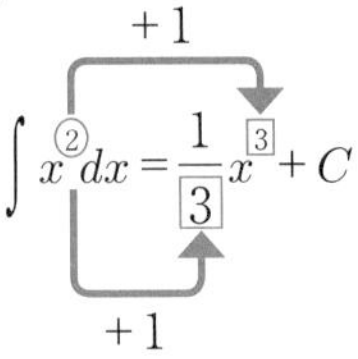

+1

$$\int x^{③} dx = \frac{1}{\boxed{4}} x^{\boxed{4}} + C$$

+1

この規則性から、

+1

$$x^{ⓝ} dx = \frac{1}{\boxed{n+1}} x^{\boxed{n+1}} + C$$

+1

と予想できますね。

さらに、$1 = x^0$、$x = x^1$ですから、

+1

$$\int 1dx = \int x^{⓪} dx = \frac{1}{\boxed{1}} x^{\boxed{1}} + C = x + C$$

+1

+1

$$\int xdx = \int x^{①} + C = \frac{1}{\boxed{2}} x^{\boxed{2}} + C$$

+1

となりますから、確かに、ここまでの4つの例では、この規則が成り立っていますね。

一般に、0以上の整数nにおいて、次のようになります。

$(x^{n+1})' = (n+1)x^n$から、

$$\left(\frac{1}{n+1}x^{n+1}\right)' = x^n$$

（$n+1$次関数$\dfrac{1}{n+1}x^{n+1}$を微分すると、n次関数x^nになる）

$$\Rightarrow \int x^n dx = \frac{1}{n+1}x^{n+1} + C$$

（n次関数x^nを積分すると、$n+1$次関数$\dfrac{1}{n+1}x^{n+1}+C$になる）

さらに、$\{(ax+b)^n\}' = na(ax+b)^{n-1}$から、

$$\left\{\frac{1}{(n+1)a}(ax+b)^{n+1}\right\}' = (ax+b)^n$$

（$n+1$次関数$\dfrac{1}{(n+1)a}(ax+b)^{n+1}$を微分すると、

n次関数$(ax+b)^n$になる）

$$\Rightarrow \int (ax+b)^n dx = \frac{1}{(n+1)a}(ax+b)^{n+1} + C$$

（n次関数$(ax+b)^n$を積分すると、

$n+1$次関数$\dfrac{1}{(n+1)a}(ax+b)^{n+1}+C$になる）

となります。それでは、$\int(4x^2-4x+1)\,dx$を積分してみましょう。

微分して$4x^2-4x+1$になる関数に積分定数Cを付け加えれば良いのですから、

$$\int (\underline{4x^2-4x+1})\,dx = \underline{\frac{4}{3}x^3-2x^2+x+C}$$

となります。不定積分を求めましたら、検算をすることをお勧めします。その方法は、

積分して得られた関数を「微分する」と、被積分関数になる

と確かめることです。

今回の場合は、

微分すると戻る

$$\int (4x^4 - 4x + 1)\, dx = \frac{4}{3}x^3 - 2x^2 + x + C$$

を確かめるということです。

このようにして、積分が正しいと確認できます。この検算は、正に「双方向思考」ですね！

また、今回の$\int (4x^2 - 4x + 1)\, dx$は次のように求めることもできます。

$\int (ax+b)^n dx = \frac{1}{(n+1)\,a}(ax+b)^{n+1} + C$を用いまして、

$$\int (4x^2 - 4x + 1)\, dx = \int (2x-1)^2 dx$$

$$= \frac{1}{(2+1)\cdot 2}(2x-1)^{2+1} + C$$

$$= \frac{1}{6}(2x-1)^3 + C$$

2つの答え、$\frac{1}{6}(2x-1)^3 + C$と$\frac{4}{3}x^3 - 2x^2 + x + C$が同じ数式であることを確認しましょう。

$$\frac{1}{6}(2x-1)^3+C=\frac{1}{6}(8x^3-12x^2+6x-1)+C$$
$$=\frac{4}{3}x^3-2x+x-\frac{1}{6}+C$$

です。ここで思い出していただきたいのは、

積分定数Cは任意の定数

であったことです(「任意」とは、皆さんの「意」に「任」せて、自由に1つ選んでよいということです。)そこで、$-\frac{1}{6}+C$を改めてCと書き直しますと、

$$\frac{4}{3}x^3-2x+x\left(-\frac{1}{6}+C\right)$$

$$\Downarrow$$

$$\frac{4}{3}x^3-2x+x\quad(+C)$$

確かに同じ数式になりましたね。よって、どちらも正解ですが、これ以降、xに数を代入することが多いですので、

$$\frac{1}{6}(2x-1)^3+C$$

の方が良いです。

皆さん、$\int(4x^2-4x+1)\,dx$は簡単に計算できましたか？

先程は、微分して被積分関数になる元の関数を一気に求めました。まだ慣れない方や、文字係数になった場合等に備えまして、一歩一歩積分する方法も紹介します。

$F'(x)=f(x)$、$G'(x)=g(x)$とします。さらに、kを定数としますと、

$$\{kF(x)\}' = kF'(x) = kf(x)$$
$$\{F(x)\pm G(x)\}'=F'(x)\pm G'(x)=f(x)\pm g(x)$$

となります。

まとめますと、

微分

$$\{kF(x)\}' \longrightarrow kf(x)$$
$$\{F(x)\pm G(x)\}' \longrightarrow f(x)\pm g(x)$$

ですね。微分の逆演算が積分ということを利用しますと、

積分

$$\{kF(x)\}' \longleftarrow kf(x)$$
$$\{F(x)\pm G(x)\}' \longleftarrow f(x)\pm g(x)$$

となります。これを数訳しますと、

$$\int kf(x)\,dx = kF(x) \quad \cdots\cdots ①$$
$$\int \{f(x)\pm g(x)\}\,dx = F(x)\pm G(x) \quad \cdots\cdots ②$$

(積分定数Cがない等式ですが、各辺の積分定数を適当に定めると成り立つ、ということです。)

それでは、先程の積分$\int(4x^2-4x+1)\,dx$を、こちらを利用して解いてみましょう。

$$\int (4x^2 - 4x + 1)\,dx$$

②により、足し算、引き算をバラバラにしますと、

$$= \int 4x^2 dx - \int 4x dx + \int dx$$

（一般に、$\int 1dx = \int dx$ と「1を省略」します。）

①により、係数は∫の前に出しますと、

$$= 4\int x^2 dx - 4\int x dx + \int dx$$

あとは、$\int x^n dx = \frac{1}{n+1}x^{n+1} + C$ を使いまして、

$$= 4\cdot \frac{1}{3}x^3 - 4\cdot \frac{1}{2}x^2 + x + C$$

$$= \frac{4}{3}x^3 - 2x^2 + x + C$$

となります！

えっ！積分定数は3つではないの？と思いませんでしたか？

それはごもっともです！本当は3つ現れますので、それらをC_1、C_2、C_3としますと、

$$4\underline{\int x^2 dx} - 4\underline{\underline{\int x dx}} + \int dx$$

$$= 4\underline{\left(\frac{1}{3}x^3 + C_1\right)} - 4\underline{\underline{\left(\frac{1}{2}x^2 + C_2\right)}} + (x + C_3)$$

$$= \frac{4}{3}x^3 - 2x^2 + x + (C_1 + C_2 + C_3)$$

3つの任意の定数を、まとめて1つの任意の定数と表し直しますと、

$$= \frac{4}{3}x^3 - 2x^2 + x + \qquad C$$

確かに同じ数式になりましたね！

この計算方法は、分解して計算する、微積思考の「微」に繋がる発想ですね！

6-3　第6章の振り返り

微分法では、接線の傾きの情報から元の関数のグラフをかくことに取り組みました。それが正に、「積分」の考え方です！瞬間の情報を集めることで、過去を知り、未来を予測することができます。歴史を学ぶ意義はここにあると思います。しかし、積分定数があるように、過去は唯一の選択肢ではなく、偶然の産物であることも忘れてはいけません。このことから1つ、人生の教訓を得ましょう。

今という瞬間を積み上げると、人生になります。自分が今どの位置にいるのかや、変えられない過去に囚われず、

現在の接線の傾きを最大化することに集中しましょう！

第7章 積分法の基本

7-1 定積分と面積

本章では、「積分」と直線や曲線で囲まれる図形の「面積」の関係を扱います。しばらくは難易度が高いですが、数学的思考を鍛えるには良い内容ですので、一緒に粘り強く取り組みましょう。

$f(x) \geqq 0$かつ$f'(x) > 0$である関数$y=f(x)$のグラフとx軸、y軸、および直線$x=t\ (t \geqq 0)$で囲まれた図形（**図7.1**の斜線部分）の面積を$S(t)$とします。

$x=t$から$x=t+h\ (h>0)$の範囲における面積（**図7.2**の斜線部分の面積）を考えます。

図7.1

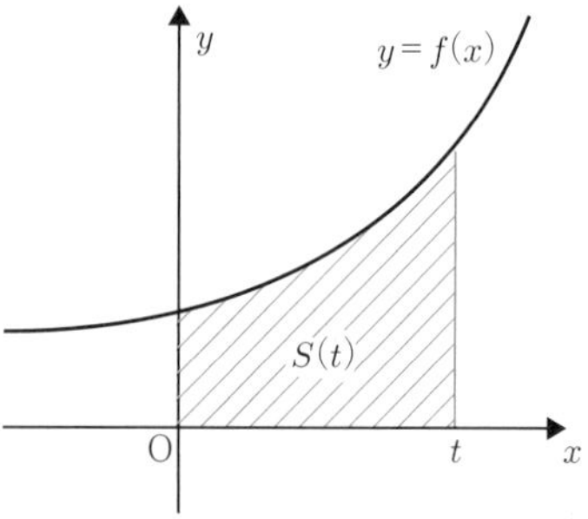

図7.2

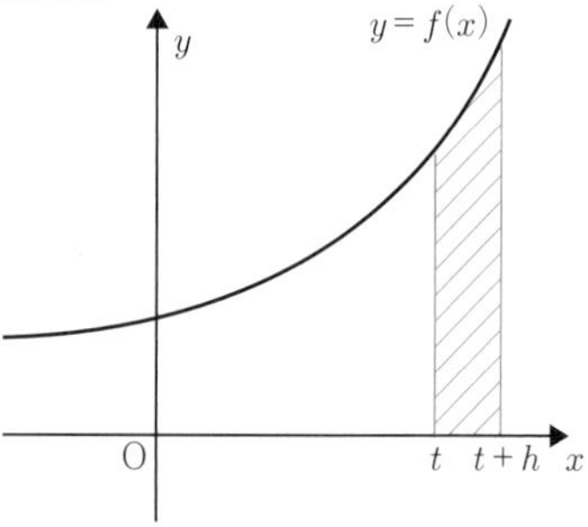

この面積は、先程用意した$S(t)$を使いますと、どのように表現できますか？

図7.3の斜線部分の面積から、**図7.4**の斜線部分の面積を引けば良いですから、

図7.3

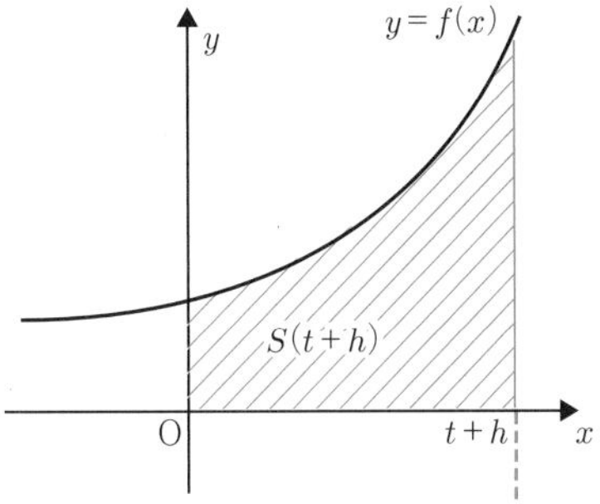

図7.4

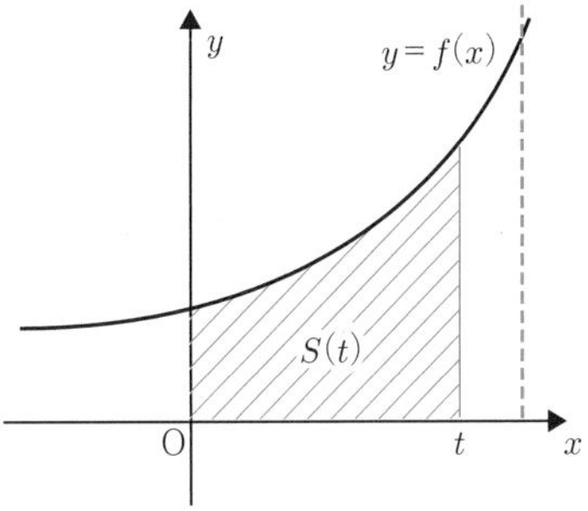

$S(t+h)-S(t)$ と表現できますね。

このS $S(t+h)-S(t)$（**図7.5**と**図7.6**の斜線部分）は、**図7.5**と**図7.6**の、青い長方形①と②の面積の間にありますので、

長方形①の面積 $< S(t+h)-S(t) <$ 長方形②の面積

図7.5

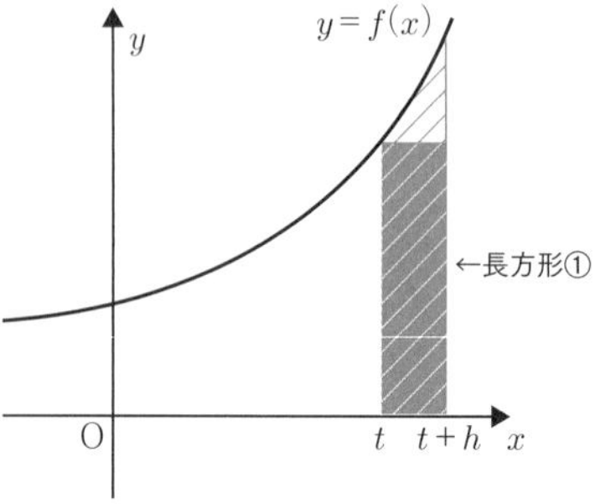

図7.6

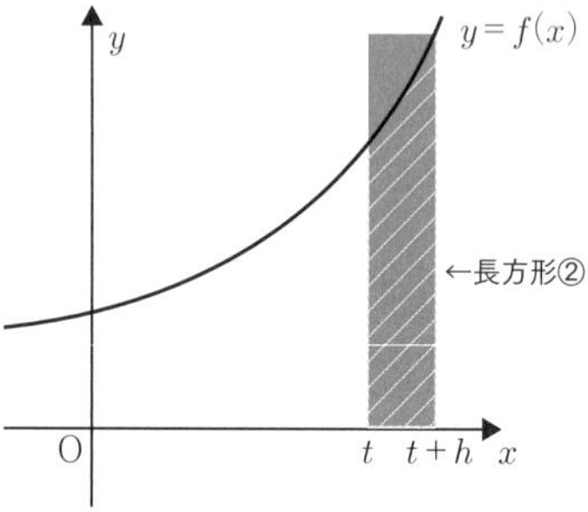

それぞれの長方形の面積はどうなりますか？

長方形①は底辺がh、高さが$f(t)$ですから、その面積は、$h\times f(t)$です。同様に長方形②は、底辺がh、高さが$f(t+h)$ですから、その面積は、$h\times f(t+h)$です。ということは、

$$h\times f(t) < S(t+h)-S(t) < h\times f(t+h)$$

この辺々を正の数hで割りますと、

$$f(t) \quad < \frac{S(t+h)-S(t)}{h} < \quad f(t+h) \qquad \cdots\cdots①$$

後で$h\to 0$を考えますので、この数式①を頭に入れておいてください。

ここまでは、$h>0$の条件下で考えました。しかし、$h\to 0$とは、0と異なる値をとりながらhを0に限りなく近づけるということでしたから、まだ確認しておかないといけないことがありませんか？

図7.7の数直線を参考に考えますと、

図7.7

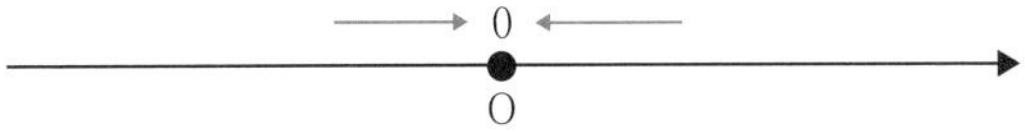

同じ値に近づけるにしても、右からか、左からか、と2通りの近づけ方が考えられます。さらに、「0」に近づけるとなりますと、右からならば「+」、左からならば「−」の範囲で近づけることになります。ということで、$h<0$の条件下でも確認しておきましょう。

ところで、$h=0$となるときの確認はどうしましょうか？

$h \to 0$とは、0と異なる値をとりながらhを限りなく0に近づけるということでしたから、$h=0$となるときを考えることは不要ですね。

それでは、$h<0$の条件下で、

$$h>0\text{のときの}f(t)<\frac{S(t+h)-S(t)}{h}<f(t+h) \quad \cdots\cdots①$$

にあたる不等式を導いてください！

$h<0$の両辺にtを加えますと、$t+h<t$ となりますから、$x=t+h$から$x=t$の範囲における面積（**図7.8**の斜線部分の面積）を考えます（$h>0$のときと比較しますと、tと$t+h$の大小が逆転しましたね！）。

図7.8

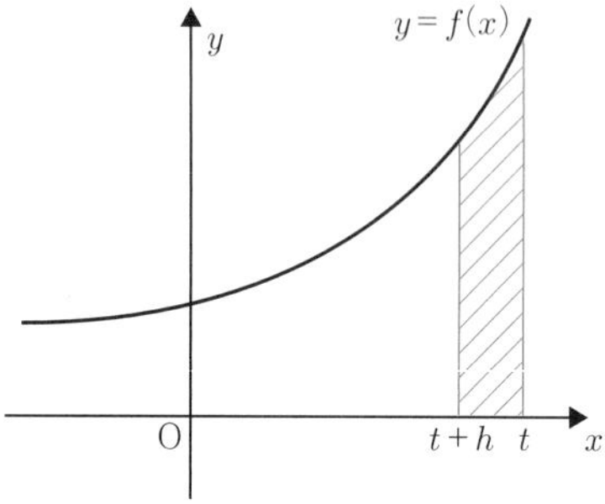

この面積は、先程用意した$S(t)$を使いますと、どのように表現できますか？**図7.9**の斜線部分の面積から、**図7.10**の斜線部分の面積を引けば良いですから、$S(t)-S(t+h)$と表現できますね。

図7.9

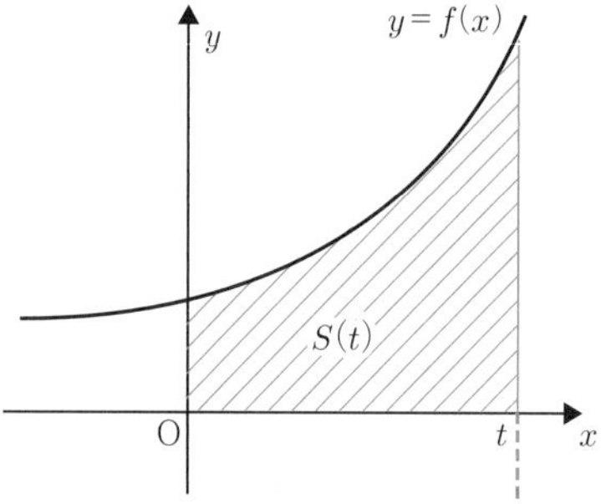

図7.10

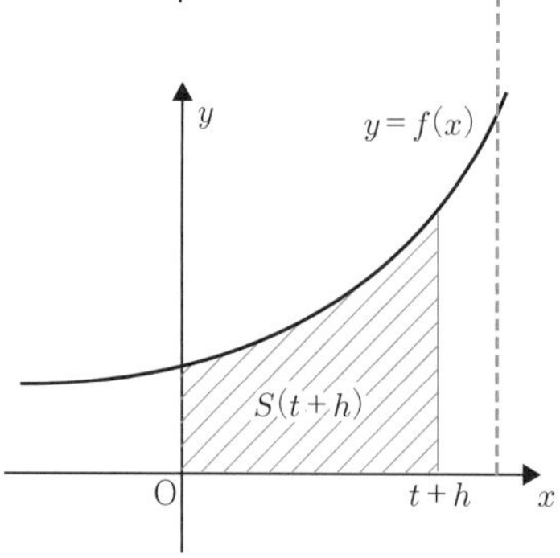

この$S(t)-S(t+h)$（**図7.11**と**図7.12**の斜線部分）は、**図7.11**と**図7.12**の、青い長方形③と④の面積の間にありますので、

$$\text{長方形③の面積} < S(t)-S(t+h) < \text{長方形④の面積}$$

図7.11

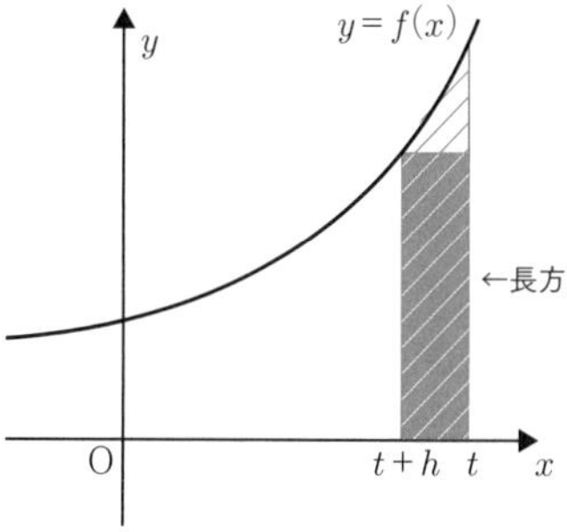

図7.12

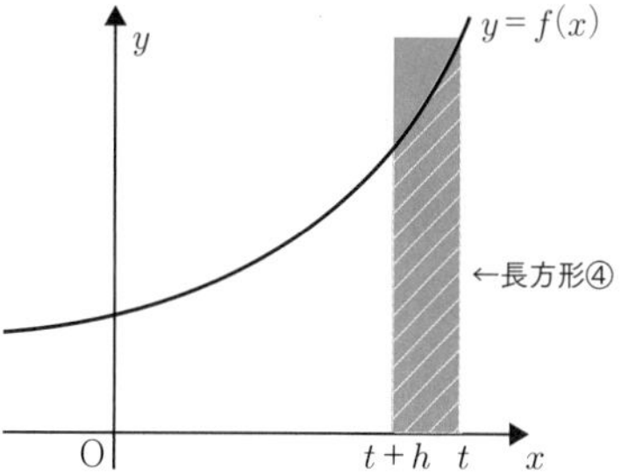

長方形③は底辺が$-h$、高さが$f(t+h)$ですから、その面積は、$-h\times f(t+h)$です。同様に長方形④は、底辺が$-h$、高さが$f(t)$ですから、その面積は、$-h\times f(t)$です。ということは、

$$-h\times f(t+h) < S(t)-S(t+h) < -h\times f(t)$$

この辺々を「正」の数$-h$で割りますと、不等号の向きは変わりませんので、

$$f(t+h) \quad < \frac{S(t)-S(t+h)}{-h} < \quad f(t)$$

すなわち

$$f(t+h) \quad < \frac{S(t+h)-S(t)}{h} < \quad f(t) \qquad \cdots\cdots②$$

図表数訳の良い練習になりましたね。ここまでから、

$h>0$のとき

$$f(t) < \frac{S(t+h)-S(t)}{h} < f(t+h) \qquad \cdots\cdots ①$$

$h<0$のとき

$$f(t+h) < \frac{S(t+h)-S(t)}{h} < f(t) \qquad \cdots\cdots ②$$

であることが分かりました！これで、右側からと左側からhを0に近づける用意が整いましたので、$h>0$、$h<0$のそれぞれの方向から0に近づけてみます（これらをそれぞれ、$\lim_{h \to +0}$、$\lim_{h \to -0}$と書きます）。

Ⓐ$h>0$のとき、①より、

左辺は、　$\lim_{h \to +0} f(t) = f(t)$

中辺は、導関数の定義より、

$$\lim_{h \to +0} \frac{S(t+h)-S(t)}{h} = S'(t)$$

右辺は、　$\lim_{h \to +0} f(t+h) = f(t)$

まとめますと、$h \to +0$のとき

$$f(t) < \frac{S(t+h)-S(t)}{h} < f(t+h)$$

⬇　⬇　⬇

$f(t)$　$S'(t)$　$f(t)$

Ⓑ$h<0$のとき、②より、

左辺は、 $\displaystyle\lim_{h\to-0} f(t+h)=f(t)$

中辺は、導関数の定義より、

$$\lim_{h\to-0}\frac{S(t+h)-S(t)}{h}=S'(t)$$

右辺は、 $\displaystyle\lim_{h\to-0} f(t)=f(t)$

まとめますと、$h\to-0$のとき

$$f(t+h)<\frac{S(t+h)-S(t)}{h}<f(t)$$

$$\downarrow \qquad\qquad \downarrow \qquad\qquad \downarrow$$

$$f(t) \qquad\qquad S'(t) \qquad\qquad f(t)$$

よって、「中辺よりも小さい左辺」と「中辺よりも大きい右辺」がともに$f(t)$に近づきますので、それらに挟まれた真ん中の$S'(t)$は$f(t)$に近づきますね(これを、はさみうちの原理と言います)。

したがって、 $S'(t)=f(t)$

tをxと書き替えますと、 $S'(x)=f(x)$ ……③

この数式を和訳しますと、

面積$S(x)$を微分すると関数$f(x)$になる

ですが、逆に、

面積$S(x)$は関数$f(x)$の1つの不定積分である

ということもできます。

そこで、$F'(x)=f(x)$としますと、③より、

$$S(x)=F(x)+C\ (C\text{は定数}) \qquad \cdots\cdots④$$

④に$x=0$を代入しますと、　$S(0)=F(0)+C$

$S(t)$は下図（**図7.1**の再掲）の斜線部分の面積でしたので、

図7.1

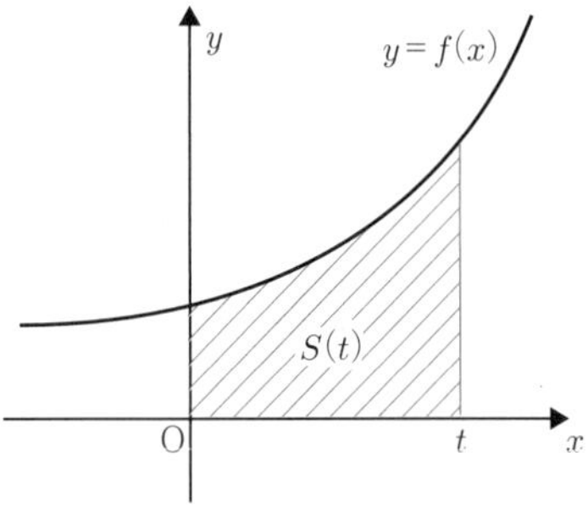

もちろん、$S(0)=0$です。

よって、
$$0=F(0)+C$$
$$C=-F(0)$$

したがって、④より、　$S(x)=F(x)-F(0) \qquad \cdots\cdots⑤$

　また、関数$y=f(x)$のグラフとx軸、および2直線$x=a$、$x=b$で囲まれた図形（**図7.13**の斜線部分）の面積は、$S(t)$を用いてどのように表すことができますか？

図7.13

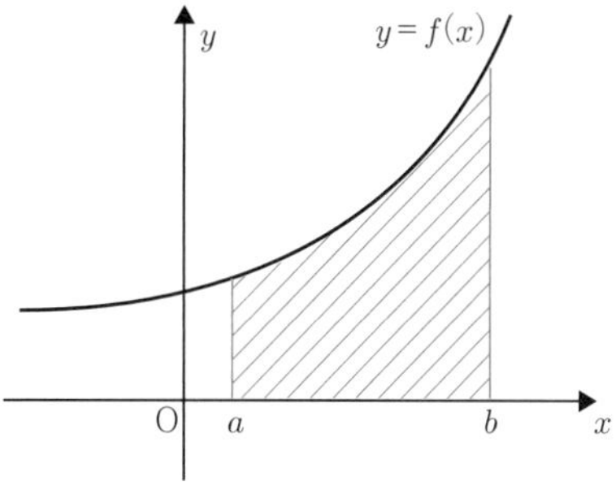

$S(b)-S(a)$ですよね！よって、この面積は、先程得た⑤により、

$$
\begin{aligned}
& S(b) \qquad - \qquad S(a) \\
&= \{F(b)-F(0)\} - \{F(a)-F(0)\} \\
&= F(b)-F(0) - F(a)+F(0) \\
&= F(b) - F(a)
\end{aligned}
$$

と求められます。この$F(b)-F(a)$を、$f(x)$のaからbまでの**定積分**と言います。

定積分$F(b)-F(a)$は、次のような記号を用いて表します。

$$\int_a^b f(x)\,dx = \left[F(x)\right]_a^b = F(b)-F(a)$$

この定積分を求めることを「関数$f(x)$をaからbまで**積分する**」と言い、このaからbまでを**積分区間**、aを定積分の**下端**、bを**上端**と言います。

定積分の定義において、関数$f(x)$は負の値をとってもよいです。また、定積分の下端＜上端、と定まってはいません。

y軸上（$t=0$）、と、y軸の右側（$t>0$）において、$f(x)\geqq 0$かつ$f'(x)>0$である関数$y=f(x)$のグラフについて、面積を計算する方法を考えてきました。この結論は、$f(x)\geqq 0$でありさえすれば同様です。気になる方は、ご自分で考えてみると、こちらも思考力を鍛える良い機会となります。

定積分と面積

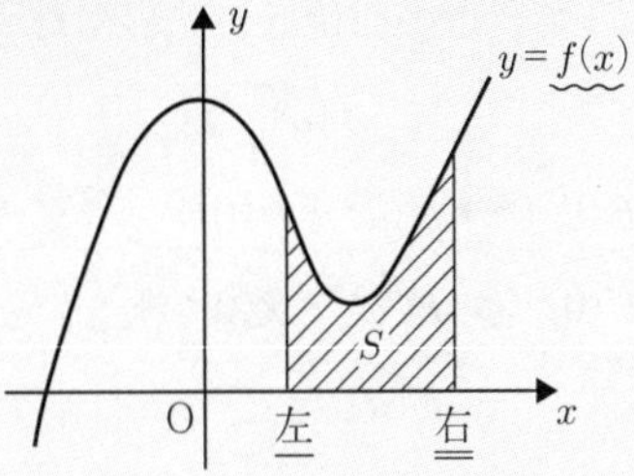

$$S=\int_{左}^{右} f(x)\,dx$$

よって、定積分$\int_a^b f(x)\,dx$が計算できれば、座標平面上の様々な面積が求められることが分かります。

一度、具体的な$f(x)$、a、bについて、面積を求めてみましょう。ただ公式を当てはめるのではなく、まずは、数式図訳から入ります。$\int_0^2 x^2 dx$を計算することで、どのような面積を求めることができますか？

$\int_0^2 x^2 dx$は$\int_a^b f(x)\,dx$において、$f(x)=x^2$、$a=0$、$b=2$としたものですから、**図7.14**の斜線部分の面積ですね。

図7.14

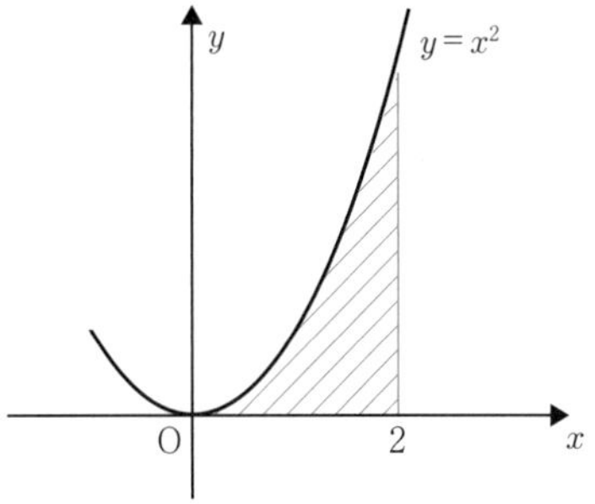

それでは、実際に計算してみましょう！

$\int x^2 dx = \frac{1}{3}x^3 + C$でしたから、

$$\int_0^2 x^2 dx = \left[\frac{1}{3}x^3 + C\right]_0^2 = \left(\frac{8}{3} + C\right) - (0 + C) = \frac{8}{3}$$

と計算できます。このように、定積分の計算では、2つの積分定数が打ち消し合います。そのため、以後の定積分の計算では、積分定数を省略して計算することにします。

定積分には、不定積分と同様の性質があります。計算を円滑に進めるために、それらを確認しておきます。$F'(x) = f(x)$、$G'(x) = g(x)$、さらに、kを定数としますと、

$$\int_a^b kf(x)\,dx = [kF(x)]_a^b = kF(b) - kF(a)$$
$$= k\{F(b) - F(a)\} = k\int_a^b f(x)\,dx$$

$$\int_a^b \{f(x) \pm g(x)\}\,dx$$

$$= [F(x) \pm G(x)]_a^b = \{F(b) \pm G(b)\} - \{F(a) \pm G(a)\}$$

$$= \{F(b) - F(a)\} \pm \{G(b) - G(a)\} = \int_a^b f(x)\,dx \pm \int_a^b g(x)\,dx$$

不定積分と同様に、これらを使って、一歩一歩積分しても良いですから、ご自身で判断して計算してください。それでは、様々な面積を計算する前段階として、まずは定積分を求める計算練習をしておきましょう。

問題 7.1 等式 $\displaystyle\int_\alpha^\beta (x-\alpha)(x-\beta)\,dx = -\frac{1}{6}(\beta-\alpha)^3$ を証明せよ。

解答 7.1

$$\int_\alpha^\beta (x-\alpha)(x-\beta)\,dx$$

$$= \int_\alpha^\beta \{x^2 - (\alpha+\beta)x + \alpha\beta\}\,dx = \left[\frac{1}{3}x^3 - \frac{1}{2}(\alpha+\beta)x^2 + \alpha\beta x\right]_\alpha^\beta$$

$$= \left\{\frac{1}{3}\beta^3 - \frac{1}{2}(\alpha+\beta)\beta^2 + \alpha\beta^2\right\} - \left\{\frac{1}{3}\alpha^3 - \frac{1}{2}(\alpha+\beta)\alpha^2 + \alpha^2\beta\right\}$$

$$= \frac{1}{3}\beta^3 - \frac{1}{2}\beta^2\alpha - \frac{1}{2}\beta^3 + \beta^2\alpha - \frac{1}{3}\alpha^3 + \frac{1}{2}\alpha^3 + \frac{1}{2}\beta\alpha^2 - \beta\alpha^2$$

$$= -\frac{1}{6}(\beta^3 - 3\beta^2\alpha + 3\beta\alpha^2 - \alpha^3) = -\frac{1}{6}(\beta-\alpha)^3$$

続きまして、$\displaystyle\int (ax+b)^n dx = \frac{1}{(n+1)a}(ax+b)^{n+1}+C$を用いた計算方法を紹介します。

別解 7.1 $\displaystyle\int_\alpha^\beta (x-\alpha)\underline{(x-\beta)}\,dx$

$$= \int_\alpha^\beta (x-\alpha)\underline{\{(x-\alpha)-(\beta-\alpha)\}}\,dx$$

$$= \int_\alpha^\beta \left\{(x-\alpha)^2-(\beta-\alpha)(x-\alpha)\right\}dx$$

$$= \left[\frac{1}{3}(x-\alpha)^3-\frac{1}{2}(\beta-\alpha)(x-\alpha)^2\right]_\alpha^\beta$$

$$= \left\{\frac{1}{3}(\beta-\alpha)^3-\frac{1}{2}(\beta-\alpha)(\beta-\alpha)^2\right\}-\left\{\frac{1}{3}(\alpha-\alpha)^3-\frac{1}{2}(\beta-\alpha)(\alpha-\alpha)^2\right\}$$

$$= \frac{1}{3}(\beta-\alpha)^3 - \frac{1}{2}(\beta-\alpha)^3 - 0$$

$$= -\frac{1}{6}(\beta-\alpha)^3$$

別解の方が鮮やかだと思いませんか？

$\displaystyle\int (ax+b)^n dx = \frac{1}{(n+1)a}(ax+b)^{n+1}+C$の威力を感じていただけたらと思います。

それでは、計算力と同時に、本質的理解に繋がる問題を2問解いてみましょう。

問題 7.2

$F'(x)=f(x)$ として、次の等式を証明せよ。

(1) $\displaystyle\int_\alpha^\alpha f(x)\,dx=0$

(2) $\displaystyle\int_\alpha^\beta f(x)\,dx=-\int_\beta^\alpha f(x)\,dx$

(3) $\displaystyle\int_a^c f(x)\,dx+\int_c^b f(x)\,dx=\int_a^b f(x)\,dx$

解答 7.2

(1) $\displaystyle\int_\alpha^\alpha f(x)\,dx=[F(x)]_\alpha^\alpha=F(\alpha)-F(\alpha)=0$

定積分の上端と下端が一致しますと、上の計算のように、必ず0になります。

(2) $\displaystyle\int_\alpha^\beta f(x)\,dx=[F(x)]_\alpha^\beta=F(\beta)-F(\alpha)=-\{F(\alpha)-F(\beta)\}$

$$=-[F(x)]_\beta^\alpha=-\int_\beta^\alpha f(x)\,dx$$

定積分の上端と下端が入れ替わると、マイナスがつく(符号が変わる)ことが分かりました。

(3) $\displaystyle\int_a^c f(x)\,dx+\int_c^b f(x)\,dx=[F(x)]_a^c+[F(x)]_c^b$

$$=\{F(c)-F(a)\}+\{F(b)-F(c)\}=F(b)-F(a)=\int_a^b f(x)\,dx$$

被積分関数が同じ、かつ、定積分の区間が「aから『c』まで」と「『c』からbまで」と繋がっていると、1つの定積分にまとめられるわけですね！逆に、1つの定積分を2つの定積分の和に分けることもできます。等式を、一方通行ではなく、「双方向」に眺められるようにしましょう。

$$\int_a^c f(x)\,dx + \int_c^b f(x)\,dx = \int_a^b f(x)\,dx$$

問題 7.3　関数 $f(x)$ が次の関係を満たすとき、$f(x)$ を求めよ。

$$f(x) = x^2 + \int_0^1 x f(t)\,dt$$

構想

“求めるはずの「左辺の $f(x)$」は、変数を t に変えた $f(t)$ の形で右辺にもあります。ロシアのマトリョーシカのようですね…。”

それでは、本題に入ります。

$\int_0^1 x f(t)\,dt$ は、全体としてどの文字の関数でしょうか？

まず確認していただきたいのは、積分変数は何かということです。この定積分の積分変数は t ですよね！ということは、この定積分においては「x は定数として扱う」ことになります。よって、

$$\int_0^1 x f(t)\,dt = x \int_0^1 f(t)\,dt$$

ここで、$F'(x) = f(x)$ とおきますと、

$$= x\,\Big[F(t)\Big]_0^1$$

$$= x\,\{F(1) - F(0)\}$$

となります。ここで、$F(1) - F(0)$ は何ですか？

tの関数$F(t)$のtに、1を代入した$F(1)$と、0を代入した$F(0)$の差ですので、こちらは定数ですよね！すなわち、定積分$\int_0^1 f(t)\,dt$は定数ということです。

よって、先程の問いの答えは、$\int \bigcirc\, dt$という記号をしているので、何か難しそう、と思われたかもしれませんが、

$$\int_0^1 xf(t)\,dt = \underline{x} \times \text{定数}$$

すなわち、　$\int_0^1 xf(t)\,dt$は、「x」の（1次）関数

です。それでは解答に進みます。

解答 7.3　$f(x) = x^2 + \int_0^1 xf(t)\,dt = x^2 + x\int_0^1 f(t)\,dt$

$\int_0^1 f(t)\,dt = k$（kは定数）とおきますと、与式は、

$$f(x) = x^2 + kx \qquad \cdots\cdots①$$

です。難しそうに感じた$f(x)$は、xの2次関数だったんですね！

あとは、1文字kの値を求めるだけです。そして、そのためには、1つ方程式を用意すれば良いです。そのために、$\int_0^1 f(t)\,dt = k$を用います。$f(x) = x^2 + kx$のxをtと書き替えますと、$f(t) = t^2 + kt$ですから、

$$k=\int_0^1 f(t)\,dt=\int_0^1 (t^2+kt)\,dt=\left[\frac{1}{3}t^3+\frac{1}{2}kt^2\right]_0^1=\frac{1}{3}+\frac{1}{2}k$$

この数式の最初と最後から、$k=\dfrac{1}{3}+\dfrac{1}{2}k$

よって、　$k=\dfrac{2}{3}$

したがって、①より、　$f(x)=x^2+\dfrac{2}{3}x$

計算練習はここまでとします。それでは、少しずつレベルを上げ、定積分を用いて面積を求める問題に挑戦しましょう。

問題 7.4

2003京都大学文系後期

実数xに対して3つの数、$2x$、$5-x$、2のうち最小の数を$f(x)$とおく。さらに、$g(x)=xf(x)$とおく。このとき、$y=g(x)$のグラフとx軸とで囲まれる部分の面積を求めよ。

構想

“①関数$y=f(x)$のグラフをかく

②関数$y=g(x)$のグラフをかく

③関数$y=g(x)$のグラフとx軸とで囲まれる部分の面積を求める”

この構想を基にして、順に小問にして解答していきます。

小問① 関数$y=f(x)$のグラフをかいてみましょう。

解答① 7.4 関数$y=2x$、$y=2$、$y=5-x$のグラフを同一座標平面上にかくと**図7.15**のようになります。

図7.15

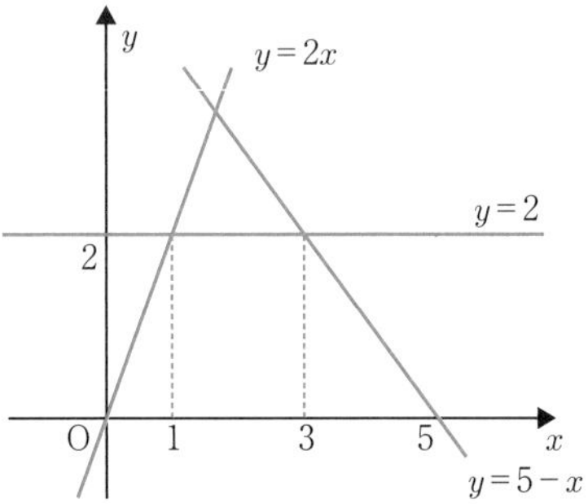

最小の数を$f(x)$とおくので、そのグラフは**図7.16**のようになります。

図7.16

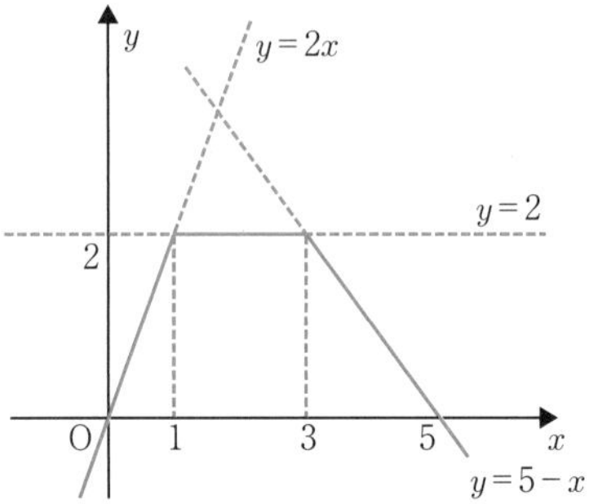

小問② 関数$y=g(x)$のグラフをかいてみましょう。

解答② 7.4　$g(x)=xf(x)$ですから、

$$g(x)=\begin{cases} x\cdot 2x=2x^2 & (x\leqq 1\text{のとき}) \\ x\cdot 2=2x & (1\leqq x\leqq 3\text{のとき}) \\ x(5-x)=-x^2+5x=-\left(x-\dfrac{5}{2}\right)^2+\dfrac{25}{4} & (3\leqq x\text{のとき}) \end{cases}$$

よって、グラフは次の**図7.17**のようになります。

図7.17

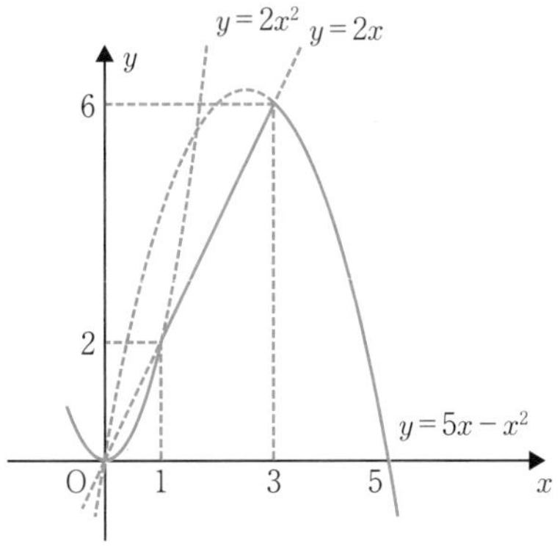

小問③　関数$y=g(x)$のグラフとx軸とで囲まれる部分の面積を求めましょう。

解答③ 7.4　面積を求める図形の上側の関数が変化することに注意しましょう。それでは、**図7.17**より求める面積は、

$$\int_0^1 2x^2dx+\int_1^3 2xdx+\int_3^5 (5x-x^2)\,dx$$

$$= \left[\frac{2}{3}x^3\right]_0^1 + [x^2]_1^3 + \left[\frac{5}{2}x^2 - \frac{1}{3}x^3\right]_3^5$$

$$= \left(\frac{2}{3} - 0\right) + (9-1) + \left\{\left(\frac{125}{2} - \frac{125}{3}\right) - \left(\frac{45}{2} - 9\right)\right\} = 16$$

これまでは、x軸とその「上側」にある曲線とで囲む部分の面積を求めてきました。今度は、**図7.18**のように、x軸とその「下側」にある曲線とで囲む部分の面積を求めてみましょう！

図7.18

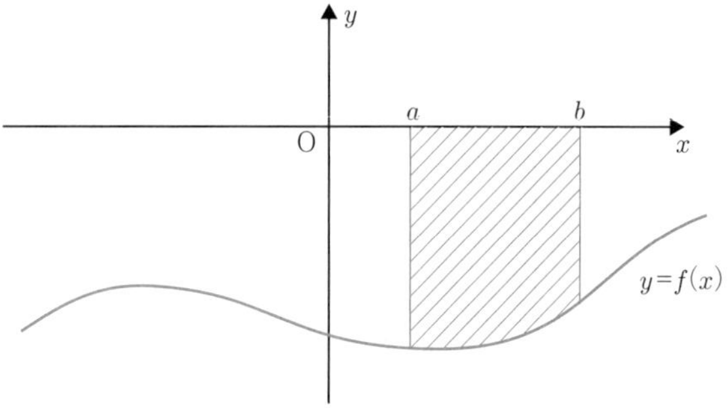

x軸の「下側」ではなく「上側」ならば求められるわけですから、どのような工夫をしましょうか？

「下側」を「上側」に変えれば良いですよね！

それでは、**図7.19**の実線の曲線は、どのような方程式で表されるでしょうか？

図7.19

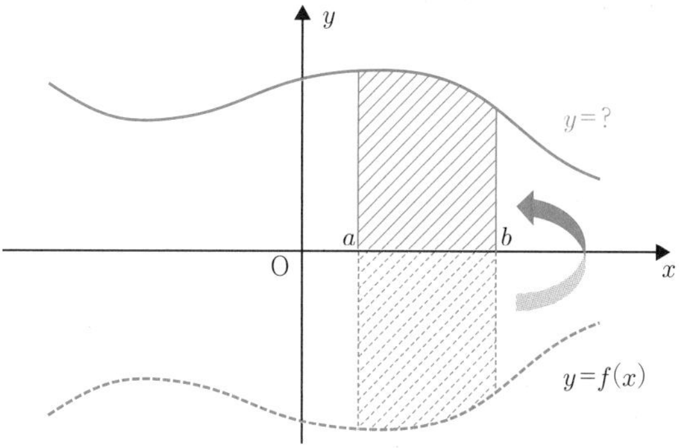

それぞれのxの値に対して、yの値の符号が入れ替わるわけですから、$y=-f(x)$ですね！

ということで、この斜線部の面積は、

$$S=\int_a^b \{\ominus f(x)\}\,dx=\ominus\int_a^b f(x)\,dx$$

ここで、この両辺に-1をかけまして、左辺と右辺を入れ替えますと、

$$\int_a^b f(x)\,dx=-S$$

よって、x軸より上側の面積を正、下側の面積を負としますと、

$$\int_a^b f(x)\,dx\ \text{は符号付き面積}$$

を表すことが分かります！

この意味が十分に理解できているかを、問題7.5で確認しましょう。

問題 7.5　2004京都大学文系前期

区間 $-1 \leqq x \leqq 1$ で定義された関数 $f(x)$ が、

$f(-1)=f(0)=1$、$f(1)=-2$

を満たし、また、そのグラフが右図のようになっているという。

このとき、$\int_{-1}^{1} f(x)\,dx \geqq -1$ を示せ。

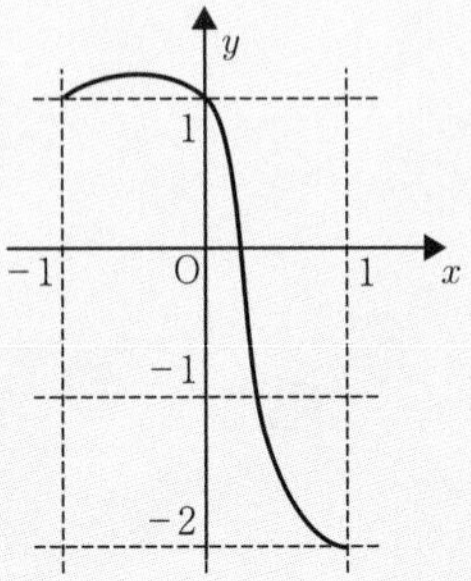

構想

“定積分は面積だから0以上、だから当然！ではいけません…。具体的な数式が与えられていない抽象的な問題ですから、闇雲に計算しさえすれば、偶然解ける問題ではなさそうですね。”

$\int_{-1}^{1} f(x)\,dx$ で面積を直接求めることができる部分を答えてください。

「いや、この問題、間違っとるやろ！」と思いましたか？答えは**図7.20**の斜線部分ではありません！

これでは、「y」軸とで囲んでいる部分がありますよね…。

図7.20

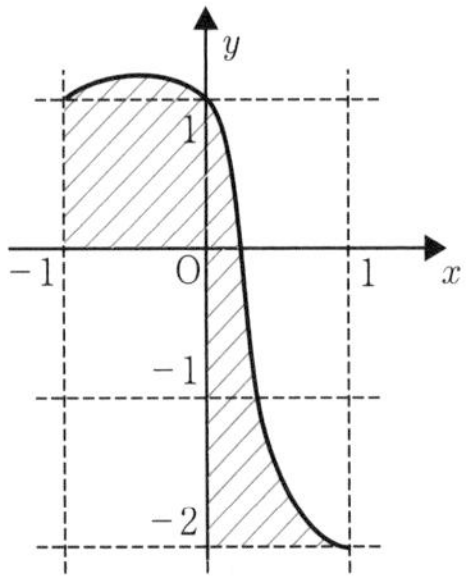

こちらの**図7.21**の斜線部分はおしいですが、間違いです。その理由がお分かりですか？

図7.21

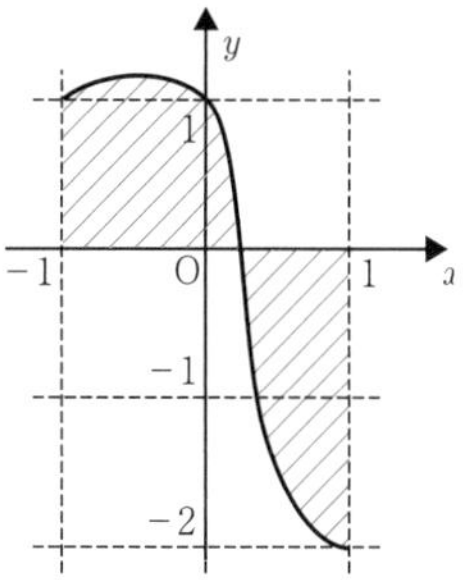

x軸の下側の場合は、先程扱った

$$S=\int_a^b \{\ominus f(x)\}\,dx=\ominus\int_a^b f(x)\,dx$$

のように「−」がつくのでしたね！

ということで、すみませんが、$\int_{-1}^{1} f(x)\,dx$で面積を直接求めることができる部分はありません…。

図7.22のように、関数$y=f(x)$のグラフとx軸との交点のx座標をα、2つの部分の面積をそれぞれS_1、S_2としたとき、$\int_{-1}^{1} f(x)\,dx$をα、S_1、S_2を用いて表してください。

図7.22

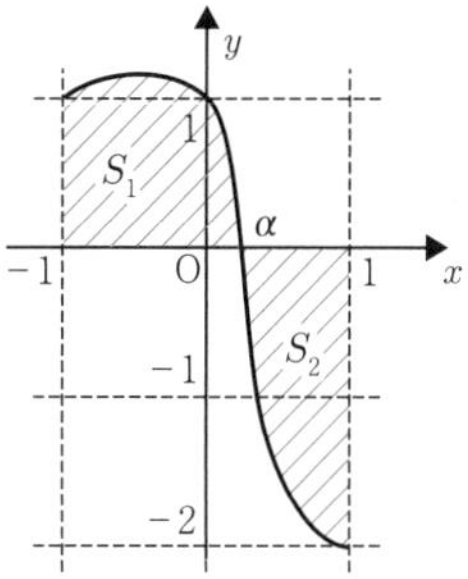

202ページの**問題7.2** (3) の等式

$$\int_a^c f(x)\,dx+\int_c^b f(x)\,dx=\int_a^b f(x)\,dx$$

を左向きに使うことにより、定積分$\int_{-1}^{1} f(x)\,dx$を、2つの定積分に分けることができます。

$$\int_{-1}^{1} f(x)\,dx=\int_{-1}^{\alpha} f(x)\,dx+\int_{\alpha}^{1} f(x)\,dx$$

$\displaystyle\int_{-1}^{\alpha} f(x)\,dx$ は x 軸の「上側」なので S_1 で良いですが、$\displaystyle\int_{\alpha}^{1} f(x)\,dx$ は x 軸の「下側」であることに注意しますと、

$$\int_{\alpha}^{1} f(x)\,dx = \ominus S_2$$

よって、

$$\begin{aligned}
&\int_{-1}^{1} f(x)\,dx \\
&= \int_{-1}^{\alpha} f(x)\,dx + \int_{\alpha}^{1} f(x)\,dx \\
&= \quad S_1 \quad + \quad (-S_2) \\
&= \quad S_1 \quad - \quad S_2
\end{aligned}$$

ここまでの内容を基にして、解答に進みましょう。

解答 7.5 下図の正方形や長方形の面積と、斜線部分の面積 S_1、縦線部分の面積 S_2 を比較しますと、

$$S_1 > 1、S_2 < 2 \qquad \cdots\cdots①、②$$

②より　$-S_2 > -2$　　……③

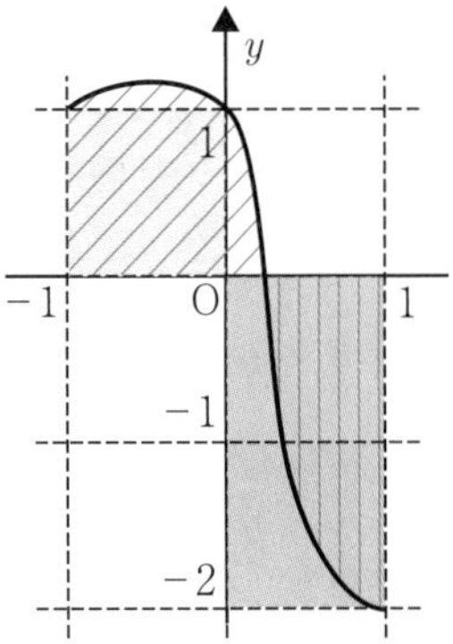

①、③より

$$\begin{array}{rl}
 & S_1 > 1 \\
+) & -S_2 > -2 \\
\hline
 & S_1 + (-S_2) > 1 + (-2) \\
 & S_1 - S_2 > -1
\end{array}$$

$\displaystyle\int_{-1}^{1} f(x)\,dx = S_1 - S_2$ ですから、

$$\int_{-1}^{1} f(x)\,dx > -1$$

「≧」は「＞または＝」ですから、

$$\int_{-1}^{1} f(x)\,dx \geqq -1$$

となり、無事に示すことができました。

続いて、上側も下側もx軸でない、**図7.23**の斜線部分の面積Sを考えてみましょう。

図7.23

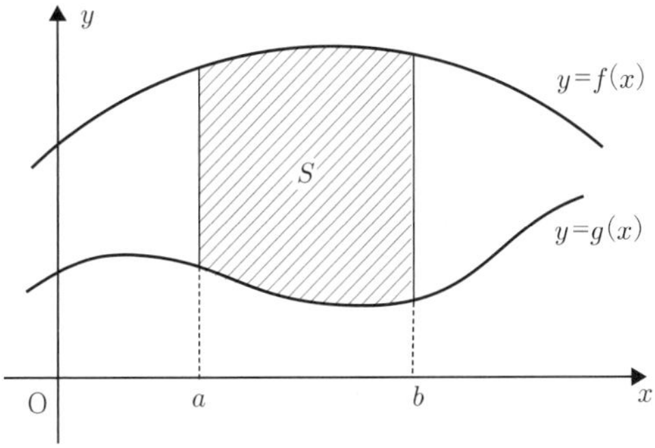

図7.24と**図7.25**を組み合わせます。

図7.24

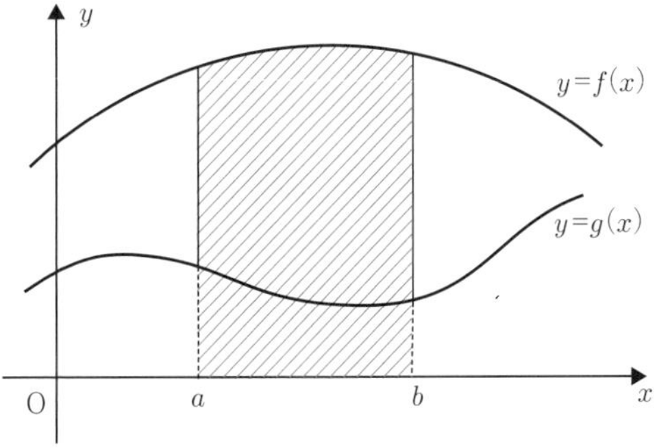

図7.25

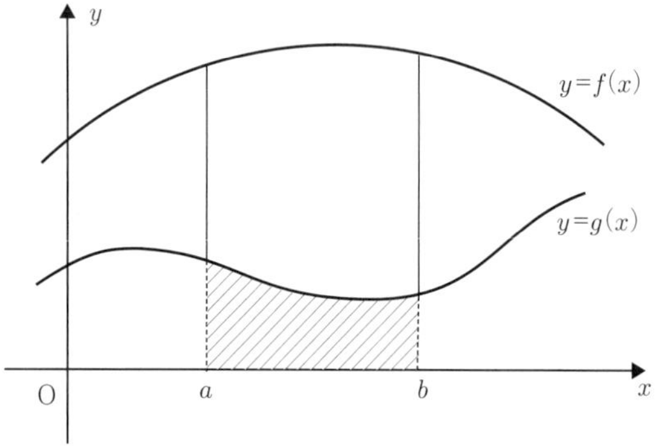

前のページの**図7.23**の面積Sは、これらの引き算により求まります。

これを図表数訳しますと、

$$S=\int_a^b f(x)\,dx-\int_a^b g(x)\,dx$$

200ページの等式

$$\int_a^b \{f(x)-g(x)\}\,dx=\int_a^b f(x)\,dx-\int_a^b g(x)\,dx$$

を左向きに使うことにより、

$$S=\int_a^b \{f(x)-g(x)\}\,dx \qquad \cdots\cdots☆$$

さらに、少しグラフとx軸の上下関係が異なる場合も考えてみましょう。

Ⓐ **図7.26**の面積も、$S=\int_a^b \{f(x)-g(x)\}\,dx$で大丈夫ですか？

図7.26

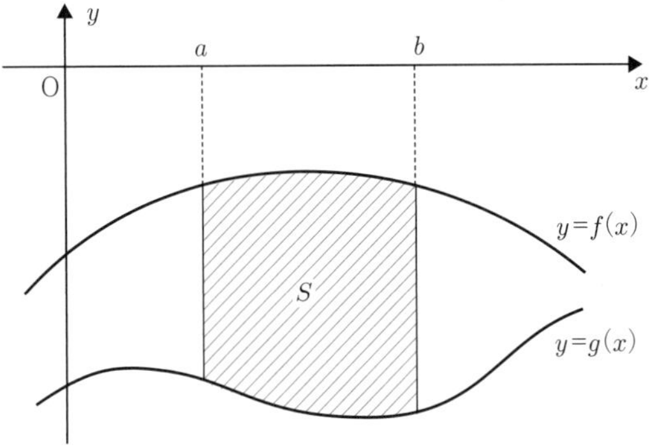

大丈夫ですよね！ x軸の「下側」にある図形の面積の引き算で求められます。

図7.27

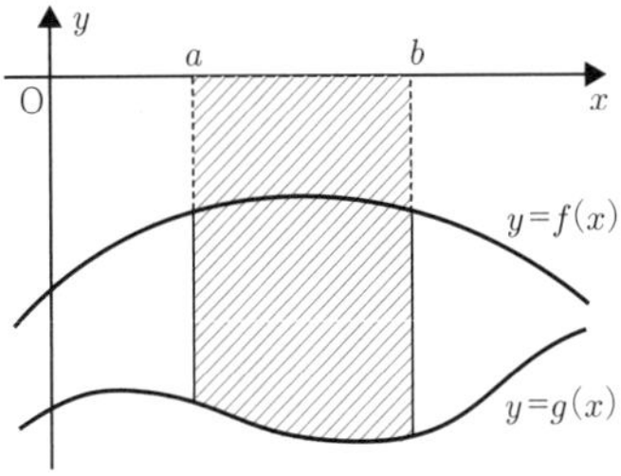

図7.28

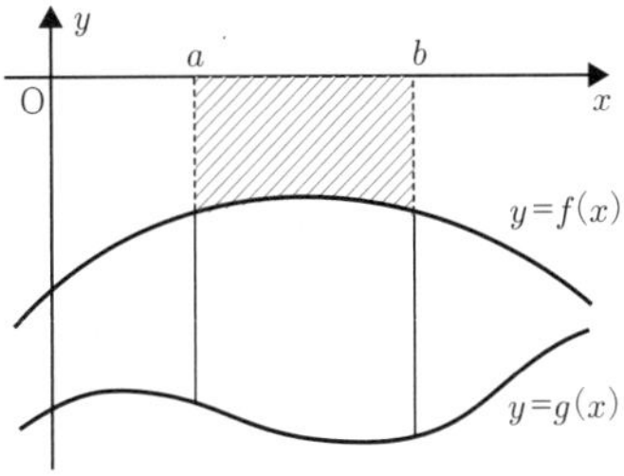

図7.27から**図7.28**を引けば良いですから、数式で表しますと、

$$
\begin{aligned}
S &= \left\{-\int_a^b g(x)\,dx\right\} - \left\{-\int_a^b f(x)\,dx\right\} \\
&= \int_a^b \{-g(x)\}\,dx + \int_a^b f(x)\,dx \\
&= \int_a^b \{f(x) - g(x)\}\,dx \qquad \cdots\cdots☆
\end{aligned}
$$

同じ数式になりましたね！

Ⓑ図7.29の面積も$S=\int_a^b \{f(x)-g(x)\}\,dx$で求められますか？

図7.29

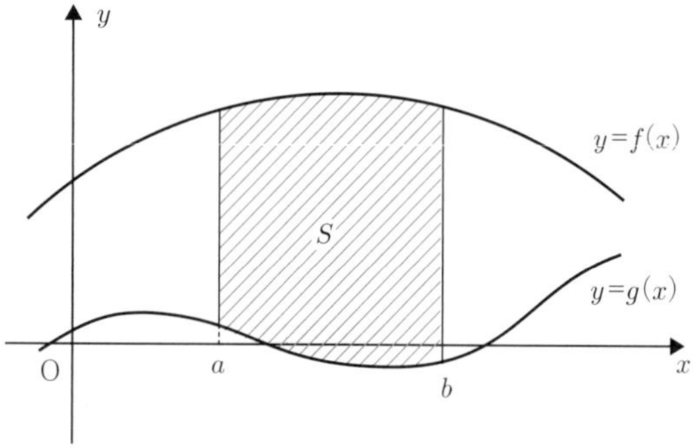

求められますね！左右に2分割して求めることもできますが、ここでは、「面積」を保ちながらグラフを上にずらす、という工夫をしましょう！すなわち、関数$y=f(x)$と$y=g(x)$のグラフが、両方とも$a \leqq x \leqq b$の範囲内においてx軸よりの上側になるように、y軸方向に都合のよい幅kだけ平行移動させます。すなわち、両者に都合のよい定数kを加えます。

図7.30

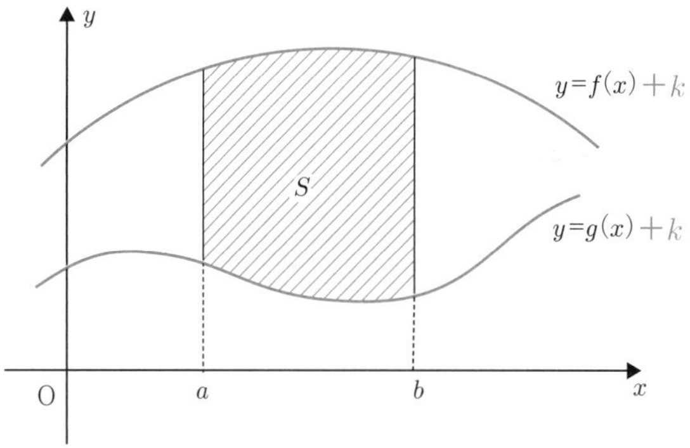

これで、求める面積は引き算を用いて、

$$S=\int_a^b \{f(x)+k\}\,dx-\int_a^b \{g(x)+k\}\,dx$$

kが消えますので、

$$S=\int_a^b \{f(x)-g(x)\}\,dx \qquad \cdots\cdots☆$$

定積分と面積2

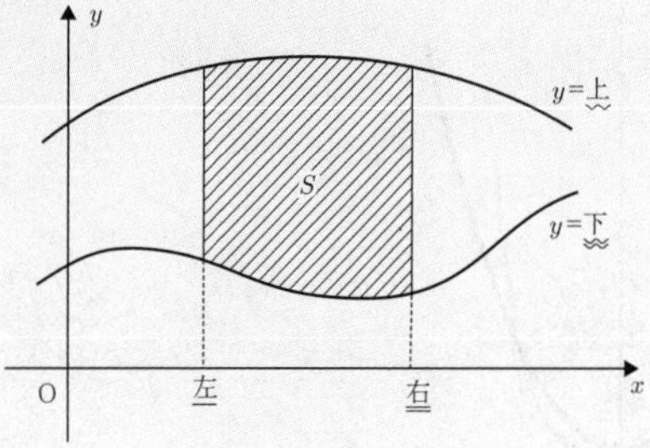

$$S=\int_{左}^{右}(上-下)\,dx$$

それでは、具体的に、2つの曲線で囲まれる部分の面積を求める問題を解いてみましょう。

問題 7.6　**2012京都大学文系**

2つの曲線$y=x^4$と$y=x^2+2$とによって囲まれる部分の面積を求めよ。

構 想

“2つの曲線$y=x^4$と$y=x^2+2$の前に、$y=x^2+2$の「$+2$」をなくした「2つの曲線$y=x^4$と$y=x^2$」を同じ座標平面上に図示してみましょう。”

125ページで、関数$y=x^3$と$y=x^2$のグラフで同じことをしましたので、同様に考えますと、**図7.31**のようになり、-1と1の前後で上下が入れ替わります。

図7.31

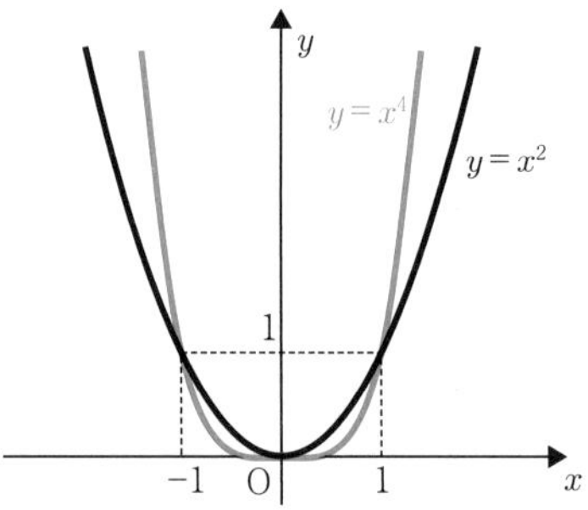

それでは、2つの曲線$y=x^4$と$y=x^2+2$とによって囲まれる部分を図示してください。

曲線$y=x^2+2$は、$y=x^2$のyが2だけ大きくなるわけですから、関数$y=x^2$のグラフをy軸方向に2だけ平行移動したものになりますので、**図7.32**のようになります。

図7.32

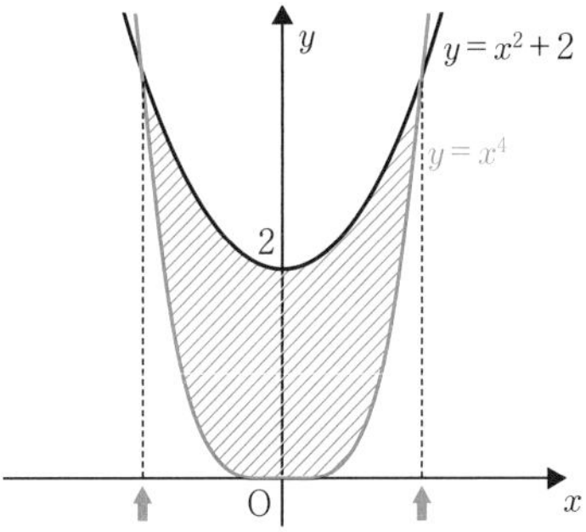

あとは、矢印の先にある交点のx座標が求まれば、定積分を用いて面積が求められますね！解答では、最初にこの交点のx座標を求めるところから始めますが、ここまでの構想が大切です。

解答7.6 方程式$x^4=x^2+2$を解きます。

$$x^4-x^2-2=0$$

$$(x^2)^2-x^2-2=0$$

$$(x^2+1)(x^2-2)=0$$

$x^2+1 \geqq 1>0$ですから、 $$x^2-2=0$$

$$x^2 = 2$$

$$x = \pm\sqrt{2}$$

よって、求めるのは**図7.33**の斜線部分の面積です。

図7.33

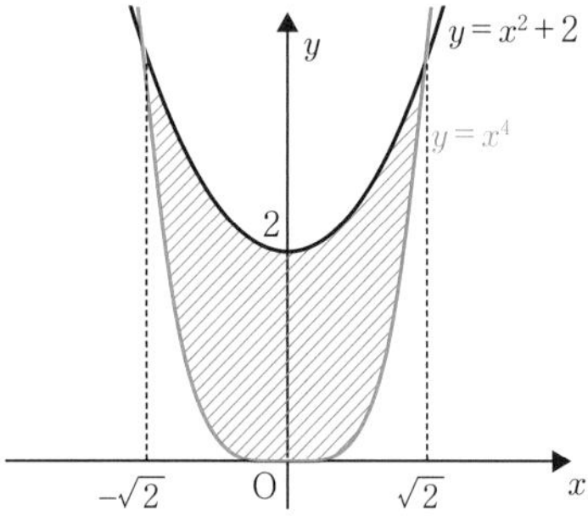

y軸に関して対称であることも考慮しますと、求める面積Sは、右半分を2倍しまして、

$$\begin{aligned}
S &= 2\int_0^{\sqrt{2}} \left\{(x^2+2) - x^4\right\} dx \\
&= 2\int_0^{\sqrt{2}} (-x^4 + x^2 + 2)\, dx \\
&= 2\left[-\frac{1}{5}x^5 + \frac{1}{3}x^3 + 2x\right]_0^{\sqrt{2}} \\
&= 2\left[\left\{-\frac{1}{5}(\sqrt{2})^5 + \frac{1}{3}(\sqrt{2})^3 + 2\sqrt{2}\right\} - 0\right] \\
&= 2\left(-\frac{4\sqrt{2}}{5} + \frac{2\sqrt{2}}{3} + 2\sqrt{2}\right) = \frac{56\sqrt{2}}{15}
\end{aligned}$$

これから、様々なグラフで囲まれた図形の面積を求めていきます。その際、計算速度を上げ、計算ミスを減らすために便利な公式を紹介します。

$$\int_{\alpha}^{\beta}(x-\alpha)(x-\beta)\,dx=-\frac{1}{6}(\beta-\alpha)^{3}$$

既に200ページで証明しましたね。それでは、大学入試数学で「$\frac{1}{6}$公式」と呼ばれる、この頻出公式に関する問題です。

問題 7.7 下図の斜線部分の面積Sを求めよ。

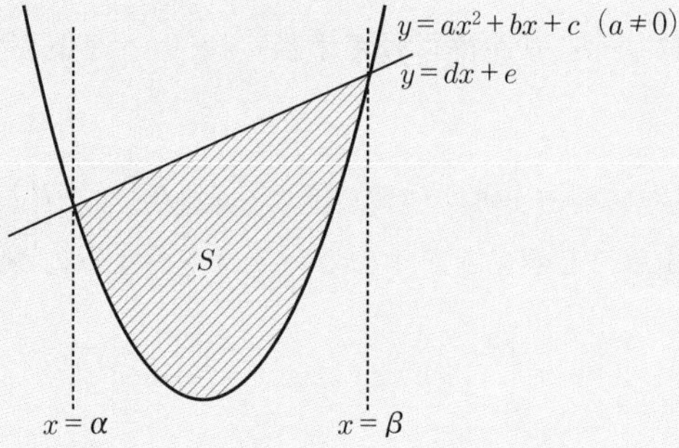

解答 7.7 この面積は、

$$S=\int_{\alpha}^{\beta}\{(dx+e)-(ax^{2}+bx+c)\}\,dx \qquad \cdots\cdots①$$

を計算すれば求まります。ここで、2つのグラフの共有点のx座標がα、βですから、次の連立方程式からyを消したxの方程式を解くと、$x=\alpha$、βが得られることになります（70ページ参照）。

$$\begin{cases} y=ax^2+bx+c \\ y=dx+e \end{cases}$$

yを消去しますと、

$$dx+e=ax^2+bx+c$$

$$(dx+e)-(ax^2+bx+c)=0$$

$$-ax^2+(d-b)x+(e-c)=0$$

$a\neq 0$ですから、この方程式は「2次」方程式です。この解が$x=\alpha$、βになるわけですから、この2次方程式は、どのように変形できますか？

$$-a(x-\alpha)(x-\beta)=0$$

と、左辺を因数分解することができます（この2次方程式を解きますと、確かに$x=\alpha$、βが得られますね）。ということで、①の被積分関数は、

$$(dx+e)-(ax^2+bx+c)=-a(x-\alpha)(x-\beta)$$

と因数分解することができますので、①は下のようになります。

$$S=\int_{\alpha}^{\beta}\{-a(x-\alpha)(x-\beta)\}\,dx$$

あとは、$-a$を$\int$の前に出してから、「$\frac{1}{6}$公式」を適用しまして、

$$S=-a\int_{\alpha}^{\beta}(x-\alpha)(x-\beta)\,dx$$

$$=-a\cdot\left(-\frac{1}{6}\right)(\beta-\alpha)^3$$

$$=\frac{a}{6}(\beta-\alpha)^3$$

このように、「$\frac{1}{6}$公式」を使えば、不定積分を経ることなく面積を求めることができます。同様に考えることができますので、主に

図7.34の斜線部分のような（x軸、直線、放物線で囲まれる）面積を求める問題において、適用すると良いです。

図7.34

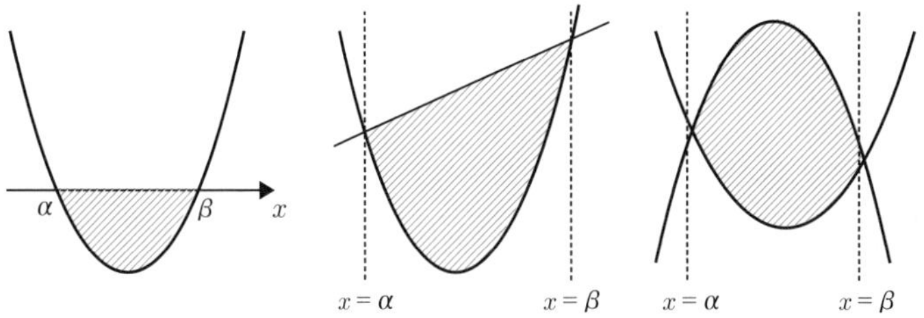

2次関数のグラフが上に凸であったりする等、多少の違いがあっても適用することができます。しかし、便利だからといって、適用範囲外にまで適用してはいけません。積分区間が、

（左側の）交点（のx座標）から

（右側の）交点（のx座標）まで

のときしか適用できませんので、注意してください。

ただ数式に当てはめて解くのではなく、その図形的意味を考えながら「複眼的」に計算しましょう！

それでは、計算力のレベル上げとして、次の問題を解いてみましょう！

問題 7.8　2021京都大学文系

定積分 $\displaystyle\int_{-1}^{1}\left|x^2-\frac{1}{2}x-\frac{1}{2}\right|dx$ を求めよ。

ヒント

ヒント 絶対値記号を含む定積分ですから、グラフをかいて表す面積を計算しましょう。

このことさえご理解頂けましたら、この問題は思考力が要求されません！丁寧な解説の前に、次のページの一番下に正しい計算結果がありますので、ご自分で解いてから確認してください。

解答7.8 被積分関数は$\left|x^2-\frac{1}{2}x-\frac{1}{2}\right|$ですから、

関数$y=\left|x^2-\frac{1}{2}x-\frac{1}{2}\right|$のグラフをかいておきましょう！

$$y=\left|x^2-\frac{1}{2}x-\frac{1}{2}\right|=\left|\left(x+\frac{1}{2}\right)(x-1)\right|$$

と変形できます。絶対値記号を含まない関数$y=\left(x+\frac{1}{2}\right)(x-1)$のグラフをかき、$x$軸の下側の部分を、$x$軸に関して対称移動させれば良かったですね！

図7.35

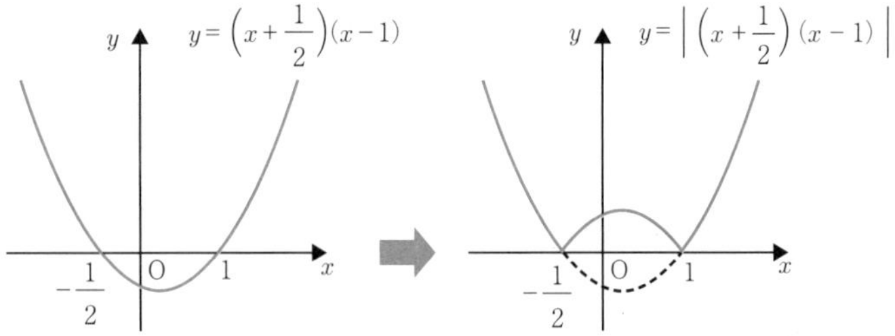

積分区間が−1から1までですから、定積分$\int_{-1}^{1}\left|x^2-\frac{1}{2}x-\frac{1}{2}\right|dx$が表すのは、**図7.36**の斜線部分の面積です。

図7.36

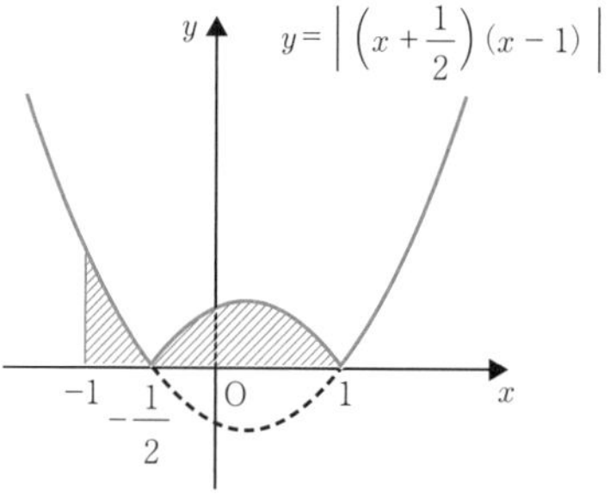

よって、x軸に関して、対称移動していない部分と対称移動した部分があることに注意しますと、

$$\int_{-1}^{1}\left|x^2-\frac{1}{2}x-\frac{1}{2}\right|dx$$

$$=\underline{\int_{-1}^{-\frac{1}{2}}\left(x^2-\frac{1}{2}x-\frac{1}{2}\right)dx}+\int_{-\frac{1}{2}}^{1}\left\{-\left(x^2-\frac{1}{2}x-\frac{1}{2}\right)\right\}dx$$

下線部

$$\underline{\int_{-1}^{-\frac{1}{2}}\left(x^2-\frac{1}{2}x-\frac{1}{2}\right)dx}=\left[\frac{1}{3}x^3-\frac{1}{4}x^2-\frac{1}{2}x\right]_{-1}^{-\frac{1}{2}}$$

正しい計算結果 $\frac{19}{24}$

$$=\left\{\frac{1}{3}\left(-\frac{1}{2}\right)^3-\frac{1}{4}\left(-\frac{1}{2}\right)^2-\frac{1}{2}\cdot\left(-\frac{1}{2}\right)\right\}$$

$$-\left\{\frac{1}{3}(-1)^3-\frac{1}{4}(-1)^2-\frac{1}{2}\cdot(-1)\right\}$$

$$=\left(-\frac{1}{24}-\frac{1}{16}+\frac{1}{4}\right)-\left(-\frac{1}{3}-\frac{1}{4}+\frac{1}{2}\right)=\underline{\frac{11}{48}}$$

波線部

こちらは「$\frac{1}{6}$公式」が適用できますので、

$$\int_{-\frac{1}{2}}^{1}\left\{-\left(x^2-\frac{1}{2}x-\frac{1}{2}\right)\right\}dx=-\int_{-\frac{1}{2}}^{1}\left(x^2-\frac{1}{2}x-\frac{1}{2}\right)dx$$

$$=-\int_{-\frac{1}{2}}^{1}\left(x+\frac{1}{2}\right)(x-1)\,dx=-\int_{-\frac{1}{2}}^{\boxed{1}}\left\{x-\left(-\frac{1}{2}\right)\right\}(x-\boxed{1})\,dx$$

$$=-\left(-\frac{1}{6}\right)\left\{\boxed{1}-\left(-\frac{1}{2}\right)\right\}^3=\frac{1}{6}\cdot\frac{27}{8}=\frac{9}{16}$$

よって、

$$\int_{-1}^{1}\left|x^2-\frac{1}{2}x-\frac{1}{2}\right|dx$$

$$=\underline{\int_{-1}^{-\frac{1}{2}}\left(x^2-\frac{1}{2}x-\frac{1}{2}\right)dx}+\int_{-\frac{1}{2}}^{1}\left\{-\left(x^2-\frac{1}{2}x-\frac{1}{2}\right)\right\}dx$$

$$=\underline{\frac{11}{48}}+\frac{9}{16}=\frac{38}{48}=\frac{19}{24}$$

このように、定積分の計算に

$$\int_{\alpha}^{\beta}(x-\alpha)(x-\beta)\,dx=-\frac{1}{6}(\beta-\alpha)^3$$

を適用し、計算ミスを減らしましょう。

そして、「数式と同時にグラフをイメージする」ことを通して「複眼的計算力」を鍛えましょう！

7-2 区分求積法

本節では、「微」小な部分に分けられた面積を「積」み上げることにより、全体の面積を求める方法を紹介したいと思います。この節が「微積思考」を学ぶ最大のチャンスになると思います。

図7.37のように、$y \geqq 0$である関数$y=f(x)$のグラフとx軸、および2直線$x=a$、$x=b$とで囲まれる面積を考えます。

図7.37

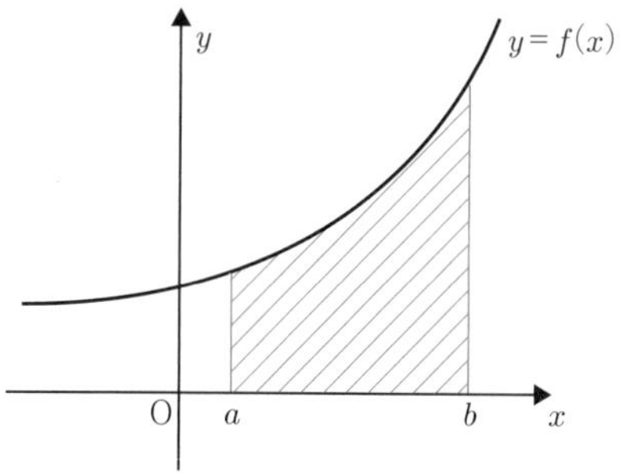

ちなみにこの面積は、定積分を使うとどのような数式で表すことができましたか？

$\displaystyle\int_a^b f(x)\,dx$と表すことができましたね。それでは、ここから新しい発想に入ります。この面積を、**図7.38**のように、aからbまでを

n等分した長方形の集まりであると考えます。

図7.38

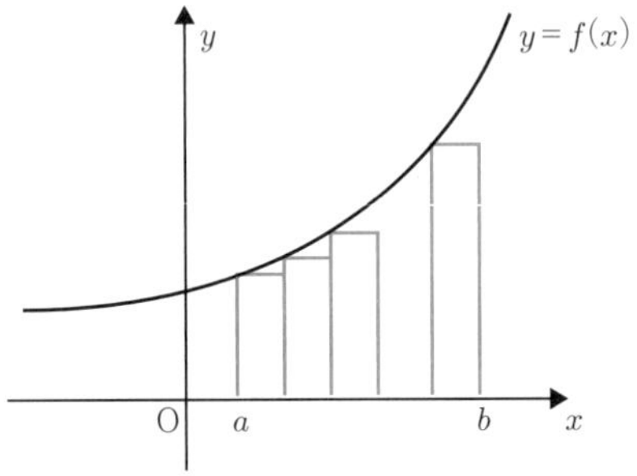

aからbまでをn等分しましたので、$\Delta x=\dfrac{b-a}{n}$とし、また、x座標を$x_0=a$、$x_1=a+\Delta x$、$x_2=a+2\Delta x$、…、$x_n=b$とします。そうしますと、長方形の面積は「縦×横」ですから、これらの長方形の面積は左からそれぞれどうなりますか？

例えば、左から3つ目の長方形の縦と横は**図7.39**のようになります。

図7.39

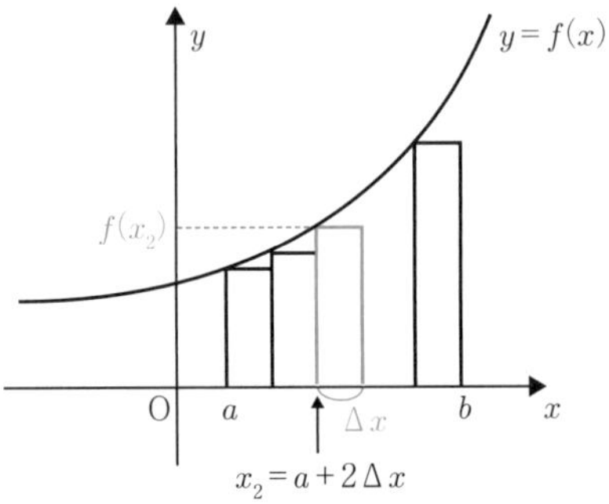

これを参考にしますと、長方形の面積は左からそれぞれ、

$f(x_0)\Delta x$、$f(x_1)\Delta x$、$f(x_2)\Delta x$、…、$f(x_{n-1})\Delta x$となりますね。この分割をメチャクチャ細かくする、すなわち、$n\to\infty$としますと、この長方形の面積の和は、$\int_a^b f(x)\,dx$と等しくなります。

図7.40

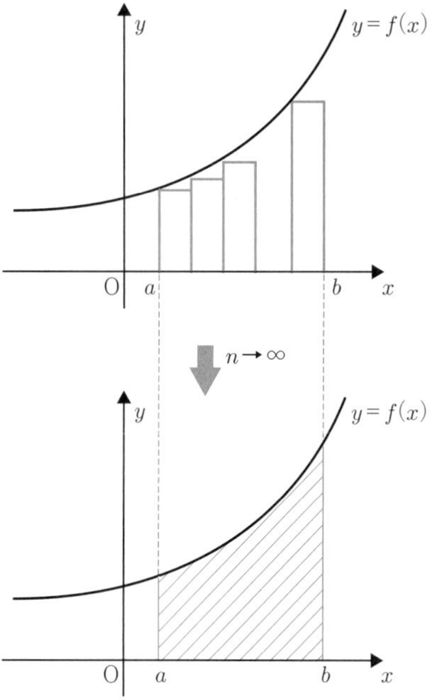

これを図表数訳しますと、

$$\lim_{n\to\infty}\{f(x_0)\Delta x+f(x_1)\Delta x+f(x_2)\Delta x+\cdots+f(x_{n-1})\Delta x\}=\int_a^b f(x)\,dx$$

ここで、数式を…を用いずに表すために、和の記号Σを用います。和の記号Σとは、例えば、数列$\{a_n\}$の初項から第n項までの和$a_1+a_2+\cdots+a_n$を、

$$a_1 + a_2 + \cdots + a_n = \sum_{k=1}^{n} a_k$$

と端的に表す記号です。この和の記号Σを使って、足し算をかき直すと、次の数式になります。

$$\lim_{n \to \infty} \sum_{k=0}^{n-1} f(x_k)\,\Delta x = \int_a^b f(x)\,dx \qquad \cdots\cdots ①$$

この流れで、**図7.41**のように「大きめ」の長方形の集まりとして見積もることでも、同様に面積と等しくなります。

図7.41

「小さめ」の長方形の集まり（図7.38の再掲）

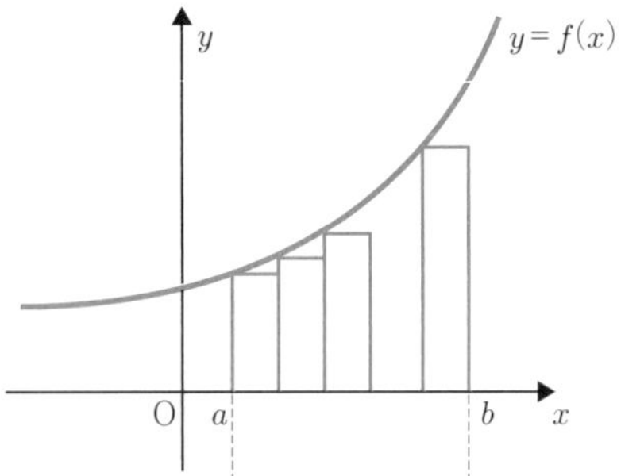

「大きめ」の長方形の集まり

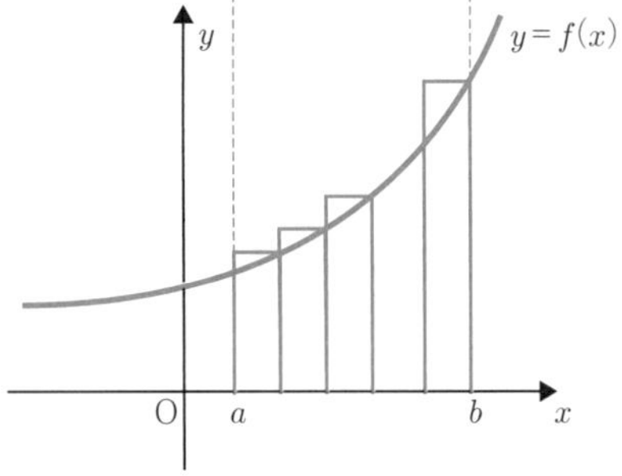

今回は、関数$y=f(x)$のグラフの上に飛び出していますが、分割をメチャクチャ細かくすれば、長方形の面積の和は、$\int_a^b f(x)\,dx$と等しくなりますね。これを、先程と同様に、Σを用いた式で表現してください。

$$\lim_{n\to\infty}\{f(x_1)\Delta x+f(x_2)\Delta x+f(x_3)\Delta x+\cdots+f(x_n)\Delta x\}=\int_a^b f(x)\,dx$$

和の記号Σを使って、足し算をかき直すと、次の数式になります。

$$\lim_{n\to\infty}\sum_{k=1}^{n} f(x_k)\Delta x=\int_a^b f(x)\,dx \qquad \cdots\cdots②$$

①、②を組み合わせまして、

$$\lim_{n\to\infty}\sum_{k=0}^{n-1} f(x_k)\Delta x=\lim_{n\to\infty}\sum_{k=1}^{n} f(x_k)\Delta x=\int_a^b f(x)\,dx$$

定積分を、このような和の極限として求めることを、定積分の**区分求積法**と言います。これで、積分の記号の意味が分かりやすくなったのではないでしょうか！

「Σ→∫」、「$f(x_k)$→$f(x)$」、「Δx→dx」とかき直した記号になっていますね！

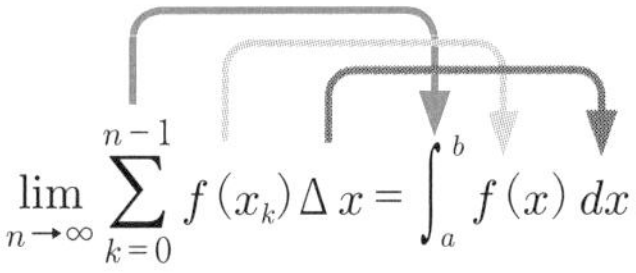

$$\lim_{n\to\infty}\sum_{k=0}^{n-1} f(x_k)\Delta x=\int_a^b f(x)\,dx$$

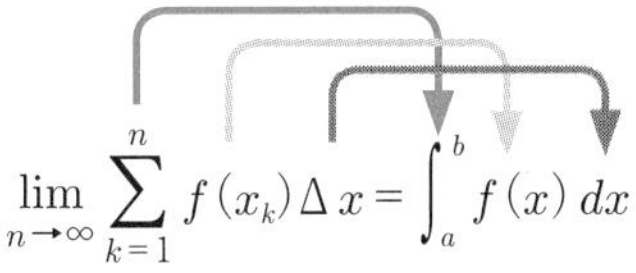

$$\lim_{n\to\infty}\sum_{k=1}^{n} f(x_k)\Delta x=\int_a^b f(x)\,dx$$

ということで、面積を定積分により求めるときには、

高さが$f(x)$、底辺がdxの長方形を集めたもの

$f(x)$　×　dx　の　$\int$

と考え、「日本語と数式がリンクした複眼的計算」ができるようになりましょう！

それでは、区分求積法の考え方を活用して、これまでと異なるバリエーションの面積を求めましょう！

7-3 定積分と面積の応用

それでは、**図7.42**の斜線部分の面積Sを求めてください。

図7.42

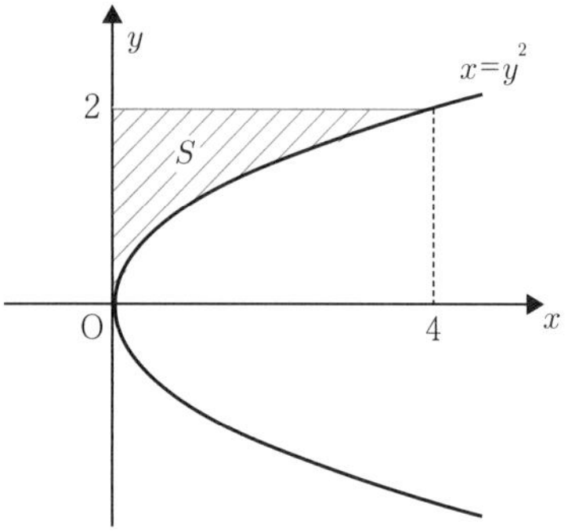

前節までと図の雰囲気が違うことにお気付きですか？これまでは、曲線等と「x軸」で囲む図形の面積でしたが、今回は曲線等と「y軸」で囲む図形の面積ですね！

今回は、どのような長方形を集めたら良いでしょうか？

本書以上のレベルの計算が必要ですが、これまで通りに**図7.43**のような長方形を集めて求めることもできます。計算も一応載せておきますが、分からなくても読み進められますのでご心配なく。

図7.43

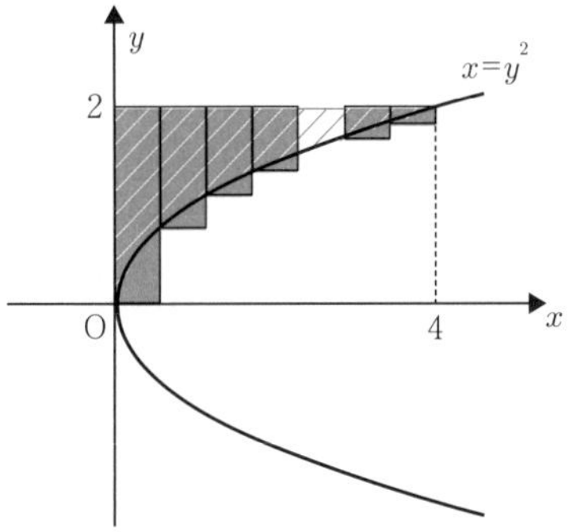

$x=y^2$の$y \geqq 0$の部分の方程式は$y=\sqrt{x}$ですから、求める面積Sは、

$$S=\int_0^4 \left(2-\sqrt{x}\right)dx=\left[2x-\frac{2}{3}x\sqrt{x}\right]_0^4=\left(8-\frac{16}{3}\right)-0=\frac{8}{3}$$

それでは、本書のレベルの計算で処理するためは、どのような長方形を集めれば良いでしょうか？

図7.44のような長方形ですよね！

図7.44

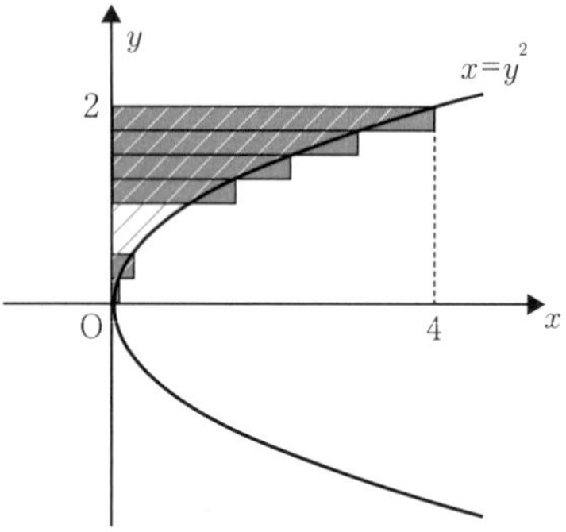

このような長方形、すなわち、高さがy^2、底辺がdyの長方形を0から2まで集めたら面積が求められますね(底辺と高さを入れ替えて考えても構いません)。これを和文数訳しますと、

$$\int_0^2 y^2 dy$$

ですので、求める面積Sは、

$$S=\int_0^2 y^2 dy=\left[\frac{1}{3}y^3\right]_0^2=\frac{8}{3}-0=\frac{8}{3}$$

それでは、面積と定積分の総仕上げの問題に挑戦してみましょう。

問題 7.9 $0 \leqq x \leqq 1$のとき、定積分$\displaystyle\int_0^1 |t-x|\,dt$の最小値を求めよ。

構想

“223ページの**問題7.8**と同様に、絶対値記号を含む定積分は、その定積分が表す面積を考えることで求めます！

tとxという2文字が現れていますが、それぞれの文字がどのような図形的意味を持つのかお分かりでしょうか。

それでは、この定積分が表す面積を考えるときの座標平面の横軸は「t軸」と「x軸」のどちらですか？”

困ったら基礎・基本に戻りましょう！

今まで面積を$S=\int_a^b f(x)\,dx$として求めてきましたが、それはどのような面積でしたか？

下図は、197ページまたは227ページの図の再掲です。

図7.13 または **図7.37**

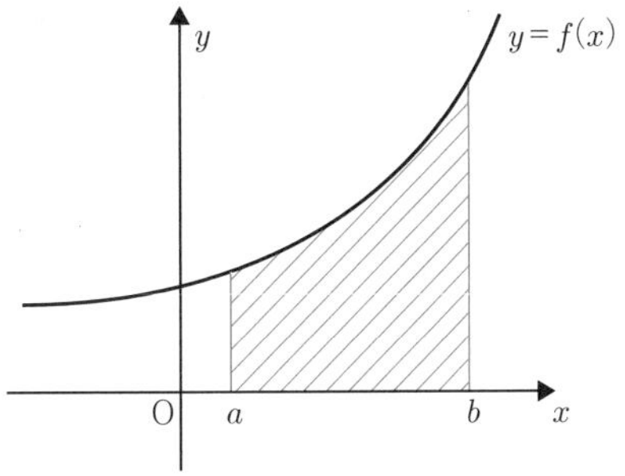

上図の斜線部分の面積が$\int_a^b f(x)\,dx$を計算することで求められました。

図7.13 または **図7.37**

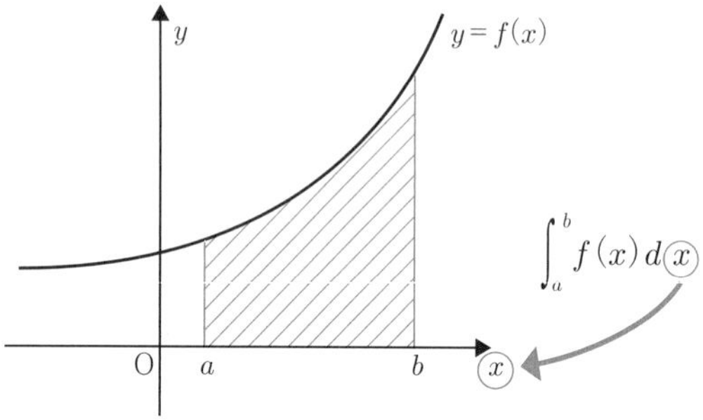

ということは、今回は $\int_0^1 |t-x|\,d(t)$ ですから、横軸は「t 軸」ですね！

それでは、横軸を t 軸、縦軸を u 軸として図示し、定積分 $\int_0^1 |t-x|\,dt$ が表す面積を考えながら解くことにしましょう。

解答 7.9

絶対値記号を含む関数 $y=|f(x)|$ のグラフは、**図7.45**のように、

関数 $y=f(x)$ のグラフの x 軸より下側の部分を

x 軸に関して折り返したもの

になりましたね。

図7.45

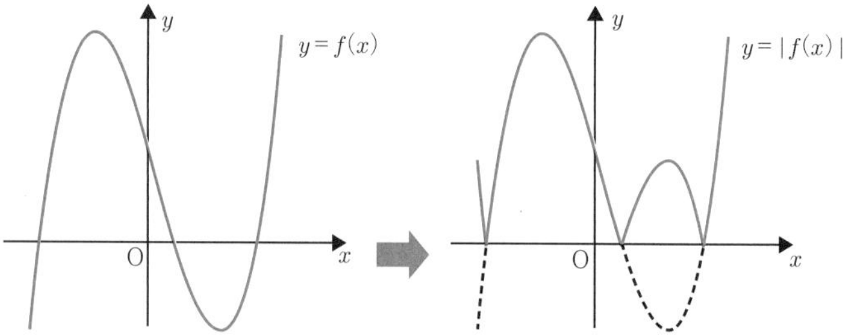

今回は関数$u=|t-x|$のグラフですから、最初に$u=t-x$のグラフを考えます。これは**図7.46**のようになります。このグラフの、t軸より下側の部分をt軸に関して折り返しますと、**図7.47**のようになります。

図7.46

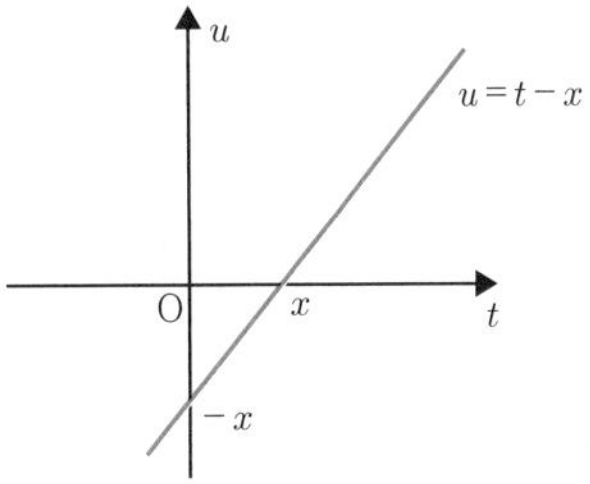

図7.47

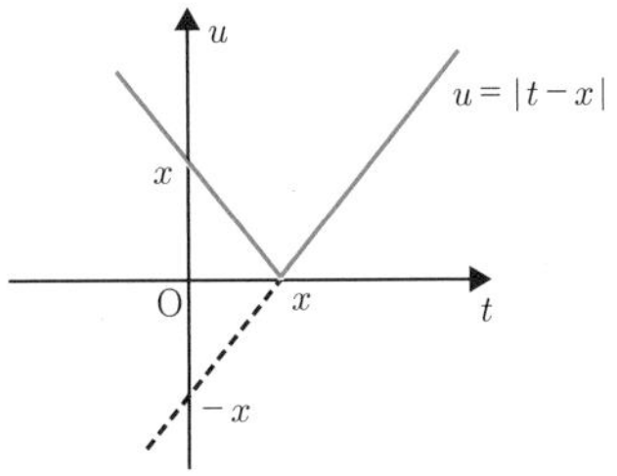

問題文に、「$0 \leqq x \leqq 1$のとき、定積分$\int_0^1 |t-x|\,dt$」とありましたから、

$0 \leqq x \leqq 1$

積分区間が0から1まで

であることを考慮しますと、この定積分が表すのは、**図7.48**の斜線部分の面積となります。

図7.48

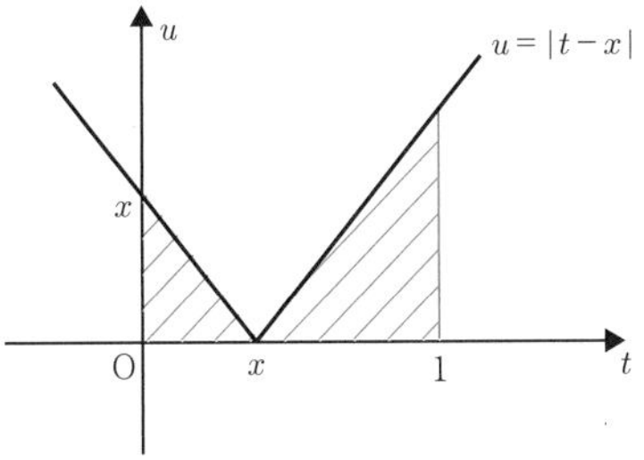

この面積を求め、その最小値を求めれば良いだけですから、ここまで到達しましたら、あとは作業に過ぎません。

関数$u=|t-x|$のグラフは、関数$u=t-x$のグラフを

$t<x$の部分は折り返した　**$t \geqq x$の部分はそのまま**

であることに注意しますと、

$$\int_0^1 |t-x|\,dt=\underline{\int_0^x \{-(t-x)\}\,dt}+\int_x^1 (t-x)\,dt$$

$$=\int_0^x (-t+x)\,dt+\int_x^1 (t-x)\,dt=\left[-\frac{1}{2}t^2+xt\right]_0^x+\left[\frac{1}{2}t^2-xt\right]_x^1$$

$$=\left\{\left(-\frac{1}{2}x^2+x^2\right)-0\right\}+\left\{\left(\frac{1}{2}-x\right)-\left(\frac{1}{2}x^2-x^2\right)\right\}$$

$$=x^2-x+\frac{1}{2}=\left(x-\frac{1}{2}\right)^2+\frac{1}{4}$$

よって、　　　　$x=\dfrac{1}{2}$のとき最小値 $\dfrac{1}{4}$

別解 7.9　こちらは、より数式図訳による「複眼的計算力」が要求される解法です。

この定積分の表す面積は、2つの三角形の面積の和に過ぎません。

図7.49

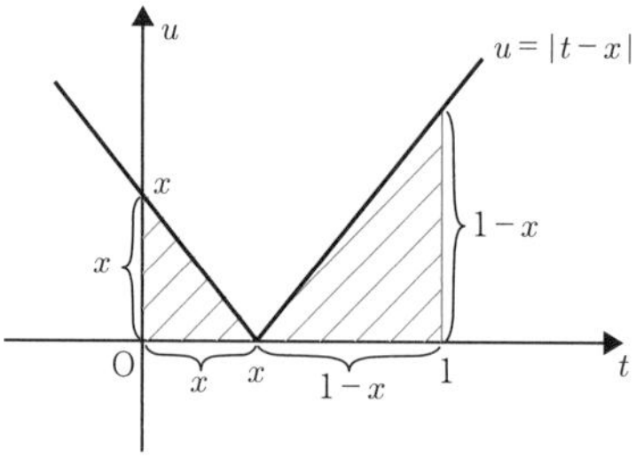

ただし、$x=0$や$x=1$のときには、一方の三角形がつぶれて、三角形が1つになりますが…。

三角形の面積は、$\frac{1}{2}$×底辺×高さ、で求められますので、

$$\int_0^1 |t-x|\,dt=\frac{1}{2}\times x\times x+\frac{1}{2}\times(1-x)\times(1-x)=\frac{1}{2}x^2+\frac{1}{2}(1-x)^2$$

$$=\frac{1}{2}x^2+\frac{1}{2}(1-2x+x^2)=x^2-x+\frac{1}{2}=\left(x-\frac{1}{2}\right)^2+\frac{1}{4}$$

よって、　$x=\frac{1}{2}$のとき最小値$\frac{1}{4}$

この問題を通して、理解できていると感じておられた「積分変数、被積分関数、積分区間の意味」について深く考えることで、知識が体系化されたのではないでしょうか！

7-4 円の面積

半径rの円の周の長さは$l=2\pi r$であることを、174ページで確認済みですので、続いて半径rの円の面積を3つの考え方で導出してみましょう。

導出① >>>（循環論法ですので、数学的には正しくありません）

発想は新しいですが、計算は本書の範囲内

導出② >>>（循環論法ですので、数学的には正しくありません）

発想は新しいですが、弧度法をご存知であれば計算は本書の範囲内

導出③ >>>（高校数学の学習範囲では循環論法になってしまいます）

発想はここまでの内容をご理解いただけていれば自然ですが計算は本書の範囲外

まずは、**導出①**からいきましょう！こちらを通して、区分求積法のアイデアを**バウムクーヘン積分**の考え方に発展させようと思います。

導出①の 構 想

“**図7.50**のように、ドーナツ型の面積を、薄い青のものから濃い青のものへ次々に集めますと円の面積になりますよね！”

図7.50

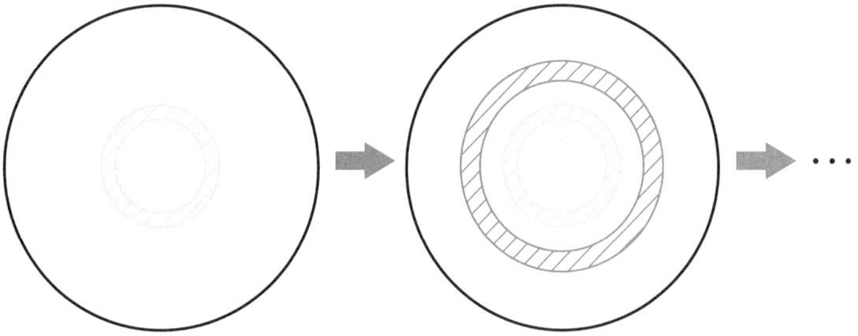

図7.51のように座標を設定し、円をn個のドーナツに分割します。ということは、各ドーナツの厚みは、それぞれ半径rの$\dfrac{1}{n}$倍、すなわち$r\cdot\dfrac{1}{n}$です。

図7.51

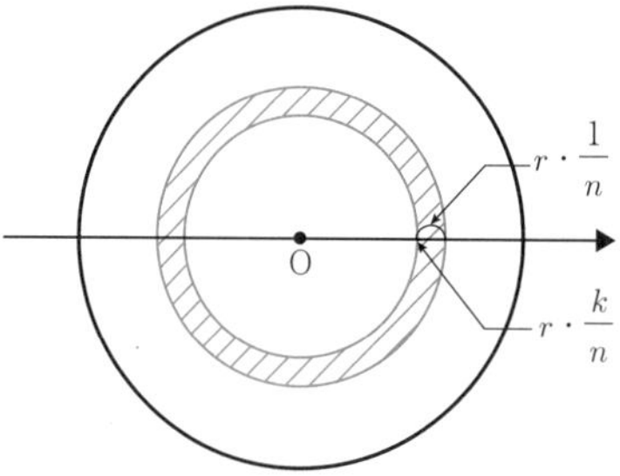

ドーナツ型の部分の面積は、大きい円から小さい円をくり抜けば求まります。これと、**図7.51**の斜線部分のようなドーナツ型の部分の面積の和の$n\to\infty$における極限値が求める面積Sであることから、

$$S$$

$$=\lim_{n\to\infty}\sum_{k=0}^{n-1}\left\{\pi\left(r\cdot\frac{k}{n}+r\cdot\frac{1}{n}\right)^2-\pi\left(r\cdot\frac{k}{n}\right)^2\right\}$$

（ここで、半径rの円の面積がπr^2であることを利用していますので、循環論法です…。）

$$=\lim_{n\to\infty}\sum_{k=0}^{n-1}\left[\left\{\pi\left(r\cdot\frac{k}{n}\right)^2+2\pi r\cdot\frac{k}{n}\cdot r\cdot\frac{1}{n}+\pi r^2\left(\frac{1}{n}\right)^2-\pi\left(r\cdot\frac{k}{n}\right)^2\right]\right.$$

$$=\lim_{n\to\infty}\sum_{k=0}^{n-1}\left\{\underline{2\pi r\cdot\frac{k}{n}\cdot r\cdot\frac{1}{n}}+\underline{\underline{\pi r^2\left(\frac{1}{n}\right)^2}}\right\}$$

ここで、$\lim_{n\to\infty}\sum_{k=0}^{n-1}\underline{2\pi r\cdot\frac{k}{n}\cdot r\cdot\frac{1}{n}}$と$\lim_{n\to\infty}\sum_{k=0}^{n-1}\underline{\underline{\pi r^2\left(\frac{1}{n}\right)^2}}$に分解して、詳しく調べてみます。

まず、区分求積法により(詳細は2ページ後)、

$$\lim_{n\to\infty}\sum_{k=0}^{n-1}\underline{2\pi r\cdot\frac{k}{n}\cdot r\cdot\frac{1}{n}}=\int_0^1 2\pi r^2 x\,dx$$

また、

$$\lim_{n\to\infty}\sum_{k=0}^{n-1}\underline{\underline{\pi r^2\left(\frac{1}{n}\right)^2}}$$

$$=\lim_{n\to\infty}\pi r^2\left(\frac{1}{n}\right)^2\sum_{k=0}^{n-1}1=\lim_{n\to\infty}\pi r^2\left(\frac{1}{n}\right)^2\underbrace{(1+1+\cdots+1)}_{1\text{が}n\text{個}}$$

$$=\lim_{n\to\infty}\pi r^2\left(\frac{1}{n}\right)^2\cdot\underset{\sim}{n}=\lim_{n\to\infty}\pi r^2\cdot\frac{1}{n}=0$$

よって、$\lim_{n\to\infty}\sum_{k=0}^{n-1}\left\{\underline{2\pi r\cdot\frac{k}{n}\cdot r\cdot\frac{1}{n}}+\underline{\underline{\pi r^2\left(\frac{1}{n}\right)^2}}\right\}$ の下線部と二重下線部の項のΣはともに収束し、二重下線部の項のΣは0となりますから、初めから無視することにします！すると、下線部だけが残りまして、

$$S=\lim_{n\to\infty}\left(\underline{\sum_{k=0}^{n-1}2\pi r\cdot\frac{k}{n}\cdot r\cdot\frac{1}{n}}\right)$$

という数式が得られます。

本当は、ドーナツ型の部分の「内側の小さい円の周の長さ」と「外側の大きい円の周の長さ」は異なります。しかし、$n\to\infty$のときはどうでしょうか？

このときには、**図7.52**のようにドーナツ型の部分を引き延ばすと、「内側の小さい円の周」と「外側の大きい円の周」の長さが一致するため長方形とみなすことができます。そして、その面積は、

内側の円周の長さ　×　厚み

$$2\pi r \cdot \frac{k}{n} \qquad r \cdot \frac{1}{n}$$

により計算することができます。これが「バウムクーヘン積分」の考え方になります！

図7.52

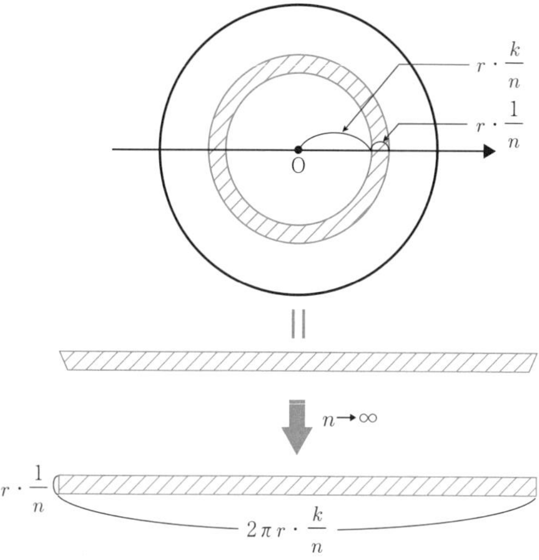

それでは、構想はここまでにしまして、導出に進みます。

導出① >>>（循環論法ですので、数学的には正しくありません）

円の面積は、$n \to \infty$において、**図7.52**の、縦が$r \cdot \dfrac{1}{n}$、横が$2\pi r \cdot \dfrac{k}{n}$である長方形を集めたものになりますので、

$$
\begin{aligned}
S &= \lim_{n\to\infty}\left(\sum_{k=0}^{n-1} \underbrace{2\pi r \cdot \frac{k}{n}}_{\text{横}} \cdot \underbrace{r \cdot \frac{1}{n}}_{\text{縦}}\right) \\
&= \int_0^1 \underbrace{2\pi r\, x}_{\text{横}}\ \underbrace{r\, dx}_{\text{縦}} \\
&= \int_0^1 2\pi r^2 x\, dx \\
&= 2\pi r^2 \int_0^1 x dx \\
&= 2\pi r^2 \left[\frac{1}{2}x^2\right]_0^1 \\
&= 2\pi r^2 \left(\frac{1}{2}-0\right) \\
&= \pi r^2
\end{aligned}
$$

今回のように、「薄い」ドーナツ型の面積を「集める」この方法は、**バウムクーヘン積分**に発展します。木の年輪のように積み上げていきますから、確かにバウムクーヘンに似ていますね！

続きまして、こちらも数学的には欠陥がありますが、2つ目の導出です。その欠陥とは、弧度法での扇形の面積の公式「$S = \dfrac{1}{2} r^2 \theta$」は、円の面積が$\pi r^2$であることから導かれることです。そのため循環論法となってしまいますが、数学的思考を鍛える良い機会になると思います！

導出② >>>(循環論法ですので、数学的には正しくありません)

極座標の面積公式、の考え方です。「薄い」扇形の面積を「集める」ことで、円の面積を求めます。

図7.53のように極座標を設定し、微小な角度$d\theta$(θは弧度法)を考えます。**図7.53**では、説明のためにある程度大きな角としていることをご理解ください。

図7.53

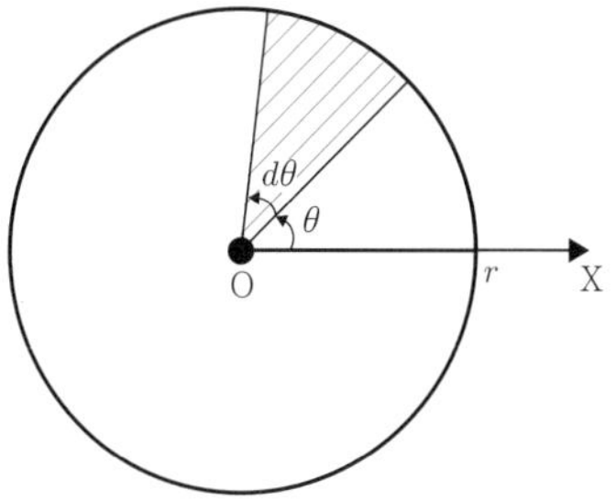

図7.53の(斜線部分の)扇形の面積は、$\dfrac{1}{2}r^2 d\theta$です。
よって、円の面積Sは、この扇形の面積を1周分集めまして、

$$S=\int_0^{2\pi}\frac{1}{2}r^2 d\theta=\frac{1}{2}r^2\int_0^{2\pi}d\theta=\frac{1}{2}r^2\left[\,\theta\,\right]_0^{2\pi}=\frac{1}{2}r^2(2\pi-0)=\pi r^2$$

最後に、3つ目の導出に進みましょう。計算は一部本書の範囲外の内容を含みますが、様々な角度から図形や数式を見る良い練習となります。

導出③ >>>（高校数学の学習範囲では循環論法になってしまいます）

図7.54のように座標を設定し、実線と点線の2曲線で囲まれた部分の面積を求めます。

図7.54

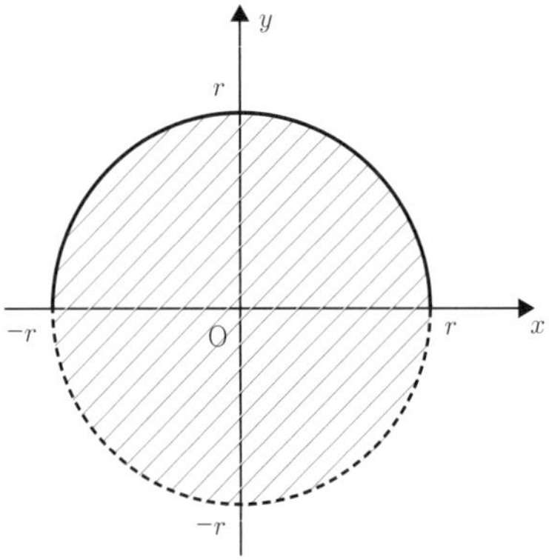

ここで、円は上下対称かつ左右対称ですから、右上の$\frac{1}{4}$の円の面積を求め、4倍しようと思います。

図7.55

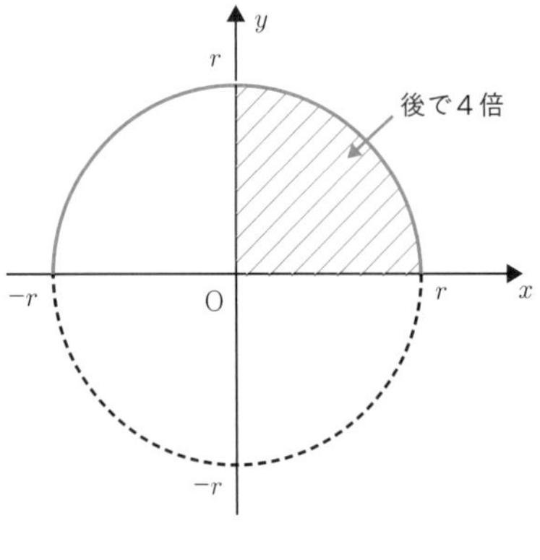

それでは、左下の**図7.55**の実線（円の上半分）は、どのような方程式で表されるでしょうか？

図7.56のように、円の上半分の中にある直角三角形を取り出します。

図7.56

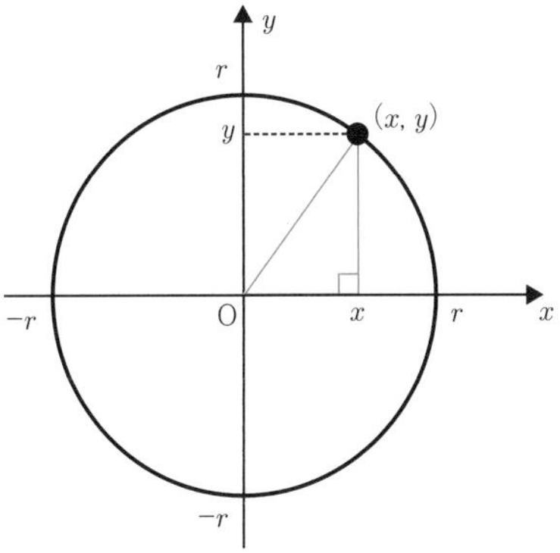

この図では、xとyは正ですが、xやyが0や負の場合にも通用するように、x、yともに絶対値記号をつけて、方程式を立てます。**図7.56**の直角三角形の3辺の長さは**図7.57**のようになります。

図7.57

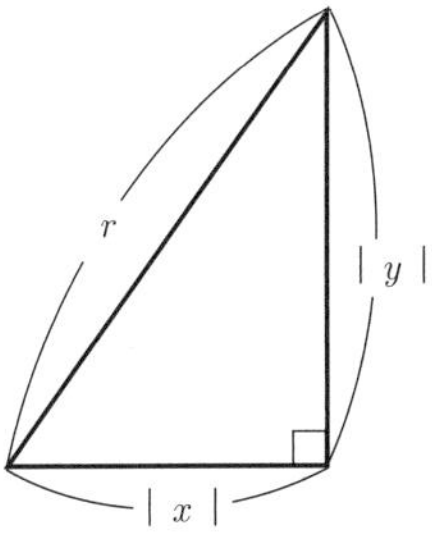

この直角三角形において、三平方の定理を用いますと、

$$|x|^2+|y|^2=r^2$$

$$x^2+y^2=r^2$$

(点(x, y)が、点$(r, 0)$、$(0, r)$、$(-r, 0)$、$(0, -r)$にあり、直角三角形がつぶれるときにも、この式においてそれぞれ$x=r$、$y=0$等とすると、

$$r^2+0^2=r^2、0^2+r^2=r^2、(-r)^2+0^2=r^2、0^2+(-r)^2=r^2$$

となり、成り立ちます。)

よって、 $$y^2=r^2-x^2$$

円の上半分では、yは0以上の数ですから、

$$y=\sqrt{r^2-x^2}$$

ちなみに円の下半分は、この右辺を-1倍した

$$y=-\sqrt{r^2-x^2}$$

です。

したがって、右上の$\dfrac{1}{4}$の円の面積を求め、4倍することに気をつけますと、半径rの円の面積Sは、

$$S=4\int_0^r\sqrt{r^2-x^2}dx \qquad \cdots\cdots①$$

$\int_0^r\sqrt{r^2-x^2}dx$が問題ですね。計算は、本書の範囲外の計算となりますので、流し読みをしていただいて結構です。

$x=r\sin\theta$と置き換えますと、$dx=r\cos\theta\,d\theta$

x	$0\to r$
θ	$0\to\frac{\pi}{2}$

よって、

$$\int_0^r\sqrt{r^2-x^2}\,dx$$

$$=\int_0^{\frac{\pi}{2}}\sqrt{r^2-(r\sin\theta)^2}\,r\cos\theta\,d\theta=\int_0^{\frac{\pi}{2}}\sqrt{r^2(1-\sin^2\theta)}\,r\cos\theta\,d\theta$$

$$=\int_0^{\frac{\pi}{2}}\sqrt{r^2\cos^2\theta}\,r\cos\theta\,d\theta=\int_0^{\frac{\pi}{2}}\sqrt{(r\cos\theta)^2}\,r\cos\theta\,d\theta$$

$$=\int_0^{\frac{\pi}{2}}|r\cos\theta|\,r\cos\theta\,d\theta=\int_0^{\frac{\pi}{2}}r\cos\theta\,r\cos\theta\,d\theta$$

$$=r^2\int_0^{\frac{\pi}{2}}\cos^2\theta\,d\theta=\frac{r^2}{2}\int_0^{\frac{\pi}{2}}(1+\cos2\theta)\,d\theta=\frac{r^2}{2}\left[\theta+\frac{1}{2}\sin2\theta\right]_0^{\frac{\pi}{2}}$$

$$=\frac{r^2}{2}\left\{\left(\frac{\pi}{2}+\frac{1}{2}\sin\pi\right)-\left(0+\frac{1}{2}\sin0\right)\right\}=\frac{r^2}{2}\left\{\left(\frac{\pi}{2}+0\right)-(0+0)\right\}=\frac{\pi r^2}{4}$$

したがって、①より

$$S=4\int_0^r\sqrt{r^2-x^2}\,dx=4\cdot\frac{\pi r^2}{4}=\pi r^2$$

半径rの円の面積がπr^2であることを3通りに導出しました。小学生の頃、先生から教えられて考えもせず（？）受け入れ、テストのために暗記していた（？）公式が、積分法という新しい道具を用いれば自分で導くことができました！このように、小さな疑問の芽を摘まず、いつまでも頭の片隅で育てる姿勢が、深い理解等に繋がっていきます！

導出③の中で登場した

$$\int_0^r \sqrt{r^2 - x^2}dx = \frac{\pi r^2}{4}$$

は、結果だけで良いので覚えていただけたら、と思います。本書内において、この後にも何度か出てきます。

とはいえ、半径rの円の面積がπr^2であると分かった今となっては、$\int_0^r \sqrt{r^2 - x^2}dx = \frac{\pi r^2}{4}$は当然ではありませんか？この定積分で求められるのは、どこの面積でしたか？

図7.58の円の右上$\frac{1}{4}$の面積でしたから、πr^2の$\frac{1}{4}$倍に決まっていますよね！

図7.58

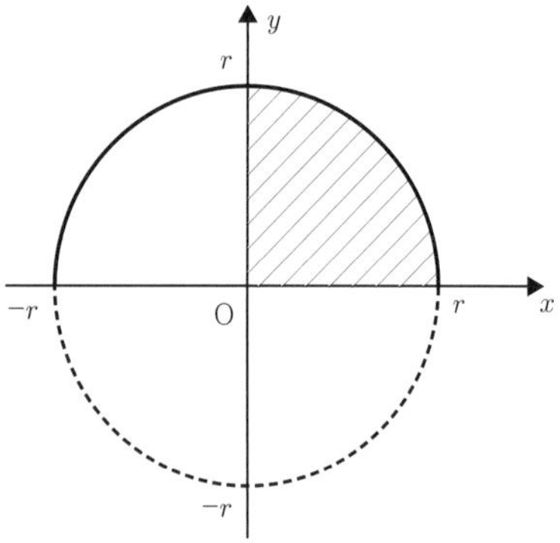

数式図訳を通して図形的センスを養うために、このイメージを残したまま、$\int_0^{\frac{r}{2}}\sqrt{r^2-x^2}dx$を求めてみましょう！

$\int_0^{r}\sqrt{r^2-x^2}dx$ から $\int_0^{\frac{r}{2}}\sqrt{r^2-x^2}\,dx$ と、上端が変わっただけですから、前者を参考にしますと、**図7.59**の斜線部分の面積を求めるわけですね！

図7.59

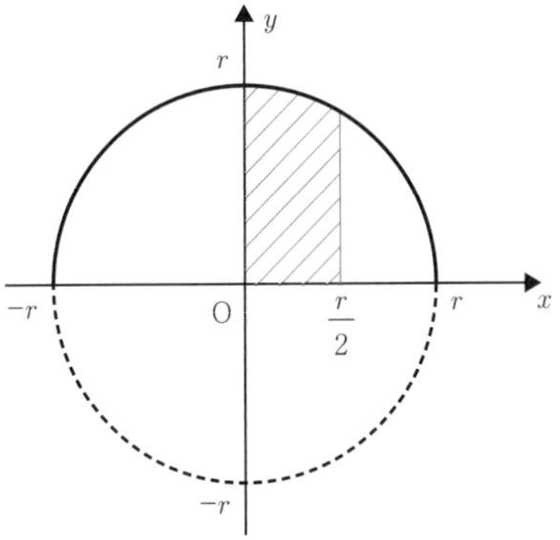

この面積をどのように求めましょうか？

図7.60のように、直角三角形（淡い青）と扇形（濃い青）に分割して求めます。直角三角形、扇形の面積をそれぞれS_1、S_2とします。

図7.60

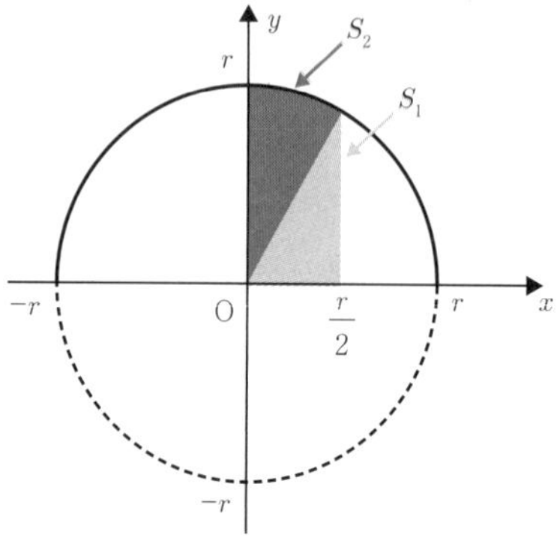

直角三角形は、直角の頂点のx座標が$\frac{r}{2}$、円の半径がrですから、**図7.61**のようになります。この直角三角形の3辺の比は、「$1:2:\sqrt{3}$」ですので、もう1辺の長さは、**図7.62**より、$\frac{\sqrt{3}}{2}r$

図7.61

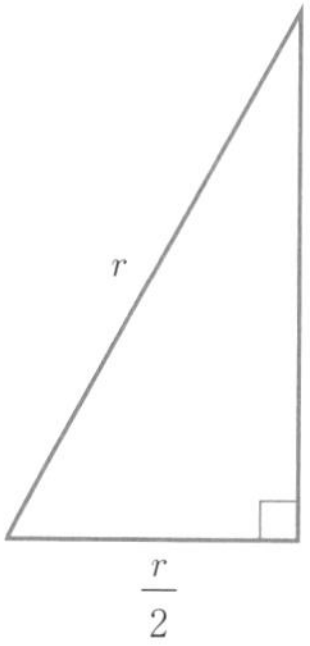

図7.62

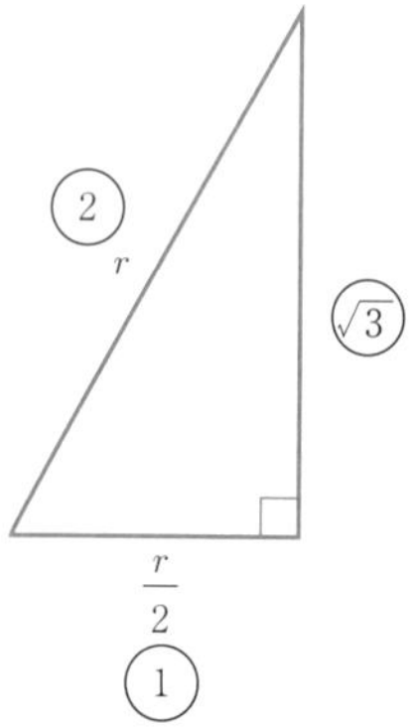

（**図7.61**に、三平方の定理を適用しても求めることができます。もう1辺の長さをlとしますと、$l^2+\left(\frac{r}{2}\right)^2=r^2$ですから、$l=\frac{\sqrt{3}}{2}r$となります。）

したがって、直角三角形の面積S_1は、

$$S_1=\frac{1}{2}\cdot\frac{r}{2}\cdot\frac{\sqrt{3}}{2}r=\frac{\sqrt{3}}{8}r^2 \qquad \cdots\cdots①$$

それでは、扇形の面積S_2を求めましょう。

扇形の中心角（**図7.63**の青い角）の大きさはいくつですか？

図7.63

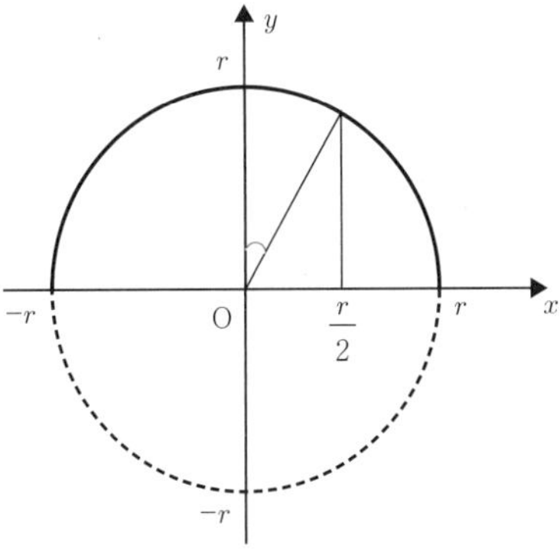

先程、面積S_1を求めた直角三角形は、3辺の長さの比が「1：2：$\sqrt{3}$」ですから、3つの内角の大きさは「30°、60°、90°」です。よって、**図7.64**より、扇形の中心角（**図7.64**の青い角）は30°と分かりますね！

よって、求める扇形の面積S_2は、中心角が30°、半径がrの扇形の面積ですから、

図7.64

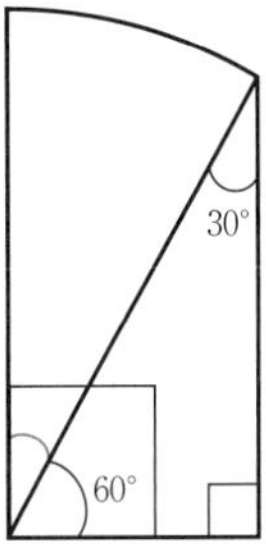

$$S_2=\pi r^2\times\frac{30}{360}=\frac{\pi r^2}{12} \qquad \cdots\cdots②$$

したがって、①、②より、

$$\int_0^{\frac{r}{2}} \sqrt{r^2 - x^2}\,dx = S_1 + S_2 = \frac{\sqrt{3}}{2}r^2 + \frac{\pi r^2}{12}$$

定積分と面積の関係を利用し、数式図訳して計算する、という「複眼的計算力」でしたね！計算を通しても、多角思考、読解力等を鍛えることができることをお忘れなく。

7-5 第7章の振り返り

薄い長方形を集めて面積を求めました。分解と統合という「微積思考」を中心とした「数学的思考」を鍛える絶好の機会となったことと思います。

宇宙を研究するとき、「素粒子（部分）」を調べることで「初期の宇宙（部分）」について知り、さらには「現在までの宇宙（全体）」を知ろうとしています。医療現場においても、直接「人体（全体）」では実施できない研究が*i*PS細胞等の「細胞（部分）」で行われ、その知見が「人体（全体）」に活用されています。このように、「全体を理解するために、まず部分を理解し、それを積み上げる」という微積思考は、科学全般や実社会でも用いられる思考です！しかし、実社会は「創発（部分の和≠全体）」ですから、どれだけ正確に部分を理解しても、完全に全体を理解することはできません。「創発」であることを意識しながら、本質を抽出したモデルにより微積思考しましょう！

第8章 積分法の発展

8-1 定積分と体積

面積を扱ってきましたので、次は体積といきましょう！

面積は「細長い長方形」を集めて求めることができました。それでは、体積は何を集めて求めることができるでしょうか？

区分求積法を発展させて、「薄い立体」を集めて求めることができそうですね！これを基にして、**図8.1**の立体の体積を求めていきましょう！

図8.1

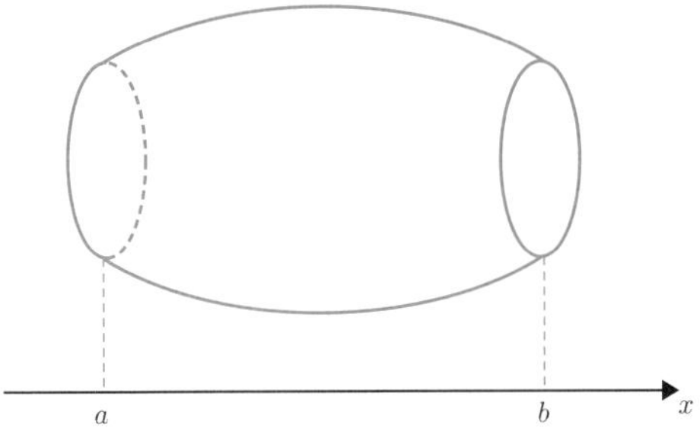

どのような薄い立体を考えましょうか？

この立体を縦に切断した断面を考えましょう！ということで、この立体の $x=t\ (a \leqq t \leqq b)$ のときの断面積を $S(t)$ とします。

この断面積$S(t)$に厚みdtをかけた薄い立体の体積を集めれば、元の立体の体積が求められます。

定積分と体積

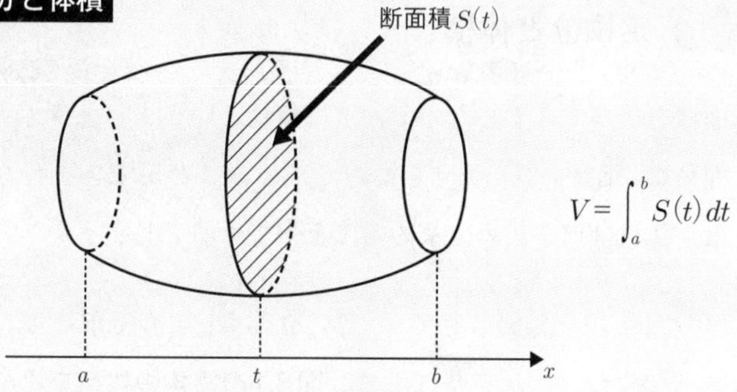

文字をtからxに書き替えますと、$V=\int_a^b S(x)\,dx$です。

区分求積法を用いて、より厳密に説明しようと思います。

元の立体をaからbまでをn等分した薄い立体の集まりであると考えます。$\Delta x=\dfrac{b-a}{n}$とし、また、x座標を$x_0=a$、$x_1=a+\Delta x$、$x_2=a+2\Delta x$、…、$x_n=b$とします。そうしますと、薄い立体の体積の和はどうなりますか？

$$S(x_0)\,\Delta x+S(x_1)\,\Delta x+S(x_2)\,\Delta x+\cdots+S(x_{n-1})\,\Delta x$$

となりますね。それでは、この分割をメチャクチャ細かくする、すなわち、$n\to\infty$とするとどうなるでしょうか？

この薄い立体の体積の和は、区分求積法により $\int_a^b S(x)\,dx$ となり、さらにこれは元の立体の体積 V と等しくなると考えられます。これを数訳しますと、

$$\lim_{n\to\infty}\{S(x_0)\,\Delta x+S(x_1)\,\Delta x+S(x_2)\,\Delta x+\cdots+S(x_{n-1})\,\Delta x\}$$

$$=\lim_{n\to\infty}\sum_{k=0}^{n-1}S(x_k)\,\Delta x=\int_a^b S(x)\,dx=V$$

よって、

$$V=\int_a^b S(x)\,dx$$

断面積を x の関数として表すことができれば、立体の体積が求まることが分かりました。本書では、x ではなく t を用いて表記した「$V=\int_a^b S(t)\,dt$」を用います。

8-2 円柱の体積

$V=\int_a^b S(t)\,dt$ を活用して、**図8.2**の円柱の体積を導いてみましょう！

図8.2

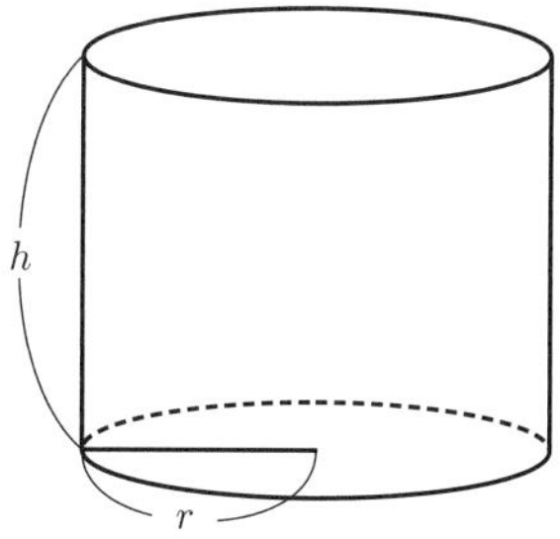

導出①

図8.3のように原点とx軸を設定します。

図8.3

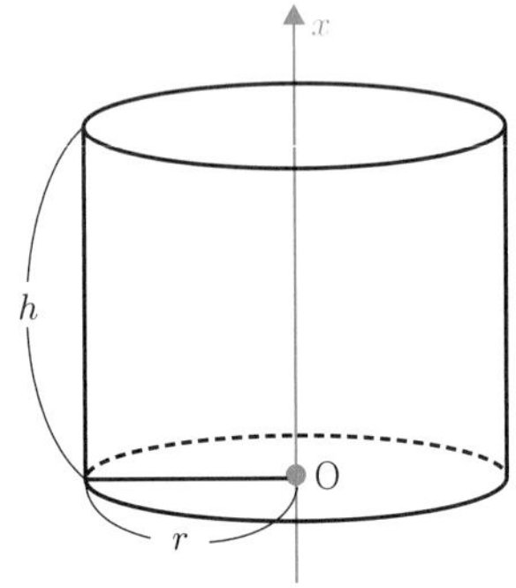

そうしますと、**図8.4**のような、平面$x=t$における断面積$S(t)$は、どのようなtの関数になるでしょうか？

図8.4

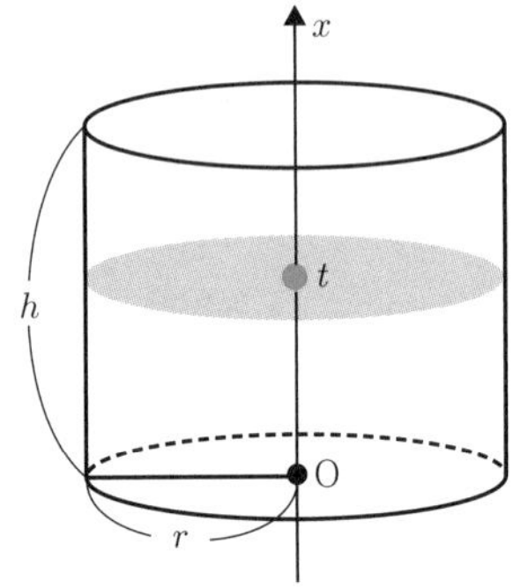

断面積$S(t)$はtの値によらずπr^2ですね！（もちろん、tの値を定めると、それに対応して断面積の値はπr^2とただ1つに定まりますので、断面積はtの（定数）関数です）ということで、この円柱の体積Vは、

$$V=\int_0^h \pi r^2 dt$$

πr^2は、積分変数tに関わらず一定ですから、

$$=\pi r^2 \int_0^h dt=\pi r^2 [t]_0^h=\pi r^2 h$$

続いて、「バウムクーヘン積分」を用いた導出に挑戦しましょう！

導出②

240ページのように、バウムクーヘンや木の年輪のようなものを積み上げるアイデアでしたね。**図8.5**のような中空の円筒を切り開いてできる直方体を、木が育つように、中央から外に向かって集めれば、円柱の体積が求まります。

図8.5

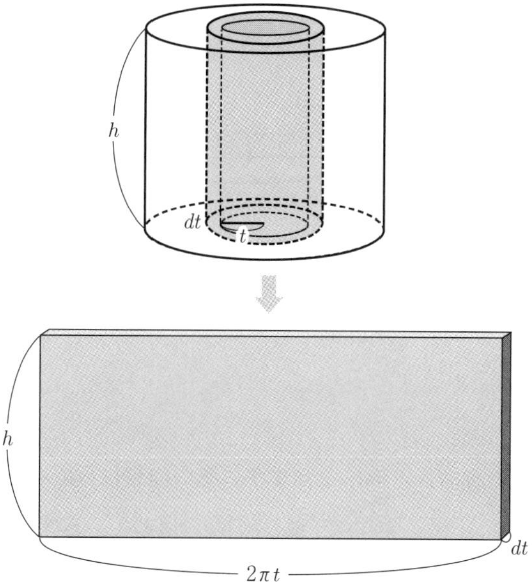

よって、

$$V=\int_0^r 2\pi th\,dt=2\pi h\int_0^r t\,dt=2\pi h\left[\frac{1}{2}t^2\right]_0^r$$

$$=2\pi h\left(\frac{1}{2}r^2-0\right)=\pi r^2h$$

それでは、多角思考を鍛えるためにも、**図8.6**のように原点とx軸を設定して、さらに異なる方法で導出してみましょう。

導出③

図8.6

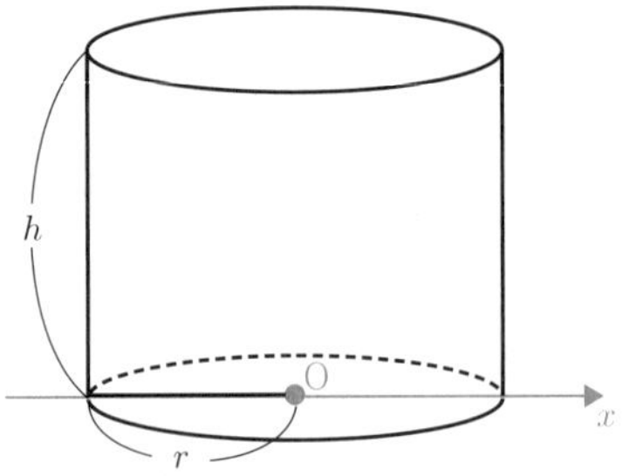

円柱の対称性から、**図8.6**の右半分の体積を求めて、2倍しようと思います。このとき、平面$x=t\,(t\geqq 0)$における断面積$S(t)$はどのように表されますか？

まず、断面は長方形になります。その面積は「縦×横」で求められますので、「縦」、続いて「横」、の順に求めていきましょう。

図8.7

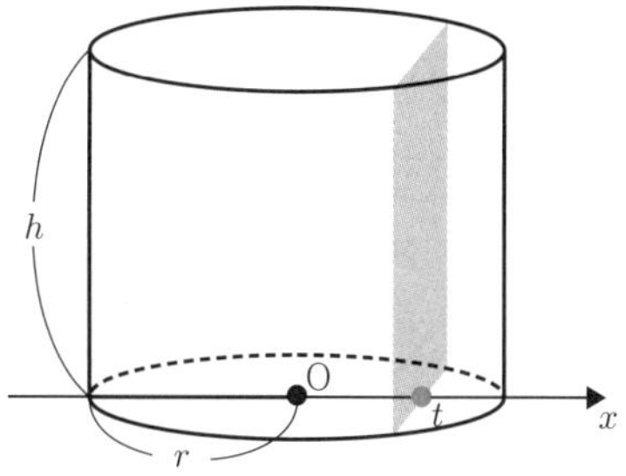

縦は円柱の高さhで一定ですね。それでは、横をtの関数として求めましょう。

この円柱を上から眺めますと、**図8.8**のようになります。

図8.8

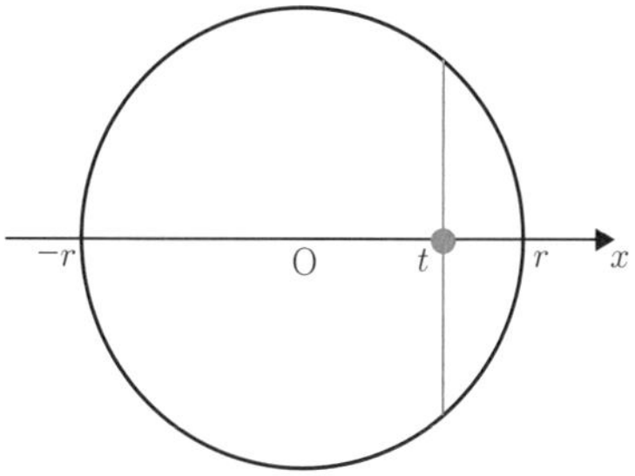

横（上の**図8.8**の青い線分）の長さはtで表すことができますか？

補助線として、**図8.9**の青い点線の線分を引きます。

図8.9

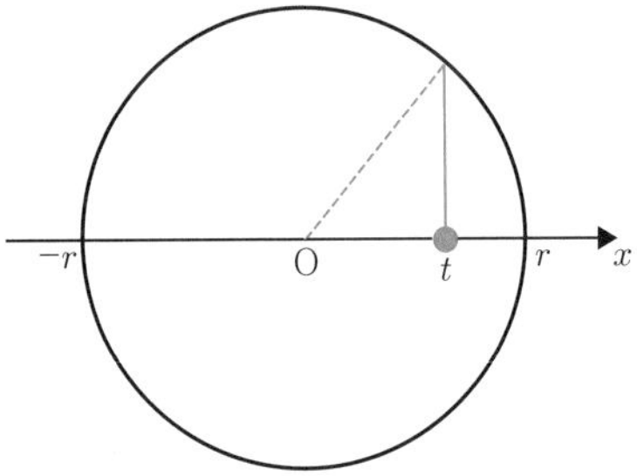

そして、この直角三角形を取り出し、分かっている情報をまとめますと、**図8.10**になります。

図8.10

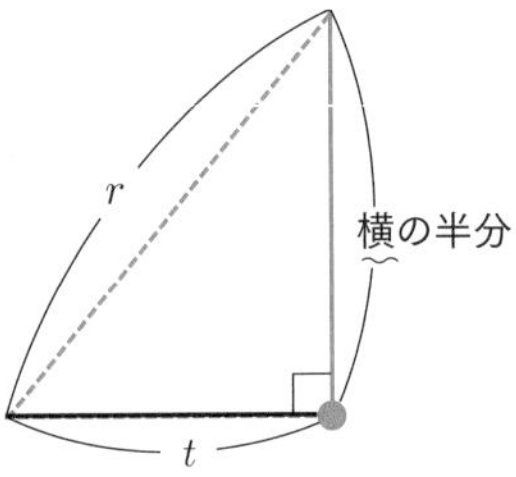

この直角三角形において、三平方の定理を用いますと、

$$\text{横の半分}^2 + t^2 = r^2$$

横の半分は0以上の数ですから、

$$\text{横の半分} = \sqrt{r^2 - t^2}$$

よって、

$$\text{横} = 2\sqrt{r^2 - t^2}$$

これで、縦×横により、断面積$S(t)$をtの関数として表すことができます。

$$S(t)=\underline{h}\cdot 2\sqrt{r^2-t^2}=2h\sqrt{r^2-t^2}$$

よって、円柱の体積Vは、右半分を求めて2倍することを忘れずに立式しますと、

$$V=2\int_0^r 2h\sqrt{r^2-t^2}\,dt=4h\int_0^r\sqrt{r^2-t^2}\,dt$$

この定積分の結果は覚えていますか？ tとxが異なるだけですから、249ページ（250ページ）のように、

$$\int_0^r\sqrt{r^2-t^2}\,dt=\frac{\pi r^2}{4}$$

です。したがって、

$$V=4h\int_0^r\sqrt{r^2-t^2}\,dt=4h\cdot\frac{\pi r^2}{4}=\pi r^2h$$

導出①〜③により、円柱の体積$V=\pi r^2h$と確認することができました。馴染みのある「底面積×高さ」になっています。また、角柱の場合も同様になりそうですね！さらに、円錐や角錐の場合も、相似を利用しますと同様に$V=\dfrac{1}{3}Sh$と導出することができます。円錐の体積に関しては、278ページで詳しく扱おうと思います。

それでは、続いて、円柱に細工を施した場合を考えてみましょう。

問題 8.1　1958東京大学二次（改）

底面の半径がaであるような直円柱がある。底面の直径を通り、底面と45°の角をなす平面でこの直円柱をきり、この平面と直円柱の底面および側面で包まれた図のような立体を作る。この体積を求めよ。

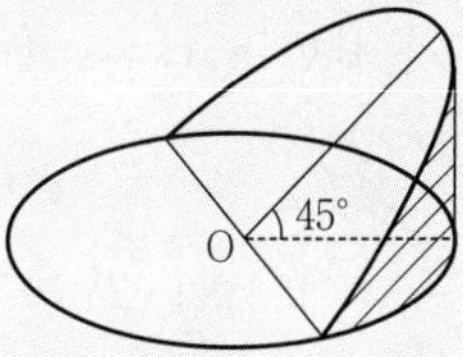

構想

“この立体の体積を求めたいわけですから、どうアプローチしていきましょうか？”

断面積を求めて、それを積分すると良いですね！

図8.11のように、座標を設定しますと、どのような断面を考えると良いでしょうか？

図8.11

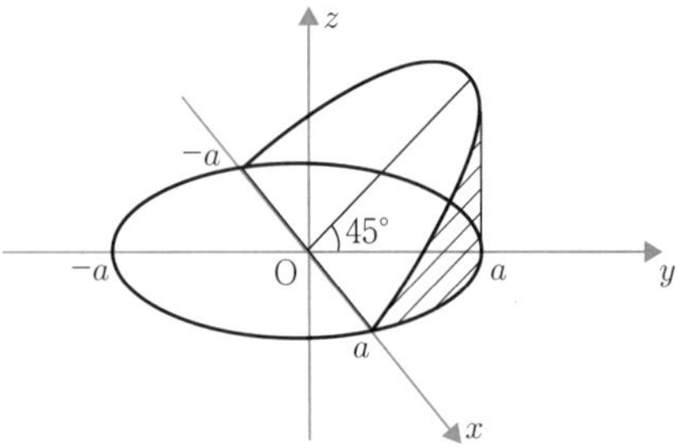

x軸に垂直な平面、y軸に垂直な平面、z軸に垂直な平面、…といった、様々な解答が可能です。本書では、最初に「x軸に垂直な平面での断面」から始めます（なぜならば、本書の積分計算のみでは、他の解法は計算できないからです…）。後程、計算は数式の羅列で済ませながら、「y軸に垂直な平面での断面」、「z軸に垂直な平面での断面」も扱います。

解答 8.1　x軸に垂直な平面での断面

前ページの**図8.11**のように座標を設定し、平面$x=t\ (0 \leqq t \leqq a)$での断面を考えます。この立体は、yz平面に関して対称です（手前半分と奥半分が対称になっています）から、手前半分の体積を求め、後で2倍します。

x軸に垂直な平面での断面は、どのような図形で、その断面積はいくつですか？

図8.12

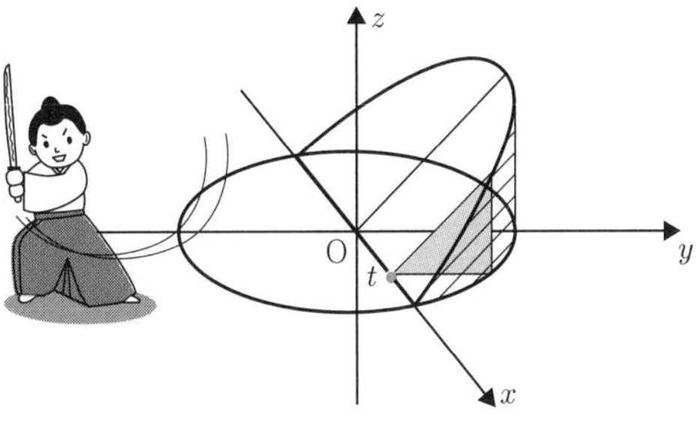

この断面は**図8.12**のような直角二等辺三角形です。それでは、その断面積はいくつでしょうか？

断面を青い実線、補助線を青い点線で表現した**図8.13**で確認していきましょう（この問題では、他の2つの解答でも同様に線の区別をしています）。

真上から見た「xy平面」を取り出しますと、断面の直角二等辺三角形の底辺の長さ（直角二等辺三角形ですので、高さでもあります）が下の**図8.13**のように求まります。

図8.13

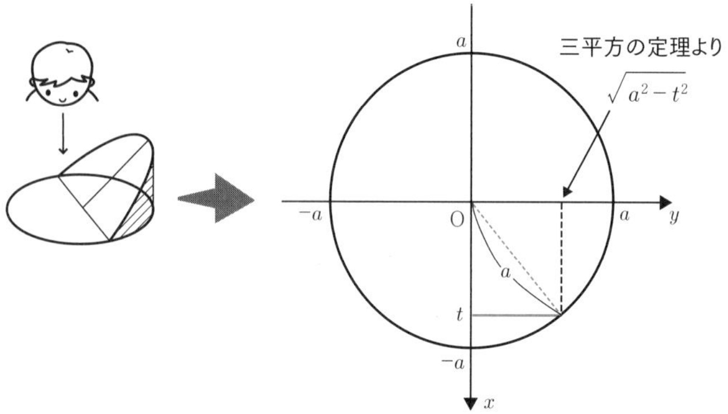

図8.13で求めた$\sqrt{a^2-t^2}$を利用して、手前から見た「平面$x=t$」を取り出しますと、底辺の長さと等しいので断面の高さが求まります。

図8.14

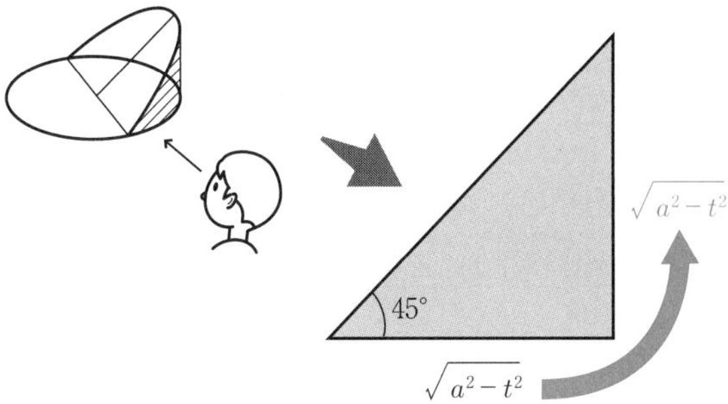

図8.14から、等しい2辺の長さが$\sqrt{a^2-t^2}$ですから、平面$x=t$での断面である直角二等辺三角形の面積は、

$$\frac{1}{2}\left(\sqrt{a^2-t^2}\right)^2=\frac{1}{2}\left(a^2-t^2\right)$$

よって、下のイラストのように手前半分の、無数の「断面の直角二等辺三角形」を集めて2倍しますと、求める体積は、

$$V=2\int_0^a\left\{\frac{1}{2}\left(a^2-t^2\right)\right\}dt$$

$$=\int_0^a\left(a^2-t^2\right)dt$$

$$=\left[a^2t-\frac{1}{3}t^3\right]_0^a$$

$$=\left(a^3-\frac{1}{3}a^3\right)-0=\frac{2}{3}a^3$$

平面$y=t$での断面積、平面$z=t$での断面積からも求め、微積思考に加え、多角思考を鍛える機会としましょう！本書の範囲外の積分計算が必要となりますので、そちらの計算は式の羅列に止めます。

別解① 8.1 y軸に垂直な平面での断面

こちらの断面は、どのような図形で、その断面積はいくつですか？

図8.15

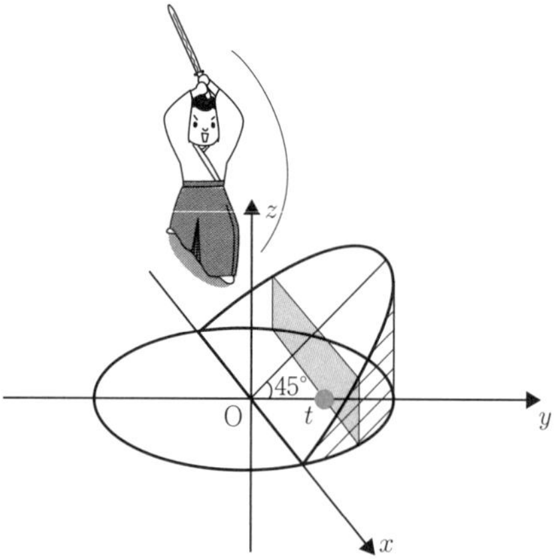

この断面は**図8.15**のような長方形です。それでは、その断面積はいくつでしょうか？

こちらの解法でも、断面を青い実線、補助線を青い点線で表現した**図8.16**と**図8.17**で確認していきましょう。

手前から見た「yz平面」を取り出しますと、断面の長方形の「縦」の長さは、**図8.16**のように求まります。

図8.16

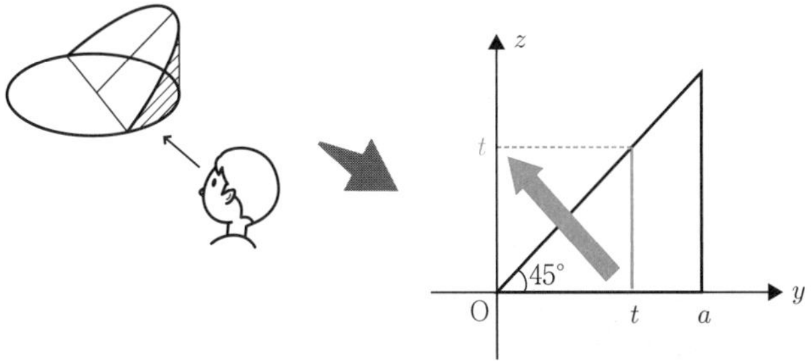

そして、真上から見た「xy平面」を考えることで、断面の長方形の「横」の長さが、**図8.17**のように青い点線の補助線を引くことにより求まります。

図8.17

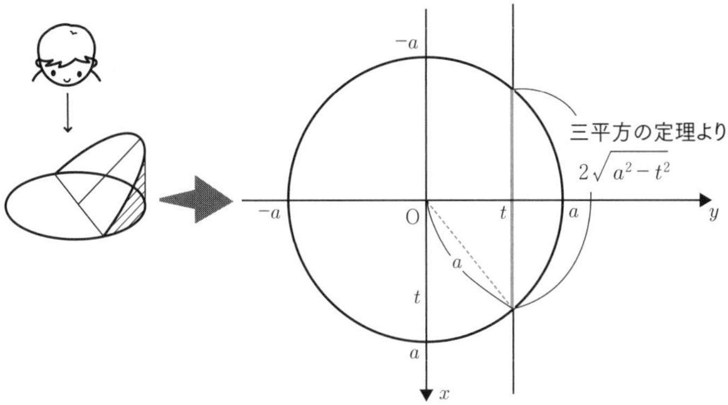

上の2つの図から、平面$y=t$における断面の長方形は、縦がt、横が$2\sqrt{a^2-t^2}$ですから、その面積は、

$$t\left(2\sqrt{a^2-t^2}\right)$$

よって、下のイラストのように、無数の「断面の長方形」を集めますと、求める体積は、本書の範囲外の積分計算になりますが、

$$V=\int_0^a t\left(2\sqrt{a^2-t^2}\right)dt$$
$$=\left[-\frac{2}{3}\left(a^2-t^2\right)^{\frac{3}{2}}\right]_0^a$$
$$=0-\left(-\frac{2}{3}a^3\right)=\frac{2}{3}a^3$$

別解② 8.1

z軸に垂直な平面での断面積

こちらの断面は、どのような図形で、その断面積はいくつですか？

図8.18

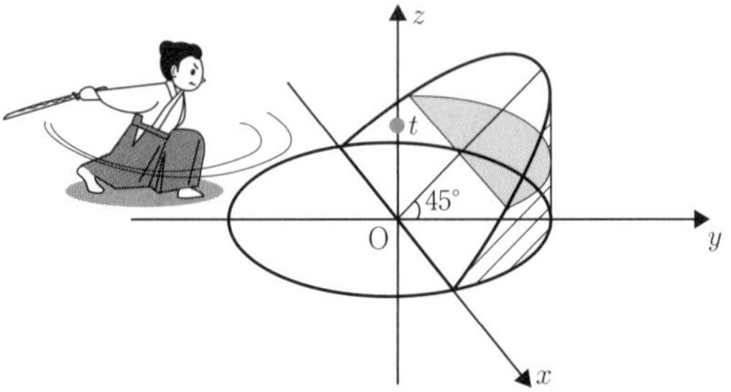

この断面は**図8.18**のような円の一部である「弓型」です。それでは、その断面積はいくつでしょうか？

手前から見た「yz平面」を取り出しますと、断面の弓形の、y座標の最小値が求まります。

図8.19

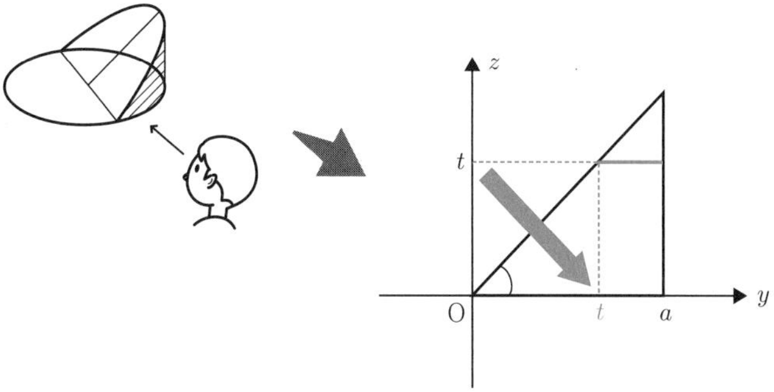

これを踏まえますと、真上から見た「平面 $z=t$」での断面の弓形は、図8.20のようになっていると分かります。

図8.20

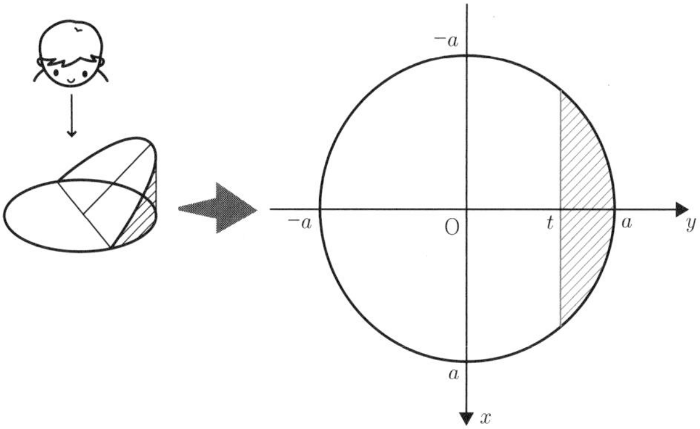

この面積は、$2\int_t^a \sqrt{a^2-t^2}\,dt$ と表すことはできますが、このままでは計算ができません…。そこで、この弓型の面積は、次のように計算します。

図8.21の角を、弧度法でθとします。ただし、$t=a\cos\theta$です。

図8.21

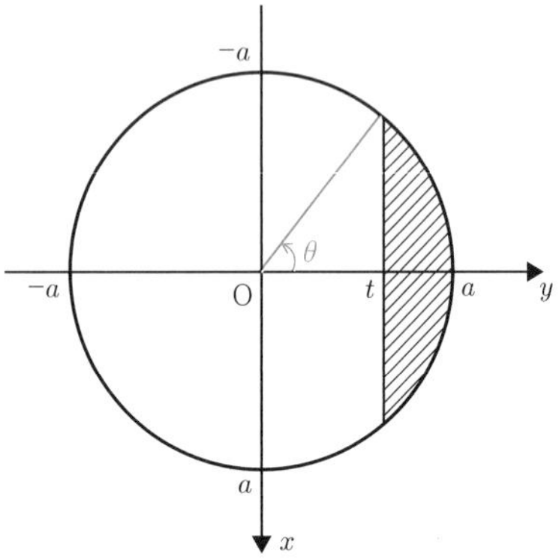

そして、三角比も取り入れて、次のように引き算で求めます。

図8.22

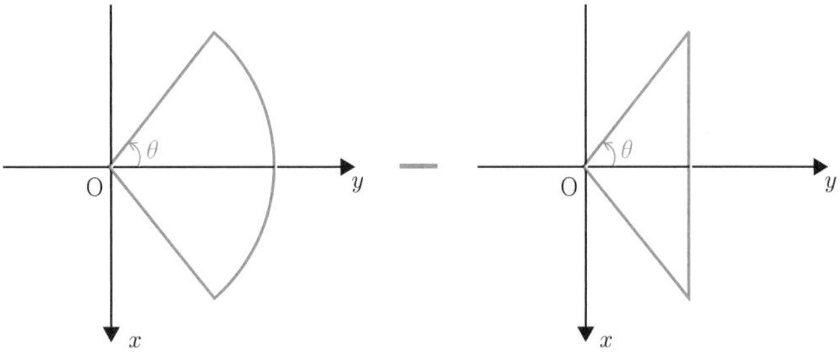

$$=\frac{1}{2}a^2\cdot 2\theta-\frac{1}{2}a^2\sin 2\theta$$

$$=a^2\theta-\frac{1}{2}a^2\cdot 2\sin\theta\cos\theta$$

$$=a^2(\theta-\sin\theta\cos\theta)$$

よって、下のイラストのように、無数の「断面の弓形」を集めますと、求める体積は、下の定積分を計算すれば求まります。

$$V=\int_0^a a^2(\theta-\sin\theta\cos\theta)\,dt$$

以下は、本書の範囲外の積分です。$t=a\cos\theta$でしたので、

$$dt=-a\sin\theta\,d\theta$$

t	$0\to a$
θ	$\dfrac{\pi}{2}\to 0$

これらから、

$$V=\int_{\frac{\pi}{2}}^{0} a^2(\theta-\sin\theta\cos\theta)(-a\sin\theta)\,d\theta$$

$$=a^3\int_0^{\frac{\pi}{2}}(\theta\sin\theta-\sin^2\theta\cos\theta)\,d\theta$$

$$=a^3\left(\underline{\int_0^{\frac{\pi}{2}}\theta\sin\theta\,d\theta}-\underline{\int_0^{\frac{\pi}{2}}\sin^2\theta\cos\theta\,d\theta}\right)$$

ここで、

$$\underline{\int_0^{\frac{\pi}{2}}\theta\sin\theta\,d\theta}=\left[\theta\,(-\cos\theta)\right]_0^{\frac{\pi}{2}}-\int_0^{\frac{\pi}{2}}(-\cos\theta)\,d\theta$$

$$=0-0+\int_0^{\frac{\pi}{2}}\cos\theta\,d\theta=\left[\sin\theta\right]_0^{\frac{\pi}{2}}=\underline{1}$$

$$\int_0^{\frac{\pi}{2}} \sin^2\theta\cos\theta\, d\theta = \left[\frac{1}{3}\sin^3\theta\right]_0^{\frac{\pi}{2}} = \frac{1}{3} - 0 = \frac{1}{3}$$

したがって、

$$V = a^3\left(1 - \frac{1}{3}\right) = \frac{2}{3}a^3$$

3通りの解法を紹介しました。別解の計算は本書の範囲外ですから、分からなくても気になさないでください。様々な角度から問題、図形を眺め、多角思考を鍛える良い題材でしたね！

8-3 回転体の体積

図8.23

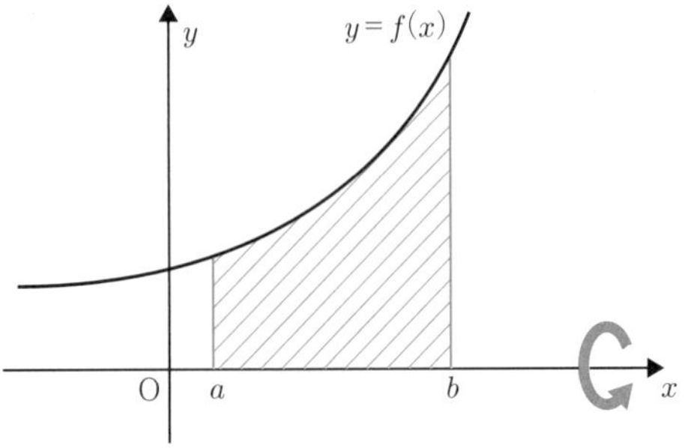

図8.23の斜線部分をx軸の周りに回転させてできる、**図8.24**の立体の体積を求めてみましょう。

図8.24

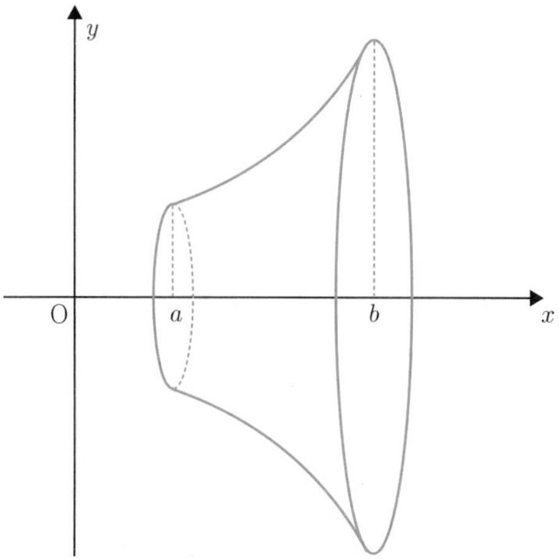

どのように考えていきましょうか？

そうです、断面積から攻めますよね！

それでは、どのような平面で切断した断面を考えましょうか？

x軸に垂直な平面で切断すると良いですね！なぜかと言いますと、断面が円になるからですね。それではxが$t\,(a \leqq t \leqq b)$のときの断面積はどうなるでしょうか？

図8.25

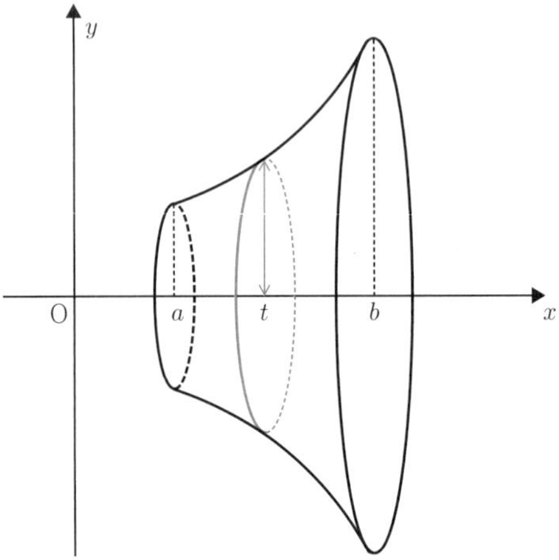

断面の半径は$x=t$におけるy座標、すなわち$f(t)$です！ということは、断面積は円の面積の公式から、

$$\pi\{f(t)\}^2$$

となりますから、求める立体の体積Vは、最後にtをxに書き替えますと、

$$V=\int_a^b \pi\{f(t)\}^2 dt=\pi\int_a^b \{f(x)\}^2 dx$$

この簡単な応用例として、257ページでも扱いましたが、再び底面の半径がr、高さがhである円柱の体積を求めてみましょう。**図8.26**の長方形を、x軸の周りに回転させた立体の体積を求めることになります。

図8.26

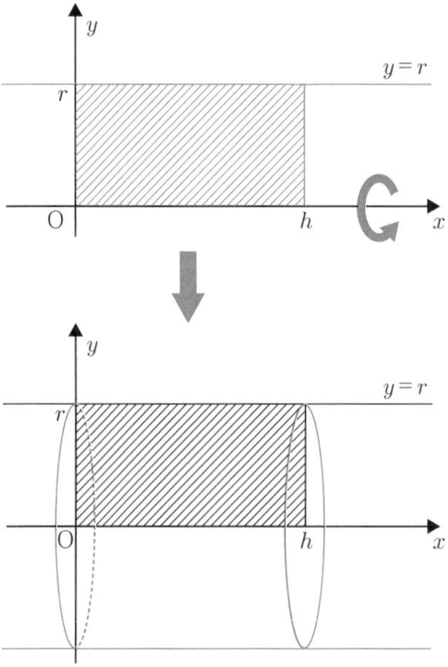

よって、その体積Vは、

$$V=\pi\int_0^h r^2dx=\pi r^2\int_0^h dx=\pi r^2[x]_0^h=\pi r^2h$$

もちろん、259ページと同じ結果が得られるわけですが、その過程が違いました。しかし、$V=\pi\int_a^b\{f(x)\}^2dx$と$V=\int_a^b S(x)\,dx$は、本質的には同じであることを理解し、$V=\pi\int_a^b\{f(x)\}^2dx$はショートカットするための公式にすぎないことを体系的に理解してください。

8-4 円錐の体積

それでは、**図8.27**のような、底面の半径がr、高さがhである円錐の体積を求めてみましょう（263ページで触れましたが、相似を利用して$V=\int_a^b S(t)\,dt$によって求めることもできます。しかし、今回は、回転体の体積であると考えることにします）。

図8.27

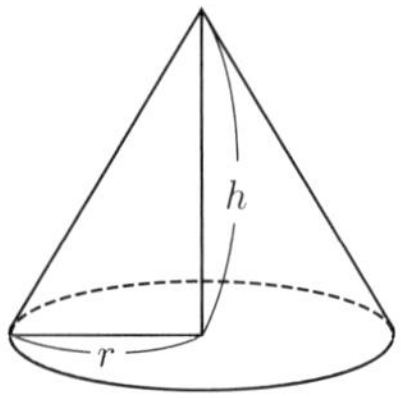

本書では、xy平面を**図8.28**のように定めようと思います。

図8.28

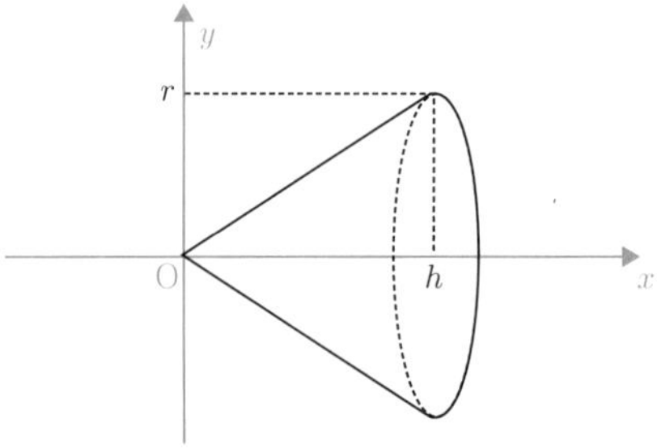

それでは、この円錐の体積を求めてみましょう！

x軸の周りの回転体の体積となりますから、**図8.30**の青い直線の方程式が分かれば、あとは計算するだけですね！

図8.29

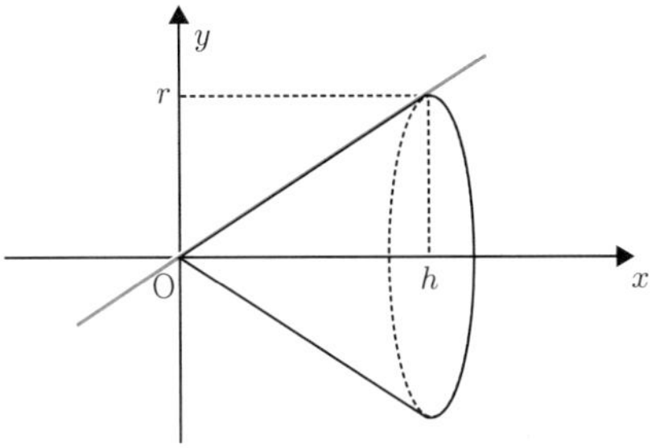

この**図8.29**から、傾きが$\dfrac{r}{h}$です。さらに原点を通ることから、この直線の方程式は、$y=\dfrac{r}{h}x$です！

よって、この円錐の体積Vは、

$$V=\pi\int_0^h\left(\frac{r}{h}x\right)^2dx=\pi\int_0^h\left(\frac{r}{h}\right)^2x^2dx=\pi\left(\frac{r}{h}\right)^2\int_0^h x^2dx$$

$$=\pi\left(\frac{r}{h}\right)^2\left[\frac{1}{3}x^3\right]_0^h=\pi\left(\frac{r}{h}\right)^2\frac{1}{3}h^3=\pi\frac{r^2}{h^2}\cdot\frac{1}{3}h^3=\frac{1}{3}\pi r^2h$$

よく知った「円錐の体積$=\dfrac{1}{3}\times$底面積$\times$高さ」が得られましたね！

8-5 第8章の振り返り

薄い断面を集めて体積を求めました。

第7章を発展させ、分解と統合という「微積思考」、そして別解は「多角思考」を鍛える機会となったことと思います。

バスケットボールで、平均20点とる力のある選手を5人集めたら、平均100点のチームが完成しますか？

そうではありませんよね。スポーツでは個々の能力に加えて、「チームケミストリー」が重要です。これさえあれば、先程とは逆に、個々の能力では劣る、平均10点とる力のある選手を5人集めて、平均80点のチームをつくることができます！知識と知識においても、このような「化学反応」を起こすことが大切です。そのために、記憶の海で釣りをする思考が、容易に釣り上げることができるように、多くのフックのついた（体系化された）知識にしましょう！

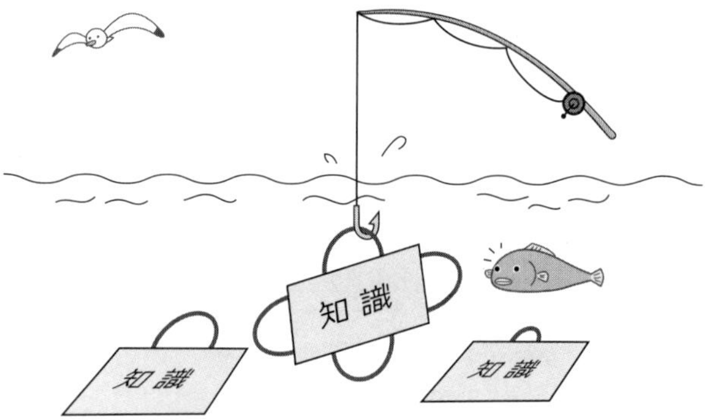

第9章 積分法の応用

9-1 球の体積と表面積

ここまでの積分法の内容を活用して、半径rの球の体積と表面積を求めてみましょう！

まずは、体積から始めましょう。**図9.1**のような、246ページでも扱った円の上半分とx軸で囲まれる図形を、x軸の周りに回転させた立体が球であることを利用して、その体積を求めましょう。

図9.1

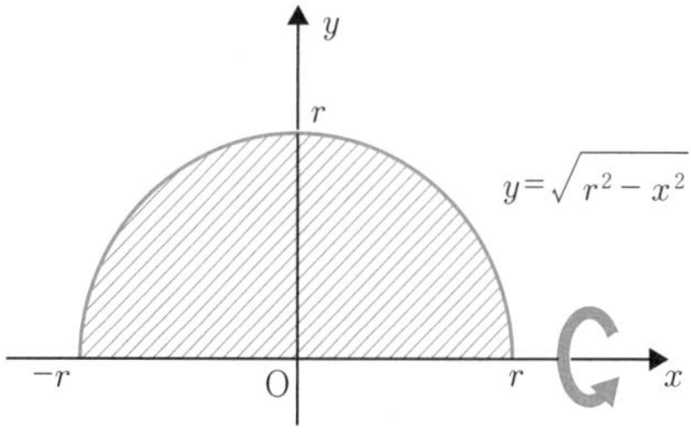

よって、半径rの球の体積Vは、球がy軸に関して対称であることを考慮し、右半分を2倍することにしますと、

$$V=\underline{2}\pi\int_0^r\left(\sqrt{r^2-x^2}\right)^2dx=2\pi\int_0^r\left(r^2-x^2\right)dx=2\pi\left[r^2x-\frac{1}{3}x^3\right]_0^r$$

$$=2\pi\left\{\left(r^3-\frac{1}{3}r^3\right)-0\right\}=2\pi\cdot\frac{2}{3}r^3=\frac{4}{3}\pi r^3$$

円の周の長さ、円の面積、円柱の体積、円錐の体積、球の体積と進めてきましたので、最後に「球の表面積」にいきましょう！

球の半径を定めますと、それに対応して球の表面積はただ1つに定まりますので、もちろん「球の表面積は半径の関数」になります。これを$S(r)$とします！

それでは、半径rの球の表面積を2通りで導出しようと思います。

導出①

半径が小さい球の表面積から、ドンドン大きくした球の表面積までを全て集めると、体積になります。**図9.2**の地球の断面図のように、内核、外核、マントル、地殻、と内側から順に集めますと、地球が出来上がります。バウムクーヘン積分の発想と良く似ていますね。次のページの**図9.3**のように、座標を設定します。図は2次元ですが、3次元の球をイメージして読み進めてください。

図9.2

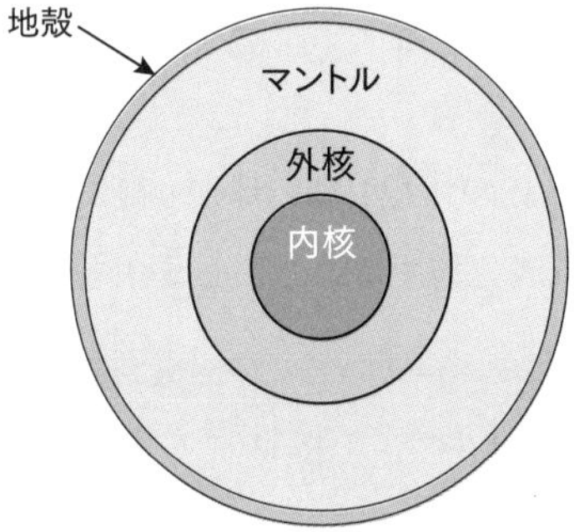

図9.3

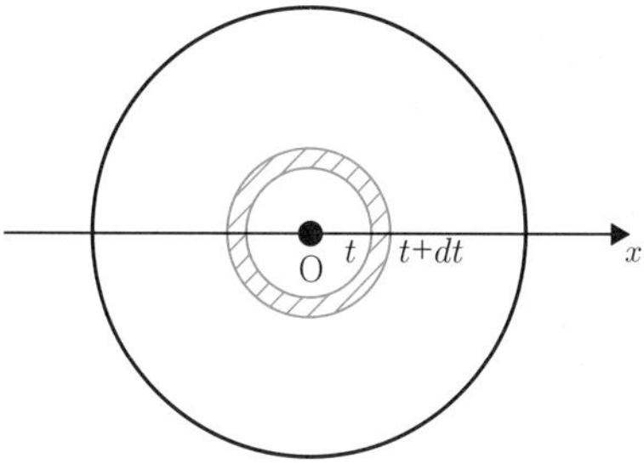

表面積を集めると体積になることを、和文数訳しますと、

$$\int_0^r S(t)\,dt = \frac{4}{3}\pi r^3 \qquad \cdots\cdots①$$

ここで、一般的な話に移ります。

$F'(x) = f(x)$、aは定数のとき

$$\int_a^x f(t)\,dt = \left[F(t)\right]_a^x = F(x) - F(a)$$

よって、　$$\frac{d}{dx}\int_a^x f(t)\,dt = \frac{d}{dx}\{F(x) - F(a)\}$$

$F(a)$は$F(x)$のxに定数aを代入して得られる値ですから、何らかの定数となります。それをxで微分しますと0になりますので、

$$\frac{d}{dx}\int_a^x f(t)\,dt = F'(x) = f(x)$$

したがって、このような定積分を微分すると、次のようになります。

定積分と微分法

$$\frac{d}{dx}\int_a^x f(t)\,dt = f(x) \qquad \text{ただし、}a\text{は定数}$$

この等式を覚えて当てはめるのではなく、前のページの論理展開を大切にしてください。

等式 $\displaystyle\frac{d}{dx}\int_a^x f(t)\,dt = f(x)$ を和訳しますと、

$\displaystyle\int_a^x f(t)\,dt$ → $(f(t)$を$)$**積分**して、

$\displaystyle\frac{d}{dx}\int_a^x f(t)\,dt$ → xで**微分**すると

$= f(x)$ → 元$(f(x))$に戻る

ということです！

それでは、球の体積の話に戻ります。①を得るところまで話を進めていました。

$$\int_0^r S(t)\,dt = \frac{4}{3}\pi r^3 \qquad \cdots\cdots①$$

この両辺をrで微分しましょう。

$$\frac{d}{dr}\int_0^r S(t)\,dt = \frac{d}{dr}\left(\frac{4}{3}\pi r^3\right)$$

$$S(r) = 4\pi r^2$$

これで球の表面積の公式が導出できました！

ところで、この考え方は、円の「面積」と「周の長さ」にも適用できそうですよね。先程、3次元の球で考えましたので、2次元の円の周の長さを導出してみましょう！

円の周の長さlを、木の年輪のように、半径が小さいものからドンドン大きくし、それらを全て集めると、面積πr^2になりますので、

$$\int_0^r l(t)\,dt = \pi r^2$$

この両辺をrで微分しますと、

$$\frac{d}{dr}\int_0^r l(t)\,dt = \frac{d}{dr}(\pi r^2)$$

$$l(r) \quad = \quad 2\pi r$$

このように、

球の体積　⇔　球の表面積

円の面積　⇔　円の周の長さ

といった「双方向思考」を意識しましょう。定積分と微分法の関係のように、微分法と積分法では「双方向思考」のチャンスがゴロゴロ転がっています！

それでは、もう一つの解法に進みましょう！こちらの解法では、本書の内容を超える計算ではありますが、断面を積み上げることで表面積を求めます。

正しい導出に進む前に、次の導出は、「数学的な間違い探し」になっています。これまで以上に、批判的に思考しながらお読みください！

(間違った) 導出②

球の表面積ですから、**図9.4**のように座標を設定し、平面$y=t$における断面の周の長さに厚みを掛けたものを集めれば良いですよね。

図9.4

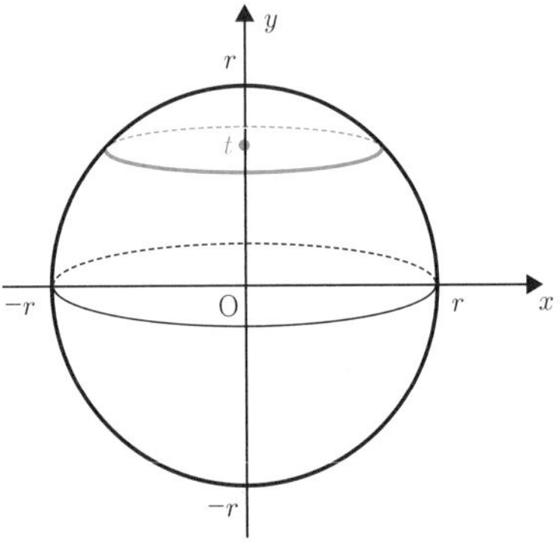

断面の半径を求めるために、**図9.5**の直角三角形に注目します。

図9.5

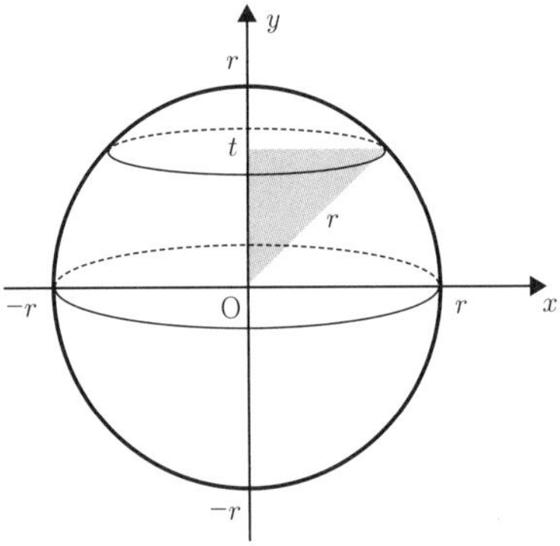

こちらの直角三角形において、三平方の定理より、断面の半径は、$\sqrt{r^2-t^2}$です。

よって、半径rの球の表面積Sは、断面の周の長さ$2\pi\sqrt{r^2-t^2}$に厚みdtを掛けたものを積分すると得られますから、上下対称であることも考慮しますと、

$$S=2\int_0^r 2\pi\sqrt{r^2-t^2}\,dt=4\pi\int_0^r\sqrt{r^2-t^2}\,dt$$

$\int_0^r\sqrt{r^2-t^2}\,dt$は、半径$r$の円の$\frac{1}{4}$の面積ですから、

$$=4\pi\cdot\frac{\pi r^2}{4}=\pi^2 r^2$$

あれ、知っている$S=\boxed{4\pi r^2}$ではありませんね…。

さらに、$\pi<4$ですから、この両辺に正の数πr^2を掛けますと、

$$\pi^2 r^2<\boxed{4\pi r^2}$$

となりますから、小さく見積もり過ぎています…。これはなぜでしょうか？

いくら微小区間とはいえ、「厚みをdt」としていることが問題です。**図9.6**を参考にして、その問題点を解消する方法を考えてください！

図9.6

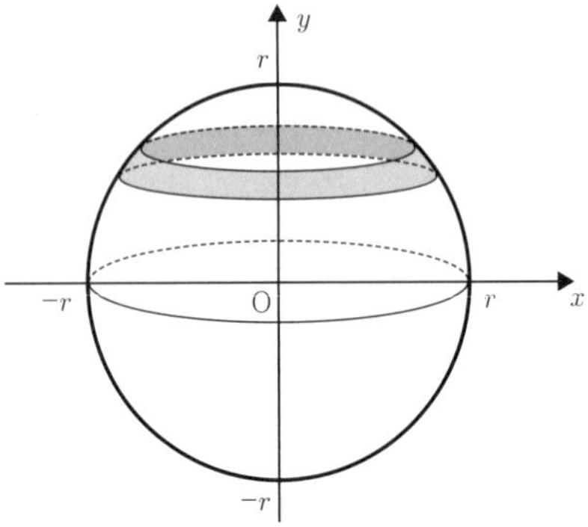

断面の周の長さに「y軸方向の厚み」を掛けるのは、あまりにも乱暴でしたので、厚みを「球面に沿って」準備することにします！りんごの皮をむくときも、表面に沿ってナイフを動かしますよね。

図9.7

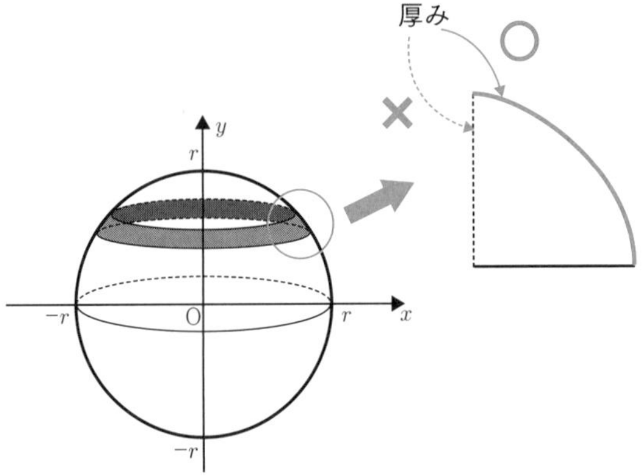

それでは、正しい導出といきます！計算は本書の範囲外になりますが、お付き合いください。

導出②

厚みをy軸方向にとるとずれが生じてしまいますので、厚みを「球面に沿う」ようにする、すなわち、下図（**図9.6**の再掲）の「球に沿った帯」を集めるというアイデアです！

図9.6

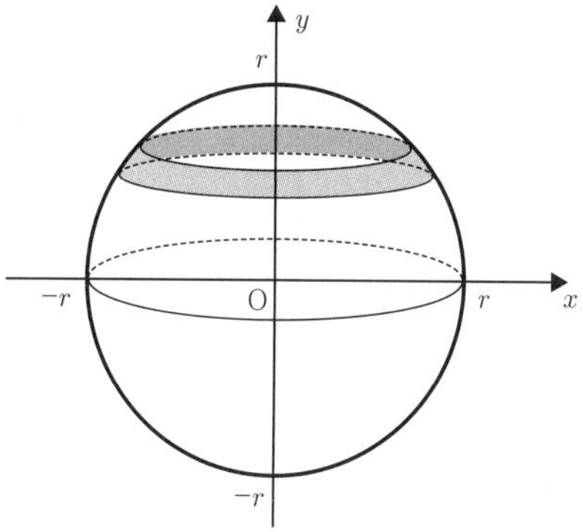

図9.6をまっすぐに手前から見まして、**図9.8**のように、弧度法でθと$d\theta$を設定します。

図9.8

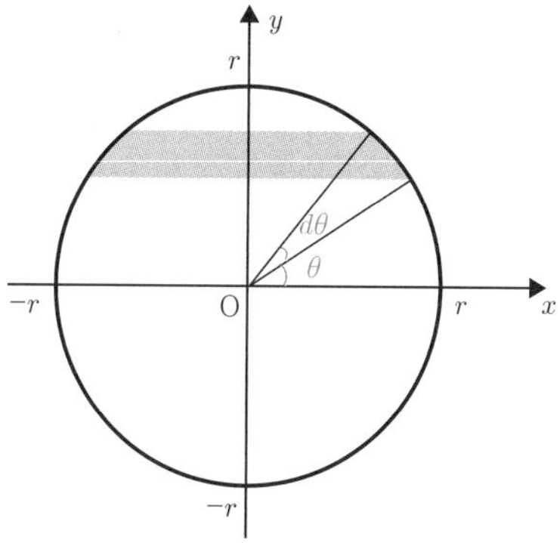

$d\theta$は、ものすごく小さな角度ですから、**図9.9**の青い帯は、(厳密には違いますが)「長方形」と考えることができます。

図9.9

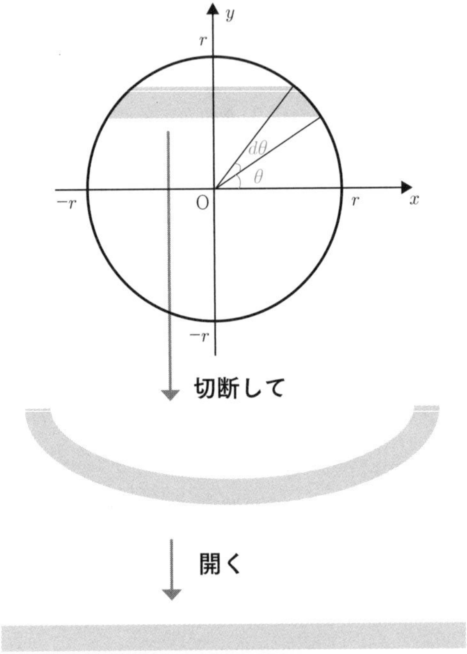

それでは、(三角比の知識が必要になりますが) この長方形の「横」の長さは、rとθを用いてどのように表されるでしょうか？

球の半径がrですから、**図9.10**のように、帯の右下のx座標が$r\cos\theta$となります。よって、長方形の「横」の長さは、「半径が$r\cos\theta$の円の周の長さですから$2\pi r\cos\theta$」と表されます！

図9.10

xy平面（真横から）

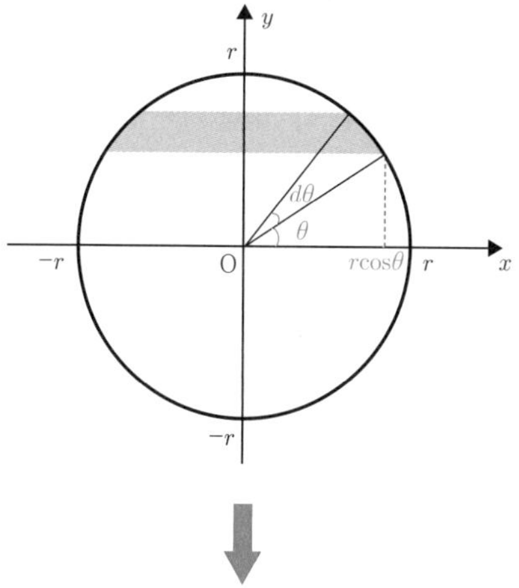

立体的に見る

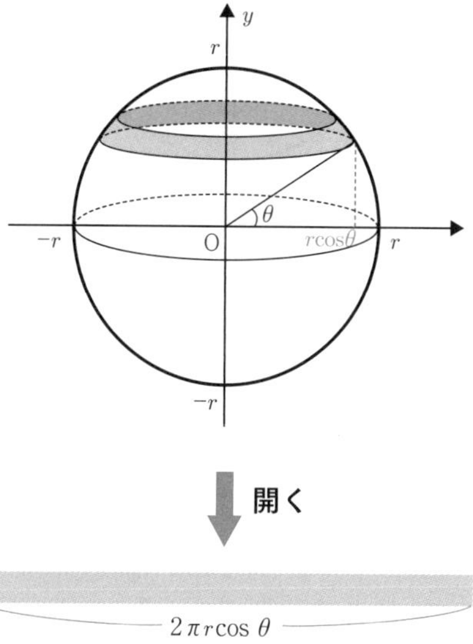

「横」に続いて、長方形の「縦」の長さは、rとθを用いてどのように表されるでしょうか？

「縦」の長さは**図9.11**の、中心角が$d\theta$、半径がrの扇形の弧の長さですから

$$2\pi r \times \frac{d\theta}{2\pi} = rd\theta$$

図9.11

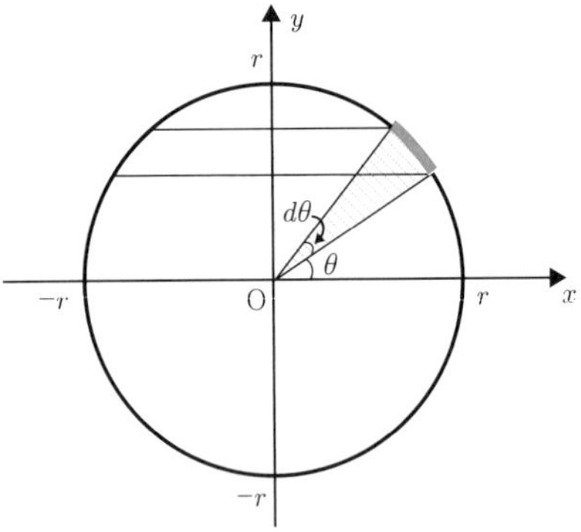

よって、帯の長方形は、**図9.12**のようになります。

図9.12

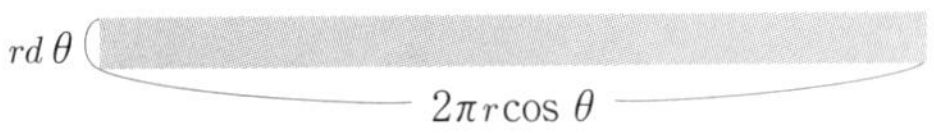

したがって、球の表面積Sは、「角度θを0から$\frac{\pi}{2}$まで細かく分けてできる、縦が$rd\theta$、横が$2\pi r\cos\theta$の薄い長方形を集めたものが上半分ですから、それを2倍」すれば求まりますから、

$$S=2\int_0^{\frac{\pi}{2}}\underline{2\pi r(\cos\theta)rd\theta}=4\pi r^2\int_0^{\frac{\pi}{2}}\cos\theta\,d\theta=4\pi r^2[\sin\theta]_0^{\frac{\pi}{2}}$$

$$=4\pi r^2\left(\sin\frac{\pi}{2}-\sin 0\right)=4\pi r^2(1-0)=4\pi r^2$$

球の表面積が2つの方法で導出できました。

それでは、**導出①、②**で得た知識を**9-2、9-3**の問題に活用しましょう！

9-2 定積分と微分法

円の表面積の**導出①**で、「定積分と微分法」の知識を獲得しました。本節では、これを活用する問題を解いてみましょう。

問題 9.1 関数$f(x)$が$\int_x^1 f(t)\,dt=x^2-2x+a$を満たすとき、$f(x)$と定数$a$の値を求めよ。

構想①

“まず、地道に解いていきましょう。
$\int_x^1 f(t)\,dt$は、どの文字の関数ですか？”

xの関数ですね！ 283ページと同様に、そのことを再確認します。$F'(x)=f(x)$としますと、

$$\int_x^1 f(t)\,dt=[F(t)]_x^1=\underline{F(1)-F(x)}$$

ですから、確かにxの関数ですね。さらに踏み込んで考えますと、$\int_x^1 f(t)\,dt = x^2 - 2x + a$ですから、この$x$の関数$\int_x^1 f(t)\,dt = F(1) - F(x)$が$x^2 - 2x + a$と等しくなるわけです。ということで、

$$F(1) - F(x) = x^2 - 2x + a$$

よって、　$$F(x) = -x^2 + 2x - a + F(1)$$

ですので、$F(x)$はxの2次関数です！

先程、$F'(x) = f(x)$としましたので、xの2次関数$F(x)$を微分した関数$f(x)$は、1次関数です。ということで、求めたい$f(x)$を、$bx + c\ (b \neq 0)$として、解いてみましょう。

解答① 9.1

$$\int_x^1 f(t)\,dt = x^2 - 2x + a \qquad \cdots\cdots①$$

から、$f(x) = bx + c\ (b \neq 0)$としますと、

$$\int_x^1 f(t)\,dt = \int_x^1 (bt + c)\,dt = \left[\frac{1}{2}bt^2 + ct\right]_x^1$$

$$= \left(\frac{1}{2}b + c\right) - \left(\frac{1}{2}bx^2 + cx\right) = -\frac{1}{2}bx^2 - cx + \left(\frac{1}{2}b + c\right)$$

①より　$$-\frac{1}{2}bx^2 - cx + \left(\frac{1}{2}b + c\right) = x^2 - 2x + a$$

この両辺の「関数」が等しくなるわけですから、この等式がxについての何になっていますか？

xについての恒等式になっていますね！ということで、両辺が同じ数式になっていますから、係数を比較しますと、

$$\begin{cases} -\dfrac{1}{2}b = 1 & \cdots\cdots② \\ -c = -2 & \cdots\cdots③ \\ \dfrac{1}{2}b + c = a & \cdots\cdots④ \end{cases}$$

②より　　$b=-2$（これは$b \neq 0$を満たします）

③より　　$c=2$

よって、　　$f(x)=-2x+2$

これらを④に代入しますと、

$$\frac{1}{2}\cdot(-2)+2=a$$

したがって、　　$a=1$

続きまして、「定積分と微分法」の関係を用いた、上手い解法で解いてみましょう。

構想②

“今求めたい$f(x)$は、与えられた数式

$$\underline{\int_x^1 f(t)\,dt} = x^2-2x+a$$

の左辺の被積分関数（のtをxに書き替えたもの）です。この被積分関数を取り出したいですから、定積分と微分法の公式

$$\frac{d}{dx}\int_a^x f(t)\,dt = f(x)$$

を連想しましょう。”

その際、気をつけなければならないのは、

問題9.1 $\underline{\int_x^1 f(t)\,dt}$ ← **積分区間の上端が定数**

公式 $\int_a^x f(t)\,dt$ ← **積分区間の下端が定数**

であることです。

283ページをアレンジします。$F'(x) = f(x)$ としますと、

$$\int_x^1 f(t)\,dt = [F(t)]_x^1 = F(1) - F(x)$$

でしたから、これを x で微分しますと、

$$\frac{d}{dx}\int_x^1 f(t)\,dt$$

$$= \frac{d}{dx}\{F(1) - F(x)\}$$

$F(1)$ は定数ですから、

$$= \quad 0 \quad - F'(x)$$

$$= \quad - f(x)$$

−(マイナス)がつきました。しかし、右辺も考慮することで、$f(x)$ を求めることができそうですね(解答では、最初に符号の問題を解決します)。

“さらに、aを求める構想も少し練っておきます。$f(x)$ さえ分かりましたら、解法①のように解くこともできますが、今回は上手い解法を考えましょう！”

$\int_x^1 f(t)\,dt = x^2 - 2x + a$ の左辺が定積分なので、これを消してしまうアイデアです！

それでは、**解答②**に進みましょう！

解答② 9.1 最初に与えられた数式を変形しておきます。

積分区間の下端に定数がほしいので、202ページの**問題7.2**(2) の等式により、

$$\int_x^1 f(t)\,dt = -\int_1^x f(t)\,dt$$

ですから、与式を変形しますと、

$$-\int_1^x f(t)\,dt = x^2 - 2x + a$$

$$\int_1^x f(t)\,dt = -x^2 + 2x - a$$

この両辺をxで微分しますと、

$$f(x) = -2x + 2$$

また、与えられた等式において、$x=1$としますと、

$$\int_1^1 f(t)\,dt = 1^2 - 2\cdot 1 + a$$

202ページの**問題7.2**(1)で扱いましたように、$\int_a^a f(x)\,dx=0$でしたね！定積分と面積が繋がっている現在ならば、これを当然だと考えられますか？

面積を求める図形の横幅が0ですから、面積は0に決まっていますよね！

よって、

$$\begin{aligned}\int_1^1 f(t)\,dt &= 1^2-2\cdot 1+a \\ 0 &= 1-2+a\end{aligned}$$

したがって、

$$a=1$$

9-3 斜軸回転体の体積

続いて**導出②**についても、関係する問題を解いてみましょう。**導出②**からは、「厚みをどのようにとるべきか」を学んでいただけたと思います。239ページで扱いました円の面積の**導出①**～**導出③**を、

どのような微小なもの

を、

どのように集めた

か、という視点で振り返ってみましょう。

導出①

細いドーナツを小さなものから大きなものへと集めました。

図9.13

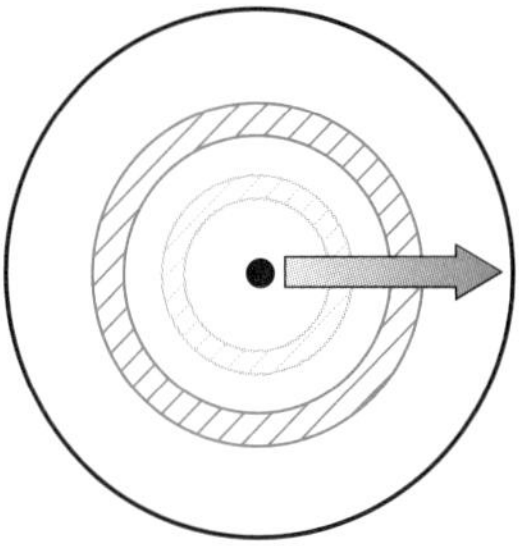

導出②

細い扇形をぐるりと1周集めました。

図9.14

導出③

導出③ では、右上 $\dfrac{1}{4}$ の面積を4倍しましたので、

細い長方形を右方向に集めました。

図9.15

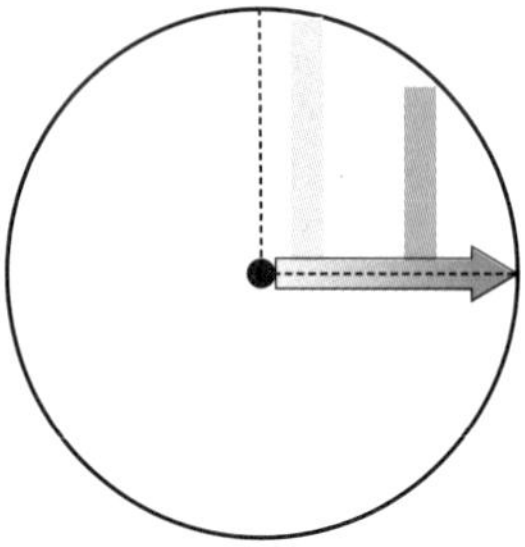

このように、面積や体積を求めるために、

どのような微小なもの

を、

どのように集める

かを考えることが、微積思考、多角思考、…といった「数学的思考」を鍛えることに繋がります！これを発展させた問題を、本書の数学での最終問題とします！

問題 9.2

放物線$y=x^2$と直線$y=x$とで囲まれた部分を、直線$y=x$の周りに1回転してできる回転体の体積Vを求めよ。

2つの解法で解いてみようと思います。定積分の計算は、ともに本書の範囲外です…。1つ目は地道ですが、数学的思考が鍛えられる解法です。2つ目は大学入試の参考書等で扱われている上手い解法ですので、構想なしで解答に進みます。

それでは、1つ目の解法からいきましょう！

構想①

“まずは、体積を求める回転体のイメージは掴めていますか？”

図9.16

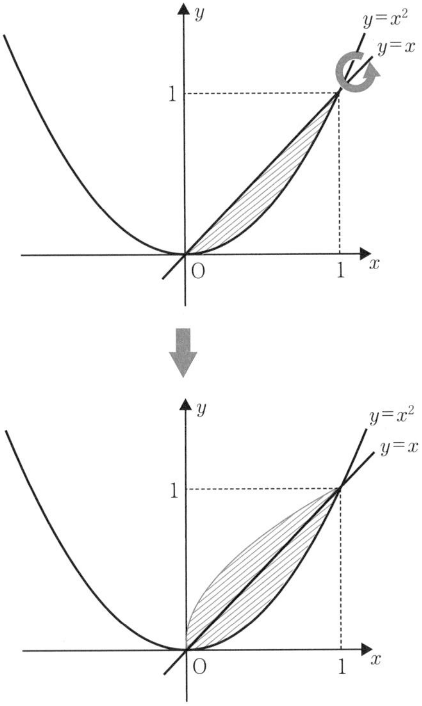

回転体の体積を求めるわけですから、どのような断面を考えると良いでしょうか？

断面が「円」となるように考えると良いですね！よって、**図9.17**のような断面を考えます。

図9.17

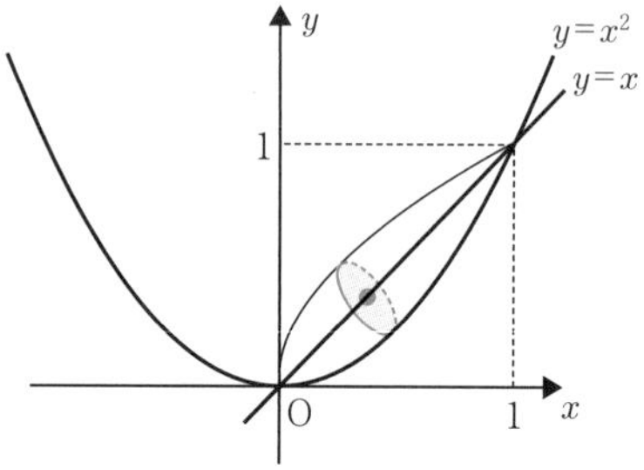

このような平面における断面に「厚み」を掛けたものを集めて、体積を求めようと思います。ここで**導出②**と関係してくるわけですが、「厚み」はどのようにとりましょうか？

図9.18のように、「回転軸に沿って（断面と垂直に）」厚みをとると良いです！

図9.18

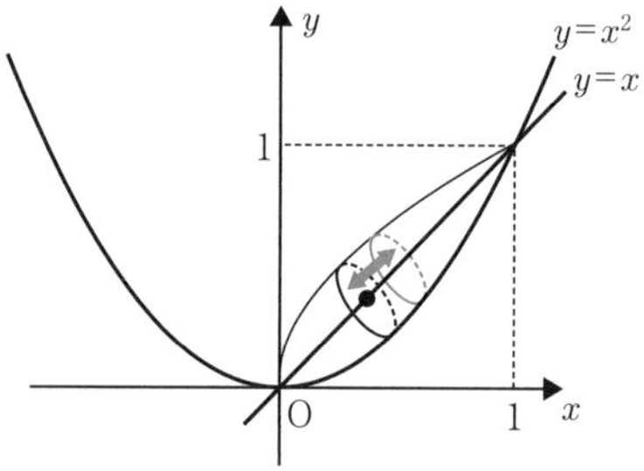

それでは、解答といきましょう。

解答① 9.2　厚みを回転軸に沿って（断面と垂直に）とりたいので、**図9.19**のように、t軸を設定します。

図9.19

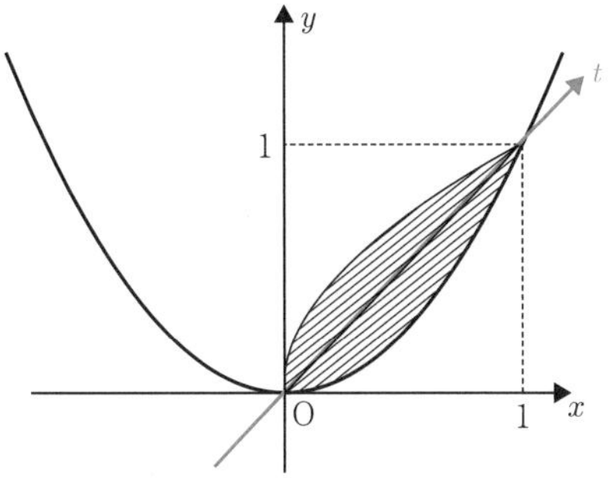

図9.20の三角形が、3辺の長さの比が$1:1:\sqrt{2}$の直角二等辺三角形であることに注意しますと、$0 \leqq t \leqq \sqrt{2}$です。

図9.20

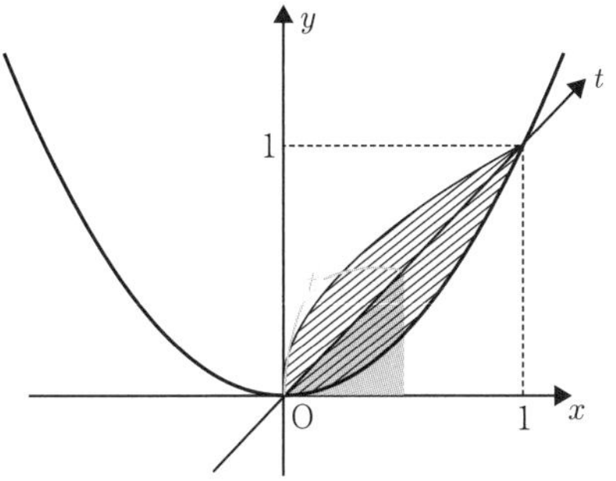

この直角二等辺三角形の、分かっている辺の長さと、その比は**図9.21**のようになります。

図9.21

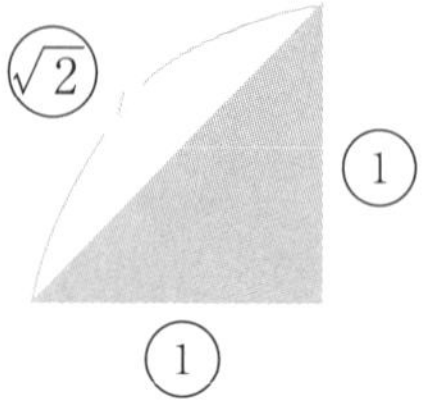

上の**図9.21**より、直角二等辺三角形において、斜辺の長さがtであるとき、底辺の長さと高さは、その$\dfrac{1}{\sqrt{2}}$倍の$\dfrac{t}{\sqrt{2}}$となります。よって、点$\left(\dfrac{t}{\sqrt{2}},\ \dfrac{t}{\sqrt{2}}\right)$を通り、$t$軸（直線$y=x$）に垂直な平面での断面を考えます。

図9.22

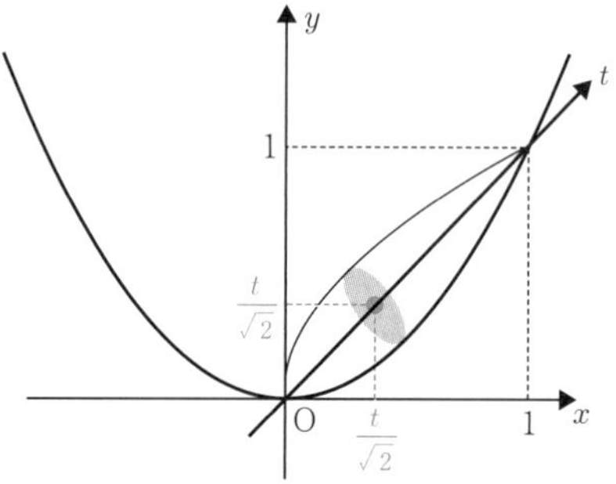

その断面の円の半径は、**図9.23**の青線部分です。

図9.23

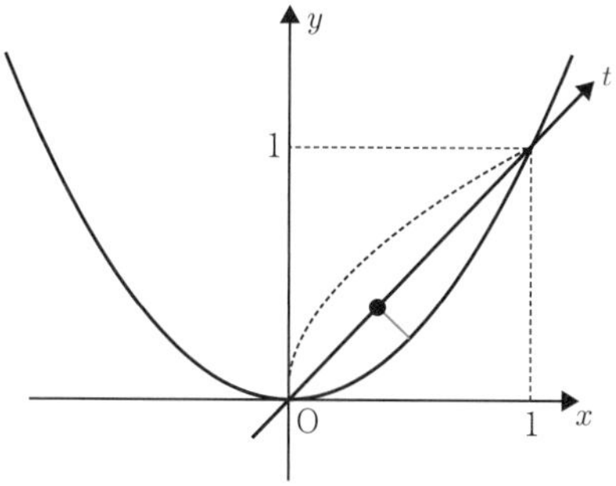

上の**図9.23**の青線の長さは、いくつでしょうか？

まず、放物線$y=x^2$と、**図9.24**の青の直線の交点（青い点）のx座標を求めることにします。

図9.24

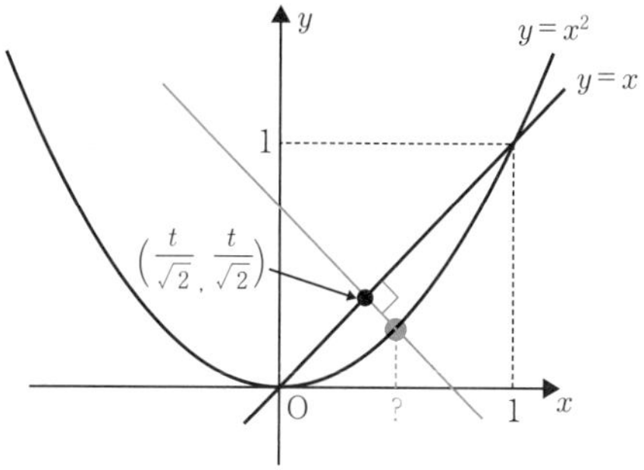

この直線の傾きはいくつですか？

まず、直線$y=x$の傾きは1ですから、**図9.25**のように、直線$y=\dfrac{t}{\sqrt{2}}$とのなす角は45°になります。

図9.25

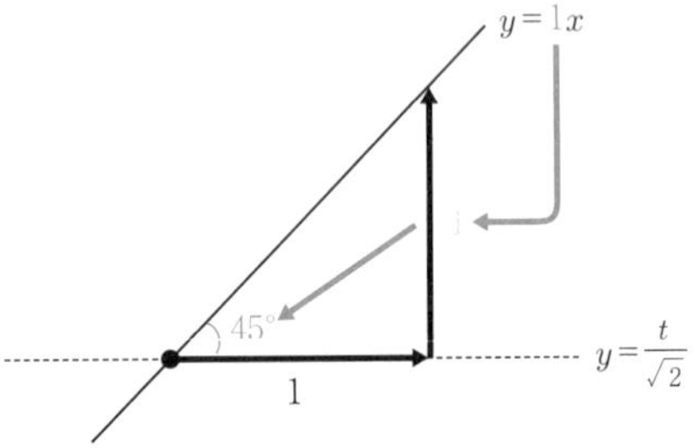

ということで、2つ前の**図9.24**の直角の部分を詳細に見ますと、45°が2つで90°ですから、**図9.26**のようになります。

図9.26

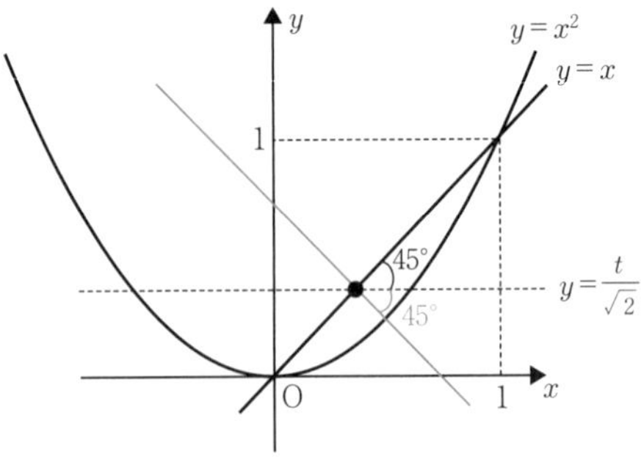

よって、上の**図9.26**の青い直線の傾きは、「−1」です。ということは、この直線は、点$\left(\frac{t}{\sqrt{2}}, \frac{t}{\sqrt{2}}\right)$を通り、傾きが−1ですから、その方程式は、次のように求められます。

傾きが−1ですから、$y = -x + k$　　……①

青い直線が、点$\left(\frac{t}{\sqrt{2}}, \frac{t}{\sqrt{2}}\right)$を通るということは、代入すると①が成り立ちますので、

$$\frac{t}{\sqrt{2}} = -\frac{t}{\sqrt{2}} + k$$

$$k = \sqrt{2}t$$

これを①に代入しますと、青い直線の方程式は、

$$y = -x + \sqrt{2}t$$

よって、**図9.27**の、放物線$y = x^2$ …②と直線 $y = -x + \sqrt{2}t$ …③の交点のx座標が求められますね！

図9.27

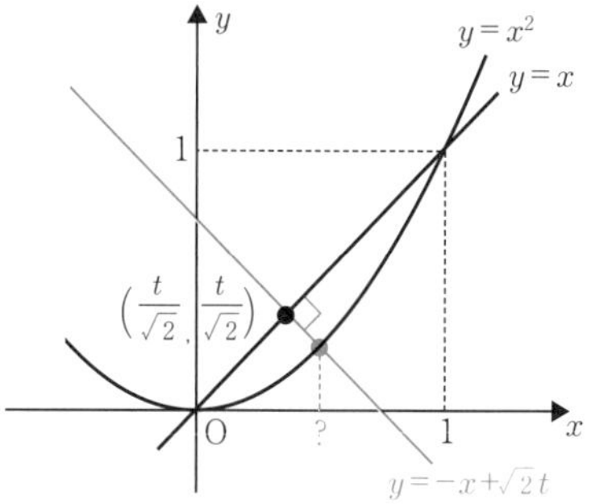

2式の連立方程式を解けば良いですので、②、③からyを消去しますと、

$$x^2 = -x + \sqrt{2}t$$

$$x^2 + x - \sqrt{2}t = 0 \qquad \cdots\cdots ④$$

$0 \leqq t \leqq \sqrt{2}$のとき、この2次方程式④の判別式Dは、

$$D = 1^2 - 4 \cdot 1(-\sqrt{2}\,t) = 1 + 4\sqrt{2}\,t \geqq 1 > 0$$

ですので、2次方程式④は異なる2つの実数解をもち、それらは解の公式より、

$$x = \frac{-1 \pm \sqrt{1 + 4\sqrt{2}\,t}}{2}$$

です。

図9.28

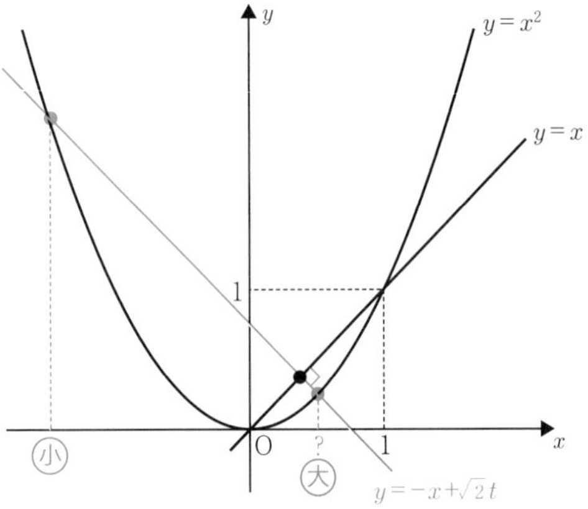

今回求めたい交点は、x座標が大きい方の交点ですから、そのx座標は、

$$x = \frac{-1 + \sqrt{1 + 4\sqrt{2}\,t}}{2}$$

この交点のy座標は、放物線$y = x^2$上にありますので、このx座

標の2乗になります…。根号を含む複雑な計算を避けるために、図形的に処理することにします。

まず、**図9.29**のようにlとします。

図9.29

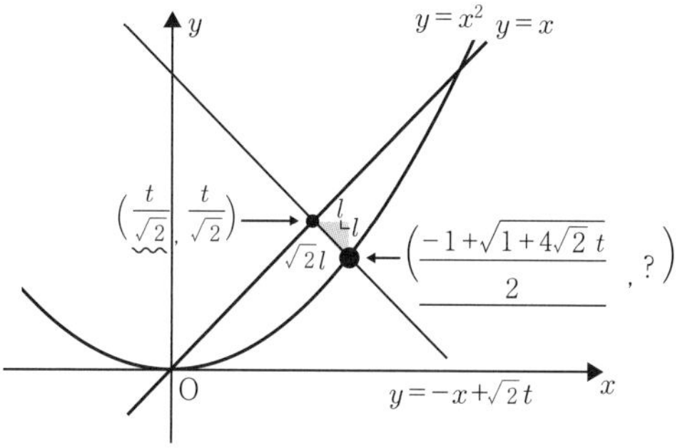

上の**図9.29**の直角二等辺三角形の3辺の長さの比が$1:1:\sqrt{2}$であることから、断面の円の半径は、$\sqrt{2}l$と分かります。よって、断面の円の面積$S(t)$は、

$$S(t)=\pi(\sqrt{2}l)^2=2\pi l^2$$

です。ここで、x座標の差を考えますと、

$$l=\frac{-1+\sqrt{1+4\sqrt{2}t}}{2}-\frac{t}{\sqrt{2}}$$

ですから、

$$S(t)=2\pi\left\{\frac{-1+\sqrt{1+4\sqrt{2}t}}{2}-\frac{t}{\sqrt{2}}\right\}^2$$

$$=2\pi\left[\frac{1}{2}\left\{\left(-1+\sqrt{1+4\sqrt{2}t}\right)-\sqrt{2}t\right\}\right]^2$$

$$=\frac{\pi}{2}\left(-1+\sqrt{1+4\sqrt{2}t}-\sqrt{2}t\right)^2$$

$(a+b+c)^2=a^2+b^2+c^2+2ab+2bc+2ca$ですから、

$$=\frac{\pi}{2}\left\{1+(1+4\sqrt{2}\,t)+2t^2-2\sqrt{1+4\sqrt{2}\,t}-2\sqrt{2}\,t\sqrt{1+4\sqrt{2}\,t}+2\sqrt{2}\,t\right\}$$

$$=\frac{\pi}{2}\left(2+6\sqrt{2}\,t+2t^2-2\sqrt{1+4\sqrt{2}\,t}-2\sqrt{2}\,t\sqrt{1+4\sqrt{2}\,t}\right)$$

ところで、体積Vを求めるための数式$V=\int_{○}^{□}S(t)\,dt$の積分区間は大丈夫ですか？

0から1まで、ではありません。t軸に沿って積分しますから、

0から$\sqrt{2}$まで

でしたね！ということで、

$$V$$

$$=\int_0^{\sqrt{2}}S(t)\,dt$$

$$=\frac{\pi}{2}\int_0^{\sqrt{2}}\left(2+6\sqrt{2}\,t+2t^2-2\sqrt{1+4\sqrt{2}\,t}-2\sqrt{2}\,t\sqrt{1+4\sqrt{2}\,t}\right)dt$$

$$=\pi\int_0^{\sqrt{2}}\left(1+3\sqrt{2}\,t+t^2\right)dt-\pi\int_0^{\sqrt{2}}\left(\sqrt{1+4\sqrt{2}\,t}+\sqrt{2}\,t\sqrt{1+4\sqrt{2}\,t}\right)dt$$

二重下線部と二重波線部を別に計算します。まずは、二重下線部です。

$$\underline{\underline{\int_0^{\sqrt{2}} \left(1 + 3\sqrt{2}\,t + t^2\right) dt}}$$

$$= \left[t + \frac{3\sqrt{2}}{2}t^2 + \frac{1}{3}t^3\right]_0^{\sqrt{2}}$$

$$= \left(\sqrt{2} + 3\sqrt{2} + \frac{2\sqrt{2}}{3}\right) - 0$$

$$= \underline{\underline{\frac{14\sqrt{2}}{3}}}$$

続いて、二重波線部です。こちらは、本書の範囲外の計算になります…。

$u = \sqrt{1 + 4\sqrt{2}\,t}$ としますと、

$$u^2 = 1 + 4\sqrt{2}\,t$$

$$t = \frac{u^2 - 1}{4\sqrt{2}}$$

$$dt = \frac{u}{2\sqrt{2}}du$$

t	$0 \to \sqrt{2}$
u	$1 \to 3$

$$\int_0^{\sqrt{2}} \left(\sqrt{1 + 4\sqrt{2}\,t} + \sqrt{2}\,t\sqrt{1 + 4\sqrt{2}\,t}\right) dt$$

$$= \int_1^3 \left(u + \sqrt{2} \cdot \frac{u^2 - 1}{4\sqrt{2}} \cdot u\right) \frac{u}{2\sqrt{2}} du$$

$$= \frac{1}{8\sqrt{2}}\int_1^3 (3u^2+u^4)\,du = \frac{1}{8\sqrt{2}}\left[u^3+\frac{1}{5}u^5\right]_1^3$$

$$= \frac{1}{8\sqrt{2}}\left\{\left(27+\frac{243}{5}\right)-\left(1+\frac{1}{5}\right)\right\} = \frac{93\sqrt{2}}{20}$$

したがって、$V=\pi\cdot\frac{14\sqrt{2}}{3}-\pi\cdot\frac{93\sqrt{2}}{20}=\frac{\sqrt{2}\,\pi}{60}$

続きまして、上手い解法に進みます。知っていなければ厳しい解法だと思いますので、構想は練らず、解答に進みます。

解答② 9.2 **図9.30**のように、$x=t$のときの断面を考えます。

図9.30

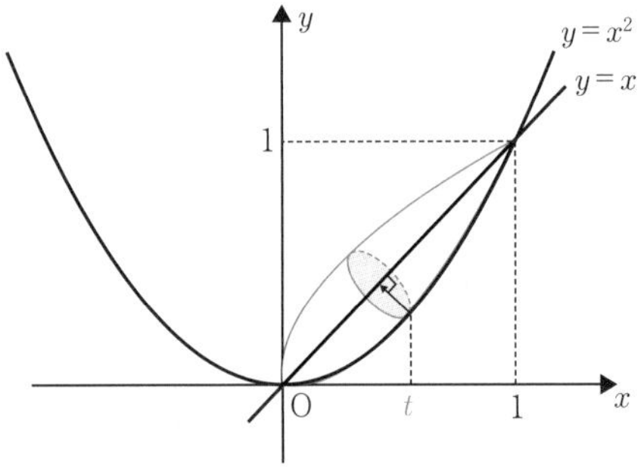

この断面の円の半径はいくつでしょうか？

まず、**図9.31**の青線の長さを求めます。

図9.31

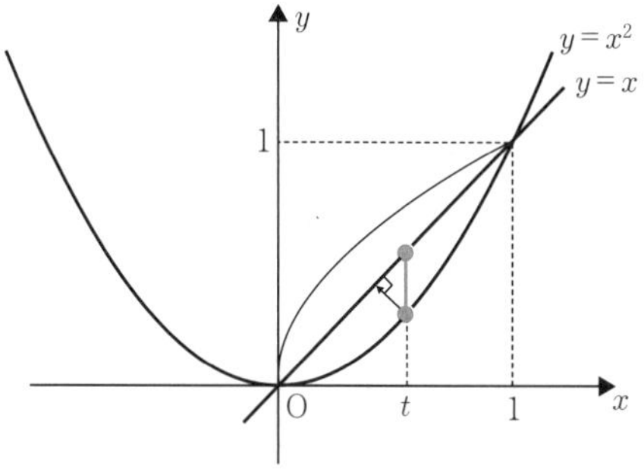

こちらは、上下の2点のy座標の差ですから、$t-t^2$です。

解答①のように、**図9.32**の直角三角形は、辺の長さが$1:1:\sqrt{2}$ですから、

図9.32

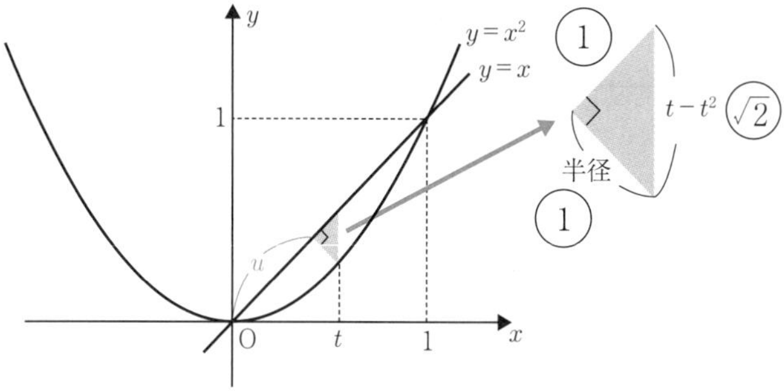

よって、断面の円の半径は、$\dfrac{1}{\sqrt{2}}\left(t-t^2\right)$です。

したがって、前のページの**図9.32**のように設定したuを用いますと、断面の円の面積$S(u)$は、

$$S(u)=\pi\left\{\frac{1}{\sqrt{2}}\left(t-t^2\right)\right\}^2$$

$$=\frac{\pi}{2}\left(t^2-2t^3+t^4\right) \qquad \cdots\cdots☆$$

続いて、「t」と「回転軸方向の厚みdu」の関係式を準備しておきます。**図9.33**のように、分かることに分解し、そして**図9.34**のように統合することで立式します。

図9.33

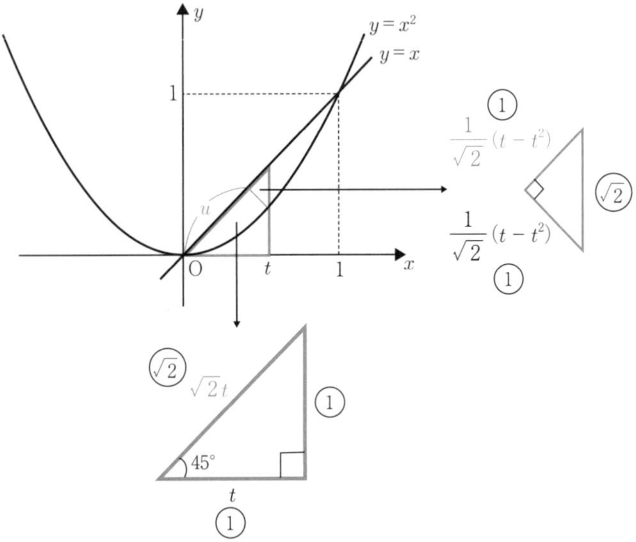

ここまでに分かった長さを、**図9.34**に整理します。

図9.34

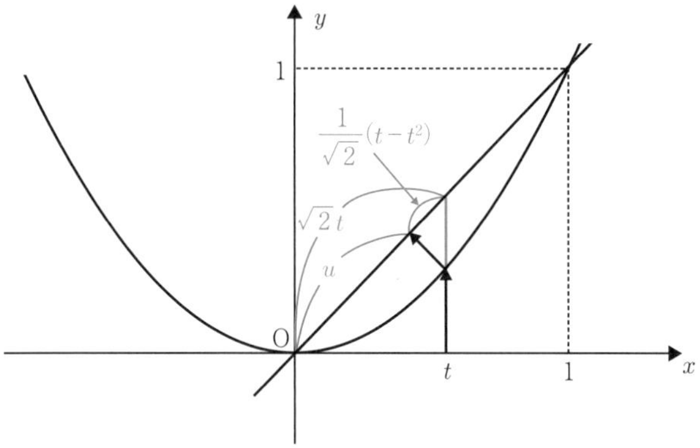

よって、 $u+\dfrac{1}{\sqrt{2}}(t-t^2)=\sqrt{2}\,t$

$$u=\frac{\sqrt{2}}{2}(t+t^2)$$

$$du=\frac{\sqrt{2}}{2}(1+2t)\,dt$$

u	$0\to\sqrt{2}$
t	$0\to\ 1$

よって、求める体積Vは、左のページの

$$S(u)==\frac{\pi}{2}\left(t^2-2t^3+t^4\right)\qquad\cdots\cdots☆$$

より、

$$
\begin{aligned}
V &= \int_0^{\sqrt{2}} S(u)\,du \\
&= \int_0^1 \frac{\pi}{2}(t^2 - 2t^3 + t^4)\frac{\sqrt{2}}{2}(1+2t)\,dt \\
&= \frac{\sqrt{2}\,\pi}{4}\int_0^1 \left(2t^5 - 3t^4 + t^2\right) dt \\
&= \frac{\sqrt{2}\,\pi}{4}\left[\frac{1}{3}t^6 - \frac{3}{5}t^5 + \frac{1}{3}t^3\right]_0^1 \\
&= \frac{\sqrt{2}\,\pi}{4}\left(\frac{1}{3} - \frac{3}{5} + \frac{1}{3}\right) = \frac{\sqrt{2}\,\pi}{60}
\end{aligned}
$$

2つの解法で解いてみました（さらに、**傘型積分**での解答も可能です）。計算は本書の範囲外でしたが、数学的思考の鍛えどころ満載だったのではないでしょうか！

9-4 第6章から第9章までの振り返り

長方形を集めることで面積が、断面積に厚みをかけたものを集めることで体積が計算できました。数学的思考を意識しますと、この発想は正に、微小区間を積み上げて部分から全体を理解する「微積思考」だとお分かりかと思います！

次の図は、本書の流れに基づいた、積分法の全体像の一例です。一例と言いましたのは、知識は「動的」なものだからです！これからも、ご自身の微分法と積分法をアップデートし続けてください！

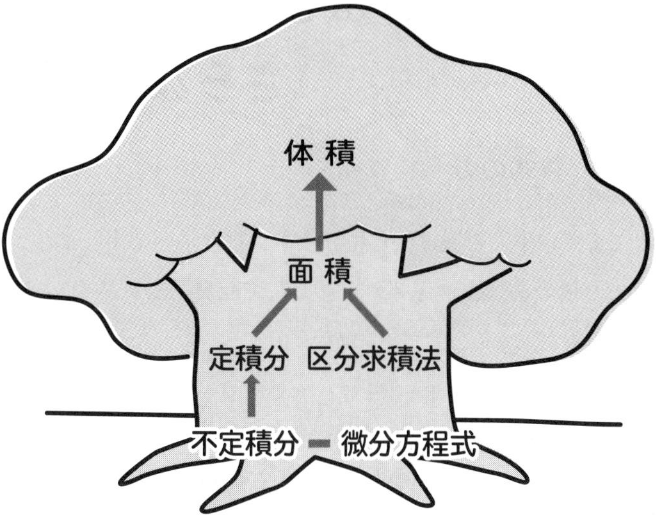

カラーバス効果、をご存知でしょうか？例えば、赤いバスを意識して日常を送ると、赤いバスに関する情報がたくさん目に入るようになる、という効果です。皆さんも似たような経験がおありかと思います。

「数学的思考」色のバスを意識することで、数学的思考を鍛えるためにこの効果を取り入れていただけたらと思います。「思考」を意識して数学との時間、さらには日常に向かうことにより、本書を離れても『数学的思考』の種を逃さないようにしましょう！

第10章 微分法と積分法のさらなる応用

10-1 数式の力

ここまでに学んだ微分法と積分法を、物理学へ応用しましょう。微分法と積分法は、物理学の道具として発展した経緯がありますから、順番が逆かもしれませんが…。

物理学は、数学のように定義から始まるのではなく、自然に合致した理論を考えることから始まります。そのため、実験の精度が上がると、理論に修正が必要になることがあります。（ニュートンの理論を、アインシュタインが相対性理論により修正しました。とはいえ、ニュートンの理論は、私たちの生存圏では十分正確で素晴らしいものです。）

本章では古典力学と呼ばれる、ニュートンの理論と数学の繋がりをご紹介します。高校物理の数式がバンバン登場しますが、気軽に読み進めていただいて結構です！

17世紀にニュートンは、自然から、運動の法則を発見しました。

▶法則① 慣性の法則

すべての物体は、外力によってその状態を変えられない限りその静止の状態あるいは一直線上の一様な運動の状態を、そのまま続ける。

▶法則②

運動の変化は、及ぼされる力に比例し、その力が及ぼされる直線の方向に行われる。質量をm、加速度(323ページで説明します)をa、力をFとしますと、

$$ma = F \qquad \cdots\cdots☆$$

これを運動方程式と言います。

▶法則③　作用・反作用の法則

質点1が質点2に力F_{12}を及ぼしているときには、必ず同時に質点2は質点1に力F_{21}を及ぼしている。その力をF_{21}とすると

$$F_{12} = -F_{21}$$

が成り立つ。

これら3法則から、地球の運動について考えてみようと思います。

重力定数をG、ある物体の質量をm、地球の質量をm_e、完全な球ではありませんが地球の半径をrとします。このとき、ニュートンによりますと、万有引力F_gは次の式で表されます。

$$F_g = G\frac{mm_e}{r^2} \qquad \cdots\cdots①$$

地表近くでは、この物体は重力加速度gで落下しますので、**法則②**により、

$$F = mg \qquad \cdots\cdots②$$

①のF_gと、②のFはもちろん等しいですから、

$$G\frac{mm_e}{r^2}=mg \quad \cdots\cdots③$$

③の両辺をmで割りますと、$G\frac{m_e}{r^2}=g$

m_eについて解きますと、 $m_e=\frac{gr^2}{G}$ ……④

よって、地球の質量m_eは、

重力定数G、重力加速度g、地球の半径r

の値が分かれば、実際に地球を測らなくても求められるわけですね！

さらに、太陽と地球の例で、もう1度考えてみましょう！

先程と同様に、万有引力F_gは、重力定数G、太陽の質量をm_s、地球の質量をm_e、太陽と地球の平均距離をrとしますと、

$$F_g=G\frac{m_s m_e}{r^2} \quad \cdots\cdots⑤$$

惑星はほぼ円運動しているため、**法則①**から外力が働いていることが分かります。一般に円運動には、運動の中心に向かう「向心力F_c」が働きます。その速さ（速度の大きさ）をvとしますと、

$$F_c=m_e\frac{v^2}{r} \quad \cdots\cdots⑥$$

このvを、太陽と地球の平均距離rと、公転周期T（地球が太陽の周りを1周するのに要する時間）を用いて表してください。

$v=\dfrac{2\pi r}{T}$ですね！これを⑥に代入しますと、

$$F_c=m_e\frac{\left(\dfrac{2\pi r}{T}\right)^2}{r}$$
$$=\frac{4\pi^2 m_e r}{T^2} \quad \cdots\cdots ⑦$$

ここまでに登場した2つの力、万有引力と向心力はどのような関係にあるでしょうか？

等しくなっていますよね！そこで、⑤、⑦の2つの数式の右辺を等号で結びます。

$$G\frac{m_s m_e}{r^2}=\frac{4\pi^2 m_e r}{T^2}$$

両辺をm_eで割りますと、 $G\dfrac{m_s}{r^2}=\dfrac{4\pi^2 r}{T^2}$

m_sについて解きますと、 $m_s=\dfrac{4\pi^2 r^3}{GT^2}$ ……⑧

ということは、太陽の質量m_sは、

重力定数G、公転周期T、太陽と地球の平均距離r

の3つが分かれば求めることができるわけです。なんと、地球の質量m_eですら分かっていなくても求まります！（Tは約365日ですから別としまして、Gとrを高い精度で求めることは歴史上、大変な困難があったことを忘れてはいけません！）

このように、

④足元にはありますが、とてつもなく巨大な地球の質量

⑧光速で約8分の距離にある太陽の質量

を、実際に計測することなく、

「数式」を用いて求めることができる

とは驚きですね！これが数式、そして数学の力です！

10-2 古典力学と微分積分学

それでは、前節の内容を踏まえながら、微分法と積分法の力を加えていきましょう！

法則①より、物体が止まっているか動いているか、動いているならばどの程度動いているかの尺度が必要になります。最初に速度を定義します。計算の都合もあり、本書では一旦、1次元(直線上)の運動に限定して考えていきます。

ある物体が位置xにあるとします。運動を考えますので、このxは時刻tの関数になっていますので、$x(t)$と表記します。

時刻tから時刻$t+\Delta t$での位置の変化は、

$$x(t+\Delta t)-x(t)$$

です。これをΔtで割りますと、

$$\frac{x(t+\Delta t)-x(t)}{\Delta t}$$

これで、時刻tから$t+\Delta t$までの平均速度が分かります。そして、この$\Delta t\to 0$としたものを瞬間の速度$v(t)$と定義します。

$$v(t) = \lim_{\Delta t \to 0} \frac{x(t + \Delta t) - x(t)}{\Delta t}$$

この右辺はどこかで見たことのある数式です。

導関数の定義ですね！ということは、この数式は、

$$v(t) = x'(t)$$

と変形できます。

よって、

位置を微分したものが速度

ですね！微分法と古典力学が繋がってきました。

続いて、**法則②**を考えますと、「運動の変化」を記述する方法が必要になります！そこで、速度の変化の尺度である加速度 $a(t)$ を次のように定義します。

$$a(t) = \frac{dv}{dt} = \lim_{\Delta t \to 0} \frac{v(t + \Delta t) - v(t)}{\Delta t}$$

すなわち、

速度を微分したものが加速度

です！さらに、$v = \dfrac{dx}{dt}$でしたから、

$$a(t) = \frac{dv}{dt} = \frac{d^2x}{dt^2}$$

です。以上から、位置、速度、加速度は、次のような関係にあります！

ということで、**法則②**の運動方程式$ma = F$　……☆を、

$$\boldsymbol{m\frac{dv}{dt} = F} \quad \text{または} \quad \boldsymbol{m\frac{d^2x}{dt^2} = F}$$

と表すことができます。この「微分方程式」を解くことにより、速度や位置の情報を引き出すことができますね！

ここまでの内容を基にして、初速度$v(0)$で真下に投げられる物体の運動を考えてみます。**図10.1**のように座標を設定し、最初の位置を$x(0)$とします。

図10.1

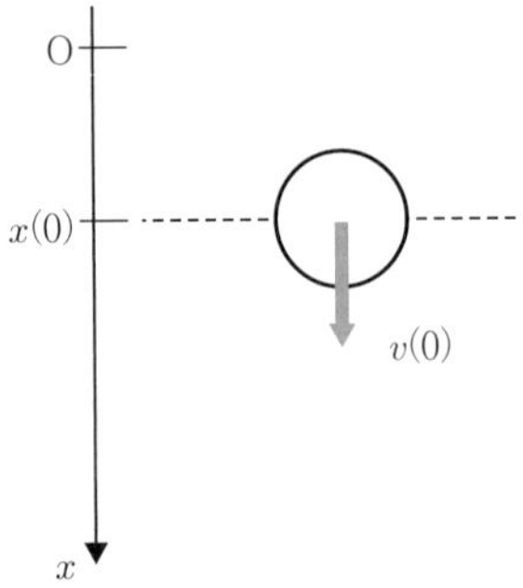

この物体には重力しか働いていませんので、運動方程式☆から、

$$ma = mg$$

$$a = g$$

ここで、$a = \dfrac{d^2x}{dt^2}$でしたから、

$$\frac{d^2x}{dt^2} = g$$

この両辺をtで積分しますと、

$$\frac{dx}{dt} = gt + C_1$$

よって、　$v(t) = gt + C_1$

初期条件を考慮し、$t=0$としますと、初速度が$v(0)$でしたから、

$$v(0) = g \cdot 0 + C_1$$
$$C_1 = v(0)$$

したがって、　$v(t) = v(0) + gt$　……①

この両辺をtで積分しますと、

$$x(t) = v(0)\,t + \frac{1}{2}gt^2 + C_2$$

$t=0$としますと、

$$x(0) = v(0) \cdot 0 + \frac{1}{2}g \cdot 0^2 + C_2$$
$$C_2 = x(0)$$

よって、　$x(t) = x(0) + v(0)\,t + \frac{1}{2}gt^2$　……②

これを利用して、地上2,000m前後にある雲から落下してくる雨粒が、どのような速度で地表に到達するのか求めてみましょう！$g \fallingdotseq 9.8\ (\mathrm{m/s^2})$ですので、本書では$g=10\ (\mathrm{m/s^2})$として、計算を進めます。

①、②において、$v(0)=0$、$x(0)=0$とします。

①より$v(t) = v(0) + gt$でしたので、$v(0)=0$より、

$$v(t) = gt \qquad \cdots\cdots③$$

②より $x(t) = x(0) + v(0)t + \frac{1}{2}gt^2$ でしたので、$v(0) = 0$、$x(0) = 0$ より、

$$x(t) = \frac{1}{2}gt^2 \qquad \cdots\cdots④$$

それでは、$x(t) = 2000\,(\mathrm{m/s})$、$g = 10\,\left(\mathrm{m/s^2}\right)$ としますと、④より、

$$2000 = \frac{1}{2} \cdot 10t^2$$

$$t^2 = 400$$

$t > 0$ ですから、　$t = 20\,(\mathrm{s})$

これを、③に代入しますと、

$$v(20) = 10 \cdot 20 = 200\,(\mathrm{m/s}) = 720\,(\mathrm{km/h})$$

最速のスポーツである「バドミントン」のスマッシュの初速度は493km/hです。それより雨粒は速いでしょうか？

それはありえませんよね！その理由は空気抵抗です。続いて、空気抵抗を組み込んだ運動を考えていきましょう（本書の範囲外の計算を要します…）。

空気抵抗は、速さが十分小さいときには速度に比例することが知られていますので、比例定数を正の数 k としますと、

$$m\frac{dv}{dt} = mg - kv$$

これは、変数分離形 $\left(\dfrac{dv}{dt}=f(v)\,g(t)\text{ の形}\right)$ と呼ばれる微分方程式です（今回は $g(t)=1$ という定数関数の場合です）。そこで、v が左辺に集まるように変形します。

$$\frac{d\textcircled{v}}{dt}=g-\frac{k}{m}\textcircled{v}$$

$$\frac{d\textcircled{v}}{dt}=\frac{k}{m}\left(\frac{mg}{k}-\textcircled{v}\right) \qquad \cdots\cdots⑤$$

ここで、雨粒は落下中に加速し続けますので $\dfrac{dv}{dt}>0$ です。さらに、k と m はともに正の数ですから、$\dfrac{k}{m}>0$ です。よって、符号に注意して先程の⑤を眺めますと、

$$\underset{+}{\frac{d\textcircled{v}}{dt}}=\underset{+}{\frac{k}{m}}\left(\frac{mg}{k}-\textcircled{v}\right) \qquad \cdots\cdots⑤$$

ですから、$\dfrac{mg}{k}-v>0$ だと分かりますので、⑤の両辺を $\dfrac{mg}{k}-v$ で割りますと、

$$\frac{1}{\dfrac{mg}{k}-\textcircled{v}}\cdot\frac{d\textcircled{v}}{dt}=\frac{k}{m} \qquad \cdots\cdots⑥$$

変数を分離する（v を左辺に集める）ことができましたので、⑥の両辺を t で積分しますと、

$$-\log\left|\frac{mg}{k}-v\right|=\frac{k}{m}t+C$$

$\underset{\sim\sim\sim}{\dfrac{mg}{k}-v>0}$でしたから、

$$-\log\left(\frac{mg}{k}-v\right)=\frac{k}{m}t+C$$

$$\log\left(\frac{mg}{k}-v\right)=-\frac{k}{m}t-C$$

よって、
$$\frac{mg}{k}-v=e^{-\frac{k}{m}t-C}$$

したがって、
$$v(t)=\frac{mg}{k}-e^{-\frac{k}{m}t-C}$$

$$=\frac{mg}{k}-e^{-C}e^{-\frac{k}{m}t} \qquad \cdots\cdots ⑦$$

雨粒の最初の落下速度は、もちろん0ですから、

$$v(0)=\frac{mg}{k}-e^{-C}e^{-\frac{k}{m}\cdot 0}$$

$$0=\frac{mg}{k}-e^{-C}$$

$$e^{-C}=\frac{mg}{k} \qquad \cdots\cdots ⑧$$

⑧を⑦に代入しますと
$$v(t)=\frac{mg}{k}-\frac{mg}{k}e^{-\frac{k}{m}t}$$

$$=\frac{mg}{k}\left(1-e^{-\frac{k}{m}t}\right)$$

$t\to\infty$のとき、$e^{-\frac{k}{m}t}\to 0$ですから、

$$\lim_{t\to\infty}v(t)=\lim_{t\to\infty}\frac{mg}{k}\left(1-e^{-\frac{k}{m}t}\right)=\frac{mg}{k}(1-0)=\frac{mg}{k}$$

この値を**終端速度**と言います。空気抵抗があるときの雨粒の速度は**図10.2**のグラフのようになります。

図10.2

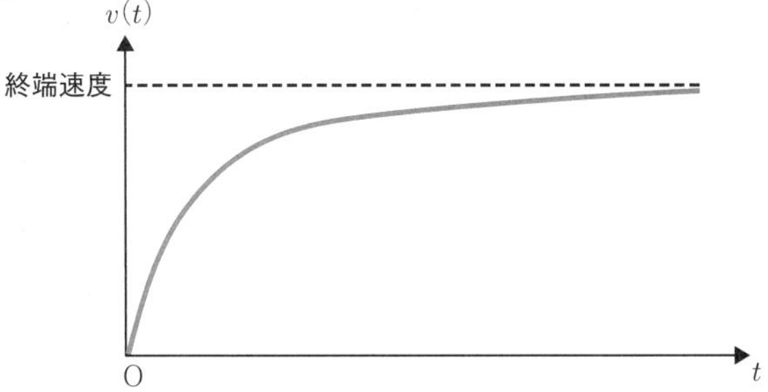

kの値が分かっていませんので、この計算からだけでは終端速度は求まりませんが、雨粒の速度の実測値は約30km/sです。

微分方程式を用いず、終端速度を次のように求めることもできます。

終端速度に達すると等速直線運動になる、すなわち加速度$a=0$になると考えますと、運動方程式$ma=mg-kv$より、

$$0=mg-kv$$

よって、

$$v=\frac{mg}{k}$$

最後に、空気抵抗を無視した2次元の運動を扱おうと思います。斜方投射と呼ばれる、物体を斜め上方向に初速度Vで投げる運動です。**図10.3**のように、座標を設定します。ただし、$0°<\theta<90°$とします。

図10.3

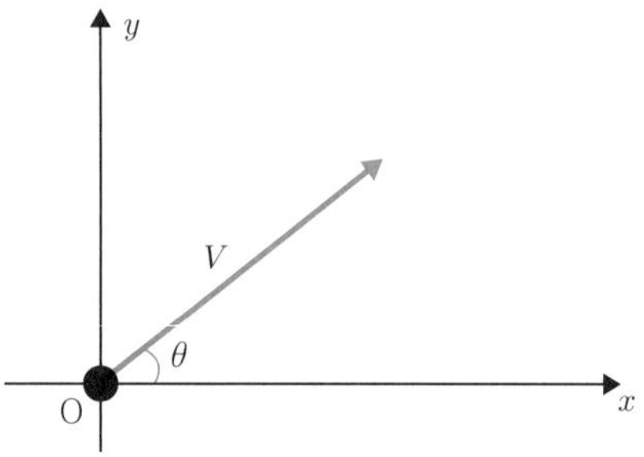

17世紀に座標の考え方を生み出したデカルトに感謝しながら、三角比を用いて「斜めを縦と横に分解する」ことにします。

図10.4

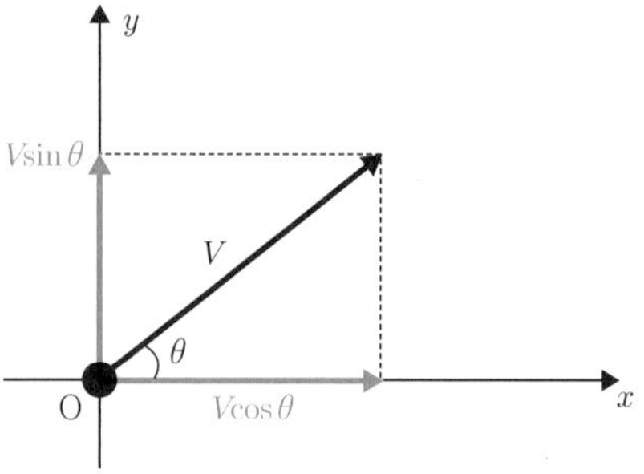

空気抵抗を無視しますので、水平方向には$V\cos\theta$での等速直線運動をしますので、その位置xは、

$$x = Vt\cos\theta \qquad \cdots\cdots ①$$

鉛直方向の位置yは、325ページの$x(t) = x(0) + v(0)\,t + \frac{1}{2}gt^2$を

参考にしまして、$y(0)=0$、$v_y(0)=V\sin\theta$、重力とy軸の向きが逆であることを考慮しますと、

$$y=Vt\sin\theta-\frac{1}{2}gt^2 \qquad \cdots\cdots②$$

①から、

$$t=\frac{x}{V\cos\theta}$$

これを②に代入しますと

$$\begin{aligned}
y&=V\cdot\frac{x}{V\cos\theta}\cdot\sin\theta-\frac{1}{2}g\left(\frac{x}{V\cos\theta}\right)^2\\
&=x\tan\theta-\frac{gx^2}{2V^2\cos^2\theta}\\
&=-\frac{g}{2V^2\cos^2\theta}x^2+(\tan\theta)x
\end{aligned}$$

ということは、yはxのどのような関数ですか？

yはxの2次関数ですね！そして、その2次関数のグラフは、放った物体が描く曲線になっているんですね！2次関数のグラフの別名「放物線」は、斜め上に投げられた物体の軌道そのものだったわけです。

ここまでの内容を基にして、どのくらいの角度で斜めに投げると、物体を一番遠くまで飛ばすことができるのか考えてみましょう。

物体が地上にあるときを考えるため $y=0$ としますと、

$$0 = -\frac{g}{2V^2\cos^2\theta}x^2 + (\tan\theta)x$$

$$0 = \left(-\frac{g}{2V^2\cos^2\theta}x + \tan\theta\right)x$$

よって、　$x=0$、または、$-\frac{g}{2V^2\cos^2\theta}x + \tan\theta = 0$

ここで、$-\frac{g}{2V^2\cos^2\theta}x + \tan\theta = 0$ より

$$\frac{g}{2V^2\cos^2\theta}x = \tan\theta$$

$$x = \frac{2V^2\cos^2\theta\tan\theta}{g} = \frac{2V^2\sin\theta\cos\theta}{g} = \frac{V^2\sin2\theta}{g}$$

したがって、$y=0$ となるのは、$x=0$、または $x=\frac{V^2\sin2\theta}{g}$ のときです。$x=0$ のときは、投げた瞬間ですから、再度地上に戻ってくるとき最も遠くまで達するのは、

$\sin2\theta$ が最大となるように投げたとき

ですね。$0° < \theta < 90°$ より $0° < 2\theta < 180°$ ですから、$2\theta = 90°$、すなわち、$\theta = 45°$ のときです！

図10.5

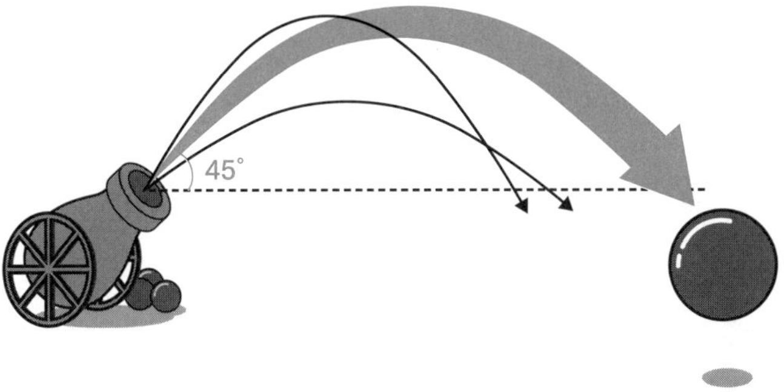

運動方程式という名の微分方程式、そこから導かれた数式を用いて、斜方投射の物体の軌道が放物線だと結論付けることができました！本書を後ろから前へ(「微分法と積分法」から「2次関数」へ)辿る論理構成でしたね！「双方向」からの学びを意識することで、個別の「点の学び」が、「線の学び」、「面の学び」となり、数学的思考を何段階もプラスして鍛えることに繋がります。

10-3　第10章の振り返り

積分法の芽は、紀元前3世紀のアルキメデスに見ることができます。彼は、分割した三角形を集める「取り尽くし法」と呼ばれる方法で、放物線と直線で囲まれる図形の面積を求めました。

16世紀には、天体や砲弾の軌道についての理解が進む中で、微分法に関係した様々な研究が行われました。

17世紀に入り、ニュートンが「微分積分学の基本定理」を発見して、別々に発展してきた、微分法と積分法を統合しました。そして、数学的な詳細な記述が確立され、19世紀に今日の形になりました。

高校数学では、積分法の方が古いにも関わらず、微分法から扱いました。日本では積み上げて学ぶことが好まれますので、過去の数学者の労苦が感じられない、完成された理論を学習することになりました。それもあり、本書を通して、微分積分学の理論の美しさを感じていただけたことと思います。

ニュートンが創始者と言われるこの微分積分学ですが、ライプニッツも同時期に、独立して同様の発見をしたと考えられています。このことから、もしニュートンもライプニッツもいなくても、少し遅れて他の数学者により微分積分学は生まれていたと思います(だからといって、ニュートンやライプニッツの偉業の価値が下がるわけではありません！)。

先人の到達点、時代の要請、…によって、次の時代の数学者は、ニュートンの言う

巨人の肩に立つ

ことができたことを忘れてはいけません。皆さんには、

ニュートン以前、ニュートン以降の

多くの有名、無名の数学者への感謝

と謙虚な気持ちを忘れないでいただきたいと思います。

私自身が、数学的思考を、微積思考（距離と視角）と多角思考（角度）等に分解した背景には、極座標（中学校で学習した「縦と横で考える座標」とは異なり、**図10.6**のように『原点からの距離と、始線ＯＸからの角度で考える座標』）の知識があったからです。

図10.6　極 座 標

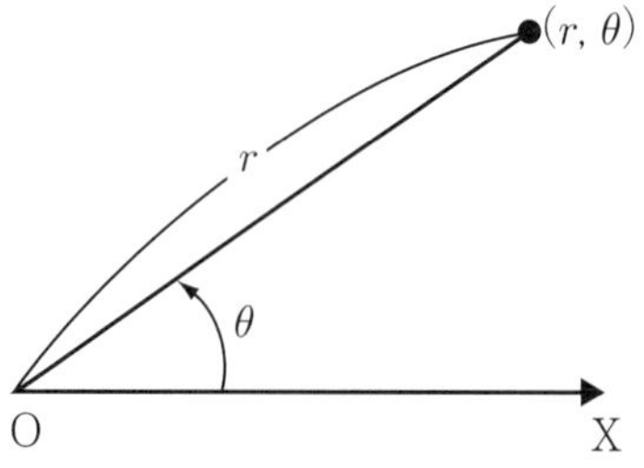

このように、不思議な化学反応が起こる「触媒」が好奇心（必ずしも知的好奇心である必要はありません）だと思います。さらに、その好奇心で得た複数の知識が、「無関係ならば無関係なほど」組み合わせると独創的な発想に繋がります。そのため、好奇心の赴くまま多趣味なほど、思考の引き出しが多くなります！

かといって、四六時中、数学等のことを考え続けて下さい、とお伝えしたいわけではありません。睡眠中に大発見をした偉人のエピソードが示すように、脳は一度Focusした未解決問題を自動的に考え続けます。学習は自己を新たにリ・クリエートしますが、さらに「レクリエーションをリ・クリエーションに」繋げるため、「Focusするとき、しないときの切り替え」を大切にしましょう！

本書の振り返りとまとめ

皆さん、数学の本を書くのはどのような人だと思いますか？

数学が三度の飯より好きで、才能に恵まれた人だと思われるでしょう。しかし、私は自分を数学の天才だ、数学が分かる、と思ったことは高校入学以降一度もありません。私よりも数学ができる人は、恩師の先生方をはじめ、岐阜県内の知っている先生方だけでも両手で数え切れないほど思い浮かびます…。岐阜県ですらそうですから、東海、日本、世界と視野を広げると、私は何番だろうと心配になることもあります。

私は数学の天才ではありませんが、私と同じ経験をし、私と同じように考える人は、私の他には一人もいません。そのため、数学を通して「人生の財産となる数学的思考」を鍛える本が書けるのは、世界で私だけだと思い、筆を執っています（実際にはパソコンに向かっていますが…）。私がそう確信した理由の一部を紹介します。

進化論の漢字４文字のキーワードは何でしょうか？

「弱肉強食」でも、「賢者生存」でもなく、『適者生存』です！恐竜のような強いものではなく、適しているものが生き残ってきました。それでは、この観点で、DNAの複製エラーは、失敗でしょうか？

完璧に複製できますと、絶滅の危険性がありますね…。環境に変化が起きますと、色々なエラーの中で環境に適するエラーのものが生存します。この色々なエラーの中で、と言う点がポイントです。事前に、どのエラーが生存に適しているかは分かりませんので、「多様性」が価値をもちます。

情報を独占して開発を進められた以前と異なり、現在は誰もが容易に情報にアクセスできます。その情報を基にして、誰でも考えられる開発を進めても差別化することはできません。

そこで、現在では市場調査をせず開発することで、革新的な製品やサービスを創造する企業があります。こちらも、他者と異なることが大きな価値をもつことの証明かと思います。

このような考えを通して、自然と「自分は自分で良い」という自信が持てました！１番数学の問題が解ければそれに越したことはありませんが、数学教師としての観点で「私は私で良いのだ」と心底思えるようになりました。同様に、私の数学的思考論と異なっているであろう「皆さんの数学的思考論は、それ自身で価値のあるもの」です。

280ページでスポーツにおける「ケミストリー（化学反応）」の重要性に触れましたが、それに加えて「モーメンタム（勢い）」が勝利には不可欠です。読者の皆さんは、私の数学的思考論から「モーメンタム」を得て、決して完成することのない、

独自の「動的」数学的思考論

を探究し続けてください！

そのために、私の数学的思考論を総括しておきます。

「思考」は、直感的思考と論理的思考の集合体です。論理的思考は、分解と統合の二重性をもち、そのフィードバックを可能とするための言語化を試みました。その「言語化された思考」が『数学的思考』であり、その各思考のトレーニング過程の全体像を確認します。

微積思考

微分法と積分法を、数学的思考を意識しながら学ぶことで、「自然」と鍛えることができました。

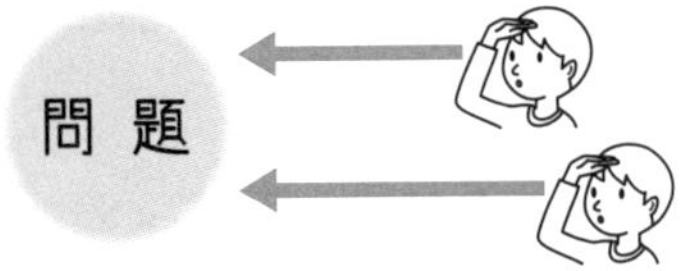

多角思考

読解力、表現力にも繋がる重要な思考ですが、和文数訳、数式図訳、…といった思考により、「自然」と鍛えることができました。複眼的計算や複数の解法も、その支えになったかと思います。

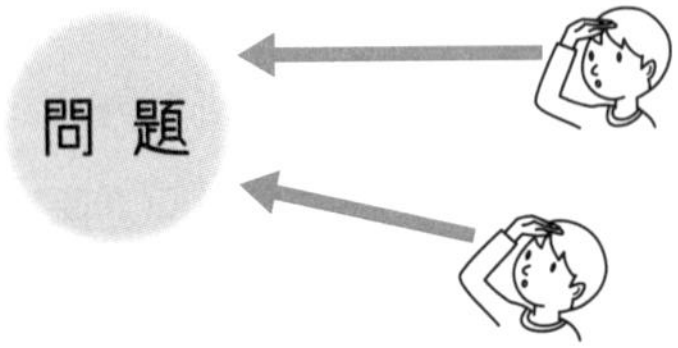

双方向思考

微分と積分が逆演算であることを意識することで「自然」と鍛えることができました。

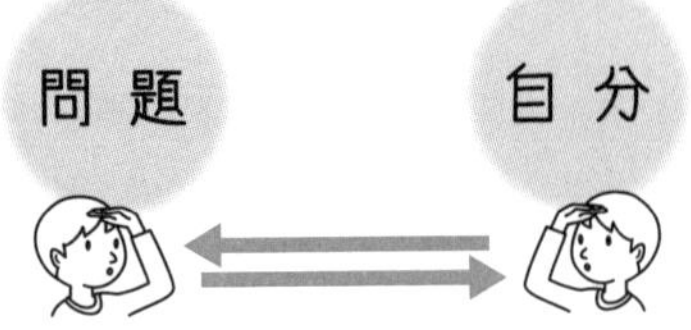